河出文庫

犬はあなたをこう見ている

最新の動物行動学でわかる犬の心理

J・ブラッドショー
西田美緒子 訳

河出書房新社

目次

◎犬はあなたをこう見ている

本書を犬のなかの犬、アレクシス（一九七〇～八四）に捧ぐ。

犬はあなたをこう見ている

——最新の動物行動学でわかる犬の心理

ジンジャー

まえがき

　ぼくがはじめて好きになった犬には、実は一度も会ったことがない。おじいさんが飼っていたケアーンテリアのジンジャーだ。二〇世紀はじめの、独特の長い足をしたケアーンで、きちんと仕事を与えられていた先祖からまだ数世代しか離れていなかったことになる。ジンジャーはぼくが生まれるずっと前に死んでしまい、ぼくはペットのいない家で育ったから、しばらくのあいだはジンジャーにまつわる話を聞くことが、自分の犬を飼うという体験に一番近いものだった。

　おじいさんは建築家で、歩くのが大好きだった。工業が盛んなブラッドフォードの町の事務所に歩いて通い、仕事場の教会や工場にも歩いて通った。でも特に好きなのは気晴らしに歩くことで、ヨークシャーの湿原や湖水地方、ウェールズの景勝地スノードニアなんかがお気に入りだった。そして連れて行くことができれば、いつもジンジャーといっしょに歩いた。家族はよく、ジンジャーの足がふつうのケアーンテリアより長かったのは、こうやってよく運動をしたせいなのだと話していた。でも写真を見る限り、ごくふつうのケアーンで、一九三九年の映画『オズの魔法使』でトトに抜擢された犬とよく似ていた。ずっとあとになって、ぼくが専門的に犬の純血種に関心を抱いたころには、数十年のあいだにこの犬種の姿があまりにも大きく変わったことに気づいて驚いたものだ。足もかなり短くなっていた。今のケアーンテリアは、ほかの純血種にくらべて遺伝病が少ないとは言え、おじいさんの時代ほど運動させてもらっていないのではないかと思ってしまう。

ジンジャーは根っからヨークシャーの「気質」をもっていたので、冒険談は山ほど残されている。でも、何と言ってもびっくりするのは――町の真ん中に住みながら――大きな「自由」を与えられていたことだ。おじいさんが仕事で出かけている日には、昼どきになるといつもひとり(一匹?)で近所を散歩した。毎日同じ道をたどっていたにちがいない。まず道を横切ってリスター公園に入り、街灯の根元でにおいを嗅いだり、ほかの犬と遊んだりし、夏場はベンチでくつろいでいる人にサンドイッチをねだったりしたのだろう。それからマニンガム通りの路面電車の線路を越え、フィッシュアンドチップスの店の裏口あたりをぶらつく。裏口のドアにちょっと爪を立てれば、たいていは衣《ころも》の切れ端や形の悪いチップスをひと握りもらえる。あとはまっすぐ家を目指すが、それには交通量の多い交差点を横切らなければならない。わが家の伝説によれば、いつもそこで交通整理をしていたおまわりさんが、おごそかに車を止め、歩行者と同じようにジンジャーを安全に横断させてくれたらしい。

もう何年もブラッドフォードには帰っていないけれど、ほかの町の様子を見るに、リスター公園には犬の糞専用のごみ箱があちこちに備えつけられ、ほとんどの犬はリードにつながれて散歩しているはずだ。毎日のように公園をうろつく犬がいれば、ブラッドフォードの野犬捕獲人に通報され、つかまってしまう。通りを自由に歩いている犬は言うまでもない。もちろん路面電車はとっくの昔になくなり、交通整理のおまわりさんは信号機に変わってしまった。今では街角に、防護チョッキに身を固めた民間の地域治安維持官が立っているが、彼らは小さい茶色のテリアを横断させるために、もし自分ではそうしたいと思っても、車を止める勇気があるだろうか。

ジンジャーが通りを気ままにぶらつき、会う人ごとに、地元のおまわりさんにまで、愛嬌をふりまいてかわいがってもらっていたころから、まだ七〇年ほどしかたっていない。そしてまさにそのあいだに、ほとんど誰にも気づかれないうちに、人間の最良の友に対する社会の態度が途方もなく変わってしまった。

ぼくが子どもだった一九七〇年代のイギリスでは、みんなとても寛大だった。最初に飼ったラブラドールとジャックラッセルのミックス、アレクシスにも、やっぱりひとりで出かけてしまうクセがあった。ただしアレクシスの場合、お目あては昼のおやつではなく雌犬だった。家族がなんとか目の届くところに置こうとしても、スキを見ては逃げだした。ジンジャーとの違いは、何度も警察の小屋に閉じ込められたことだが（当時はまだ警察が迷い犬を担当していた）、そんなことは誰も気にしていないようだった。今では、犬とその暮らし方へのそうした寛大さはほとんど消えてしまった。特に都会では見る目も厳しく、犬を飼う人は少しずつルーツである田舎へと退散している気配がある。何千年ものあいだ、犬が人間にとって最も身近な相棒だったのに、アメリカをはじめとした多くの国で、猫にペットの一番人気の座を奪われつつある。なぜなのだろうか？

第一に、犬は前よりずっと、行儀よくすることが期待されるようになった。飼い主に犬をどう監督すべきかと忠告する専門家は、ひきもきらずに登場する。ぼくは二匹目の犬を飼うことになったとき、今度はラブラドールとエアデールテリアのミックス、アイヴァンだったが、アレクシスよりしつけのいい犬にしようと決心した。そこでしつけの本を探したのだが、当時のトレーナーのやり方を知ってショックを受けてしまった。バーバラ・ウッドハウスのような有名トレーナーたちは、人間が常に犬を支配するべきだと主張しているように思えたからだ。それではぼくにはなんの意味もなかった——ペットとして犬を飼うのは友だちになってほしいからで、奴隷がほしいわけじゃない。調べてみると、このしつけ方のもとはコンラッド・モスト大佐という人物らしい。モスト大佐は犬の訓練の草分けとなった警察官で、一〇〇年以上も前に、人が犬をコントロールできるのは、その犬が「この人には力のうえでかなわない」と思い知ったときだけだと判断した。大佐がヒントを得たのは、当時の生物学者による野生のオオカミの群れについての研究で、仲間を恐怖心によって思いのままに動かす一頭のボスが群れを支配しているというものだった。そのころ、生物学はもうぼくの専門になっていたのだが、犬の話となると、どうも生物学の言っていることはぼくの直観にそぐわないような気がしていた。

ほっとしたことに、この一〇年でジレンマは自然に消えた。犬の行動を理解するときに必ず目安とされるオオカミの群れは、人間が介入してメチャクチャにしない限り、仲むつまじい家族の集まりだとわかったからだ。その結果、現代の見識あるドッグトレーナーの大半は、できなければ罰する方法をほぼ捨て、できれば褒め、褒美をやる方法をとるようになっている。この新しい方法のルーツは比較心理学にある。ところがどういうわけか、メディアを見ると、まだ古い方法に頼るトレーナーばかりが目につく。人と犬が対決する挑戦的なやり方のほうが、ドキドキさせるショーができあがるからだろうか。

犬のしつけでは、犬の身になって犬の心を理解する傾向がわずかながらも見えてきた一方で、犬の体の健康が少しずつむしばまれている。家庭犬に対する衛生としつけの要求がますます高まるなか、要求が厳しくなった環境にぴったりの犬を繁殖させる仕事は、見栄えのよさだけに夢中な人たちの手にゆだねられてきた。ジンジャーは純血種とは言え、特に血統を重視していなかったスコットランドとアイルランドのネズミ狩りの犬から一〇代目くらいだったので、元気で長生きした。今のケアーンテリアは、ドッグショーを目指す近親交配（インブリーディング）の犠牲になりかかっていて、いくつかの遺伝病に苦しめられている。レッグ・カルベ・ペルテス病もそのひとつで、名前はエキゾチックだが、耐えがたいほどの痛みを伴う。

生物学者たちは今、犬は何を考えて行動するかについて、わずか一〇年前にはわからなかったこともわかるようになってきた。それなのにこの新しい知識は飼い主までなかなか伝わらず、何より犬たち自身の暮らしを変えるまでになっていない。ぼくは二〇年あまり犬の行動を研究し、自分でも犬を飼っていたので、誰かが犬界のために立ち上がるべきときがやってきたという思いにかられたのだった。何も知らない飼い主が少しでも弱みを見せたら支配者の座をねらおうとする、犬の毛皮をかぶったオオカミのイメージではなく、ブリーダーのためにリボンの花飾りと名声を集めるのが仕事の、見かけ自慢の動物でもなく、ただ家族の一員となって暮らしを楽しみたいと願うペットとしての、現実の犬たちのために。

はじめに

犬はもう何万年ものあいだ、人間の忠実な仲間として生きてきた。今も世界じゅうのあらゆるところで人間といっしょに暮らし、たいていは家族にとってなくてはならない存在になっている。犬がいない世の中なんて想像もつかないと思う人は多いだろう。それなのに今、気がつけば犬たちは窮地に立たされ、めまぐるしい人間社会の移り変わりについていくだけで四苦八苦している。一〇〇年ほど前まで、ほとんどの犬は働いていた。さまざまなタイプや犬種が、数千年という時間と、それに見合うだけの世代をかけて品種改良され、与えられた仕事にピッタリの特徴を備えるようになった。何よりもまず、犬は「道具」だった。すばしっこさ、機転、鋭い感覚、そして人間と意思を通じ合えるたぐいまれな能力のおかげで、驚くほど多彩な仕事に活躍の場を与えられたのだ——狩りの手伝い、ヒツジの番、護衛など、まかされたいろいろな仕事は、どれも社会経済の重要な要素だった。つまり、犬は自分で働いて暮らしを立てていた。大金持ちのおもちゃだったわずかな愛玩犬を除けば、飼い主が犬をかわいいと思う気持ちはあとからついてきたもので、満足感を味わえたにしても、そのこと自体が飼う目的ではなかった。その後、今から数十世代前に、何もかもが変わりはじめる。そしてその変化は今もなお、さらにペースを速めて続いている。

実際、働くことなどまったく期待されていない犬の割合がどんどん増えている。その唯一の役目は、家族のペットになること！　働くように作られた犬の多くがうまく順応してきたとは言え、新しい役割に向いていない種類もあって、ペットとして一番人気の犬種がどれもペットとして特別に品種改良されたものでないのは驚くばかりだ。犬たちはこれまで、人間が強制してきたたくさんの変化や制約に、せいいっぱいついてきた。特に、人間が仲良く遊びたいときは人なつこく遊び、人間がそれを求めないときは控えめにしていてほしいという期待にも、よく応えてきた。それでもこの互いの歩み寄りに溝が広がりはじめている。人間社会が変わり続け、地球がますます混み合ってくるにつれ、ペットとしての犬の人気にかげりが見えているし、どんどん新しくなるライフスタイルへの順応は、特に都会では、かなり厳しいものになっている。犬は生きものなのだから、コンピューターや車みたいに一〇年ごとに設計を変えるわけにはいかない。その昔、犬の仕事の場がほとんど田舎ばかりだったころ、犬というものはもともと清潔なんかではないし、自分のことは自分でしながら、毎日を思うようにすごしていいものだとされていた。でも今は逆に、多くのペットが束縛の多い都会に住み、人間の平均的な子どもより行儀よくしながら、人間の大人のように自立するよう求められている。しかし多くの犬たちは、この新しい義務ではもの足りないらしく、本来の役割にもちゃんと順応していることを見せびらかすことが多い――ただし人間のほうは、そんな役割など最初からなかったかのように、すっかり忘れさせようとしている。ヒツジを追って集めるコリーはヒツジ飼いの最良の友だが、子どもたちを追って集めようとしたり自転車のあとを追いかけたりするペットのコリーは、飼い主の悪夢だ。たくさんの人たちが自分の犬にあてはめようとしている非現実的な新しい水準は、犬とはどんなものか、何をするよう改良されてきたかについての、根本的な思い違いから生まれている。人間社会に犬の居場所がこれ以上なくならないようにするには、犬には何が必要で、どんな性質をもっているかを、みんながもっとよく理解しなければいけない。

犬が直面している問題は、人間が寄せる期待の急激な変化だけではない。人間が犬の繁殖をコントロールしているやり方も、犬の幸福にとって大きな問題になっている。人類の歴史と並行するように、犬は人間が与えた役割に合わせて品種改良されてきた。それでもそのあいだ、牧羊犬、獲物の回収犬、番犬、運搬犬と、どんな仕事であったとしても、見かけより健康と能力のほうがずっと大切だった。ところが一九世紀の終わりごろ、はっきりした犬種へのグループ分けがはじまって、それぞれを切りはなして繁殖させるようになり、ブリーダー界は犬種ごとの理想像とされる「スタンダード（犬種標準）」を定めた。たいていの犬は、そんな厳密な分類にあてはまるわけではなかった。というよりそうした分類は、ただ人間の友だちであり相棒であればいいという、新しい一番の役割に順応するには逆効果だった。ブリーダーたちは「理想的なペット」を作ろうとせずに、ドッグショーで賞をとれる「理想的な容姿の犬」を作ることに力を注いでいる。賞をとった犬は貴重な血統とみなされ、ほかの犬とくらべてひどく不釣り合いに多い回数、次世代を産みだす遺伝的貢献に駆りだされることになる。そうやって生まれる「純血種」は、理想的な容姿とひきかえに健康を悪化させていく。一九五〇年代には、まだほとんどの犬種が健全な遺伝的多様性を保っていたのだが、それからわずか二〇世代から二五世代あとの二〇〇〇年になると、近親交配が長く続いたせいで何百という遺伝的な奇形、病気、障害が現れるようになり、あらゆる純血種の健康が損なわれる可能性が出てきた。イギリスでは二〇〇八年に、ブリーダーと犬の健康を心配する人々のあいだの不和が表沙汰になり、イギリス最大のドッグショーであるクラフト展からのスポンサー撤退に発展している——その後、BBCもテレビ中継から手を引いた。ただ、いくらそうした抵抗がはじまっても、過度の近親交配によって生じている問題がなくなり、見かけではなく健康と社会での役割を考えた繁殖が行なわれるようになるまで、犬自身にはなんの恩恵もない。

犬の宿命をよい方向にもっていくには、結局、人間が考え方を変えるしかないだろう。ところがこれまで、専門家も一般の飼い主も古い先入観にとらわれたまま、次々に登場している犬に関する新しい科学について知る機会がなかった。異系交配は近親交配よりどんなメリットがあるか、どんなしつけが効果的かについての議論は、現実には同じ意見の繰り返しからなかなか発展していない。こうした議論には、科学的な知識が欠かせなくなっている。犬とは本当はどんなもので、犬が本当に必要としているものは何か、科学が教えてくれるからだ。

犬を理解するには科学が不可欠だとは言え、犬の科学が犬の幸福にとってどれだけ役に立っているかを考えると、残念ながらマイナスの面もある。一九五〇年代に生まれた犬の科学は、犬とはどんなものかを論理的に考えようというところから出発した。それはこれまでの人間中心で擬人的な見方より、はるかに客観的な視点に思えた。ところが、犬と対等の立場に立とうとしたはずの犬の科学が、全力をあげて性質を明らかにしようとした相手を誤解し、不当な扱いを受ける原因さえ作ってしまったのだ。

科学が知らず知らずのうちに犬に与えた打撃のほとんどは、犬の行動の研究に比較動物学のアプローチを用いたせいで生じたものだった。比較動物学では、ひとつの種の行動と適応を別の種と比較することによって研究する。この手法はすでに定評があり、たいていはとても役に立つ。ごく近い関係にあってもライフスタイルが異なる種は、比較動物学を用いるとよく理解できることが多い。見かけや行動の差は、ライフスタイルの変化を映しだしていることがあるからだ。遺伝的には無関係なのに似たような暮らし方をするようになった種でも同じことが言える。この手法は、全体的な進化の複雑な流れをひもとくのに大いに活躍してきたし、特に今では、行動の類似点と相違点をそれぞれの種のＤＮＡの違いと比較することによって、行動の遺伝的な根拠を正確につきとめられるようになった。

比較動物学を利用しても、ふつうなら動物にとってなんの害にもならない。ところが犬の場合は、祖先であるオオカミとほとんど変わらない本性をもつとみなす専門家たちによって次々と行動を分析されたせいで、大きな痛手をこうむることになった。オオカミといえば獰猛《どうもう》で、いつも集団の支配者の座をめぐって争っているイメージが強い。そのオオカミが、犬の行動を理解するための、たったひとつの確かなモデルとなってきたのだ。(1) それで否応なく、あらゆる犬が――飼い主が厳しく見張っていない限り――いつも飼い主を支配しようとしているという誤解が生まれてしまった。本でもテレビ番組でもまだごくふつうに、犬とオオカミの行動を重ね合わせている。ところが最近の研究では、これは事実無根であり、飼い主に歯向かう犬は野心を抱いているわけでなく、不安にかられていることが多いとわかってきた。犬の行動理論にはほとんどすべて、この根本的な誤解がひそかに入り込んでいるから、この本ではまっさきにこの問題に取りくんでいく。

比較動物学の使い方を誤りはしたが、もっと新しい科学による発見は――正しく利用しさえすれば――犬に大きな恩恵をもたらすはずだ。一九七〇年代と八〇年代にはかげりを見せた犬の科学も、九〇年代になると息を吹き返し、そのまま今に至っている。あわせて五〇年近く、ほぼ無視されたままだったのに、こうしてまた犬にただならぬ科学的関心が寄せられるようになった背景には、いくつかの要因がある。まず、麻薬探知犬や火薬探知犬など、不法な物質を見つけだす犬の出番が増え（犬より確実に嗅ぎ分けられる機械はまだない）、犬がどうやってこの仕事をこなせるのか、もっとよく知る必要が出てきた。一方で一部の霊長類学者が、動物と人間の心の動きを新しい方向から探ろうと考え、研究の焦点をチンパンジーから飼い犬へと移したことも影響している。さらに、問題行動のある犬をもっと効果的に治療したい獣医師たちの貢献もある。そして最後に、生物学者には愛犬家が山ほどいることも忘れてはいけない。犬を愛する生物学者たちは、人の手が加わった動物を研究することにためらいを感じることはあるが、犬の暮らしをよくするためにひと肌ぬぎたいと思っている。

犬の科学の新しい学派が、犬の本当の気持ちをどんどん明らかにしていけば、飼い主たちは自分のペットをどう考え、どう関わっていくかについて、新しいやり方を身につけられるだろう。こうした新しい科学者集団の努力のおかげで、犬は実際には何を考えているのか、特に、犬はどのようにまわりの世界の情報を集めて解釈しているのか、変化する状況に感情ではどう反応しているのか、以前にくらべてはるかによく理解できるようになってきた。研究の結果からは、犬と人間の驚くほどの違いを見せつけられることもある。それならば飼い主は、自分が感じていることをそのまま犬も感じていると思い込まずに、「犬の身になって考える」必要がある。そしてそれは、きっとできるはずだ。

犬の行動に関する新しい科学は、人間社会での犬の役割をよい方向にもっていく可能性を秘めているのに、ほとんどの研究成果はこれまで目につきにくい論文でしか発表されてこなかった。この本では、犬の科学のワクワクするような新たな発展を、一般の読者に――そして犬が大好きな人たちに――わかりやすく紹介していこうと思っている。その過程で、犬について、犬との関わり方について、これまでの型にはまった知識の大半をひっくり返していくことにもなる。前半では、犬の起源に関する最新の情報を披露する。オオカミが実際に犬の唯一の祖先であることは間違いないのだが、今では二〇年前にみんなが抱いていたイメージとは大きくかけはなれた、犬の本質が明らかになってきている。この新しい科学によって、人々の考え方も、犬をしつける最も思いやりのある最善の方法も、劇的に変わっていくだろう。ただし、これは犬のしつけのマニュアルではない。この本の目的は、現代の犬のしつけの発想がどこから来ているかを知ったうえで、飼い主が自分の選んだしつけの本やトレーナーを、自分自身できちんと評価できるようにすることにある。

犬はどこからやってきたのかというストーリーを見なおしたら、次に犬の「知力」とは何かを探っていく。科学は最近になって、飼い主が自分の犬の感情や知力をどう思っているかに注目しはじめた。その結果、飼い主の思い込みは驚くほど正確なこともあれば、ひどく見当違いなこともあるとわかった。動物ばかりか、無生物にさえ感情があると思ってしまうのが人間の常だ。「険悪な空模様」や「荒れ狂う海」などの表現を、ごくふつうに使っている。それなのに、さまざまな動物たちがどんな感情を抱いているか、数十年前までは誰にも予測がつかなかった。そのうえ感情はあまりにも主観的なものだから、まじめな研究対象にはならないとみなす科学者も多かった。動物の知性は一〇〇年以上前から研究されてきたが、犬の研究に手がつけられたのは、ようやく二〇世紀も終わりになってからだった。そしてそれ以降、犬の気持ちについての考え方は大きく変化してきている。新しい犬の科学では、犬は人間が思っているより頭の回転がよいところも、逆に回転の悪いところもあることがわかった。たとえば、犬は人間のボディランゲージをとてもきめこまかく読みとれるので、人間がしようとしていることを不思議なほど正確に予測できる能力をもっている。その反面、今という瞬間にしばられ、過去や未来に思いをはせることができないから、自分の行動をさかのぼって考えたり、行動の成り行きを考えたりはできない。もし飼い主が犬の知性と感情生活を、自分の想像に左右されず、ありのままにわかってやれるなら、犬はもっとよく理解され、よい扱いを受けられるはずだ。

犬の科学は、人間が犬の気持ちをどう解釈しているかだけでなく、犬がまわりの世界をどう感じ、どう把握しているかも教えてくれる。見た目には、犬と飼い主は同じ家で暮らし、同じ公園を散歩し、同じ車で遠出し、同じ友だちや知り合いに出会っている。ところが、それぞれの場面で犬の脳と飼い主の脳に届いている情報は、まったく違うのだ。人間は視覚に頼って生きているが、犬は主に嗅覚に頼っている。人間は聞こえないほど高い音（コウモリの鳴き声など）を「超音波」と呼ぶが、犬のほうはそれを完璧に聞き分け、聞こえない人間を——もし笑えるものなら——あざ笑うにちがいない。犬の世界を完全に理解しようとするなら、犬が何を感知できて何を感知できないか、何がうれしくて何が嫌いかを知るのに、科学の力を借りる必要がある。

人間が犬の性質をよく知らないために犬たちを不幸にすることが多いとは言え、度を越えた近親交配が純血種に及ぼしてきた問題にくらべれば、たいしたものには思えない。犬種ごとの厳しい「スタンダード」がきめられたことで、ブリーダーたちは、「完璧な」型にあてはまらない特徴をすべて排除しようとするようになった。理屈のうえでは、たとえ画一的であっても、ブリーダーが犬の健康と精神的な安定を考えて特徴を選択すれば問題ないのだが、そうはならなかった。それどころか、実に多くの犬種に、広範囲にわたる遺伝性の異常が発生し、膨大な数の犬の健康がおびやかされている。ありがたいことに、科学は犬の繁殖がまたもとの健全な方向に向かうよう、あと押しできるだろう。この本は犬の遺伝学の詳しい手引きにはならないが、第10章でブリーダーに従ってほしい基本的な原則に触れ、犬の健康に直接的な悪影響を与える純血種の繁殖について考える。

そして最後の章では、犬が二一世紀の暮らしに慣れていくうえで、犬の科学がどう役立てるかを見ていきたい。現在の犬の繁殖で一番大切にされているのは、実用的な特徴ではなく、見かけの特徴を整えることだ。ペットになる犬の多くは、ブリーダーから見れば不合格品で、「スタンダード」が求める完璧さには届かないとみなされている。ドッグショーでチャンピオンにはなれそうもない仔犬がペットになる。本来なら、ペットの犬に必要な特徴のほうが、ドッグショーで賞をとれる特徴より注目を浴びていいはずではないか。犬の飼い主や犬好きたちは、ヒツジを追うことでも、獲物を回収することでも、ショーでトロフィーをもらうことでもなく、育てがいのある従順で健康で幸せな、家族のペットになることを一番の目的にした犬をどう繁殖させればよいのか、前向きに考える必要がある。

この本によって、人間社会での犬の特別な立ち位置についての理解と正しい認識を深められればと思う。その目的を達成できるなら、これから何十年にもわたって愛すべき仲間とのきずなを保ち、さらに深めていくのに、大きな役割を果たせるにちがいない。

第1章　犬はどこからやってきたのか？

「リビングルームにいるオオカミ」——この強烈なイメージを愛犬に重ね合わせるとき、飼い主は、信頼している相棒の中身が実は人間ではなく、動物だということを思いだす。犬は、少なくともDNAを見る限り、オオカミであることは間違いない。犬とオオカミの遺伝子は、九九・九六パーセント一致している。理屈ではオオカミが犬だとも言えるのに、不思議なことに誰もそんなことは言わない。オオカミは一般に、野性的で、太古の時代の祖先そのままのイメージをもたれているのに対し、犬はどちらかと言うと、人間がオオカミを自然から切りはなし、てなずけ、従わせたイメージが強い。それでも現代の世界では、数の面だけで見れば、犬のほうがオオカミよりずっと成功している。では、オオカミと犬が共通の祖先をもっていると知って、どんなことがわかるのだろうか？　犬の行動についての本も論文もテレビ番組も、たいてい、オオカミを理解することが犬を理解するカギを握ると主張してきた。ぼくはそうは思わない。犬を理解するカギは、何よりもまず、犬を理解することにあると思うし、そう考える科学者は世界じゅうでどんどん増えている。小型のオオカミとみなすのをやめ、独自の動物として分析すれば、これまでにないほど深く犬を理解し、よい関係を築くチャンスが生まれるだろう。

たしかに犬は、イヌ科に属するほかの動物たちと基本的な特徴をいくつも共有し、そこにはオオカミも含まれる。犬はイヌ科の種が進化したもので、骨格、すぐれた嗅覚、獲物を回収する能力、社会的なきずなを長く保てる性質などは、この血統から手にしたものだ。犬を野生の祖先と比較すれば、わかってくることもあるだろう。ただし、オオカミだけを基準にしてしまうと失敗する。

根本に、犬は長い時間をかけて飼いならされた結果、人間といっしょに暮らすことに適応してきた事実がある。飼いならしの過程で少しずつ変化しながら、オオカミの鋭敏で巧妙な行動はおおかた失われ、まだイヌ科だとはわかるが、もうオオカミではない動物ができあがった。飼いならしは犬を、ほかのどんな種よりも大きく変えてしまった。実にさまざまな形と大きさをした犬がいるのは一目瞭然で、「イエイヌ」というひとつの種のなかのほうが、イヌ科の残りの種を全部合わせたより大きさの変化に富んでいる。ただし、飼いならしが与えた深い影響はそれだけではない。人間にとっても犬にとっても何より重要な意味をもつ影響は、人間ときずなを結ぶ力、ほかのどんな動物も及ばないほど人間を理解できる能力ではないだろうか。だから飼いならしの過程で何が起きたのかを理解することは、犬を理解するうえで最も大切な要素になる。

さらに、犬をもっとよく知るには、飼いならしがはじまる前の、オオカミの時代のさらに前までを見わたして、犬の歴史を一からひもとく必要がある。犬はどこからやってきたのか、最も近い生きた親戚のオオカミだけではなく、すべての祖先はどんなだったのかを知る必要がある。もちろん、つきつめれば、犬の祖先がどんな行動をしていたかを詳しく知ることはできない。直接の祖先（一万年以上前に生きていたオオカミ）や、もっと遠い祖先（数百万年前の鮮新世にいた、オオカミの祖先である社会性のあるイヌ科の生きもの）を、どんなに調べようとも同じことだ。もうみんな絶滅してしまった。それでも、社会性のある今のイヌ科の動物に特有な行動を調べれば、祖先がどんなふうに行動していたかが少しはわかる。事実、これらの種の行動をこまかく調べることによって、犬の最も古い祖先を解明できるだけでなく、オオカミ以外は恒久的な飼いならしに成功しなかった理由にも迫ることができる。

ＤＮＡ分析によれば、犬の祖先はタイリクオオカミだけ（あるいはほとんどすべてタイリクオオカミ）だ。犬、オオカミ、コヨーテ、ジャッカルの母系ＤＮＡの全体的な配列がはじめて発表されたのは一九九七年で、犬がタイリクオオカミ以外の子孫だという証拠は見つからなかった[1]。それ以降の何十もの研究でも、このことは否定されていない。ただし、分析の難しい父系ＤＮＡのデータは不足気味だから、犬種によっては父系に別のイヌ科の祖先をもつことがわかる可能性も残されている。

犬とオオカミは遺伝子のうえで共通部分がとても多い――でも、ふたつの種のＤＮＡ

がよく似ているからと言って、行動が同じとは限らない。よく似たDNAをもっていてもまったく違う動物はたくさんいて、特に行動はさまざまに異なっている。これがわかったのはDNA「革命」のおかげだ。ヒト、イヌ科、ネコ科のゲノムの配列が決定され、解析される種は日を追うごとに増えているが、おもしろいことに、これまでにわかった配列はどれも目を見張るほどよく似ている。飼い主と飼い犬のDNAは、全長のおよそ二五パーセントがまったく同じだ。ヒトもイヌも同じ哺乳動物なのだから、たいして驚くにはあたらないだろう。このほぼ二五パーセントの配列は、マウスにも見つかっている。残りの七五パーセントで、犬とネズミと人の見かけと行動が、まったく違うものになる。

人と犬よりもっと近い関係にある種どうしでは、DNA配列のほとんど全部が共通している。それなら同じような行動しかできないのではないかと思いたくなるが、DNAは行動を直接規制しているわけではない。DNAがきめるのはタンパク質の構造や細胞の性質で、DNAのわずかな違いが行動にとてつもない変化をもたらす可能性がある。たとえば脳に「青写真」はなく、無数のDNA配列のあいだのやりとりから、脳内の神経細胞ひとつひとつが生まれる。配列内の「一文字」の違いが脳の働きに桁はずれの影響を及ぼすこともあるし、まったく影響しないこともある――つまり、DNAと行動との相互関係は、まだよくわかっていない。チンパンジーとボノボという、ごく近い関係にある類人猿を例にとってみよう。この二種の類人猿のDNAは九九・六パーセント同じなのだが、その社会的行動は、これ以上ないというほど異なっている。チンパンジーは雑食で、別の種類のサルを襲って食べることも多く、その社会集団は雄どうしの合意のもとで成り立っている。雄はよそ者に対して非常に攻撃的で、チャンスをねらって殺すことさえある。一方、ボノボは草食で、血縁の雌の集団を中心とした社会を築き、攻撃的な姿勢はめったに見せない。野生でほかの動物を殺す場面は、ほとんど観察されていない。遺伝子はほぼ同じでも、ふたつの種の行動はこうして大きく異なっている。

ボノボとチンパンジーと同様に、犬とタイリクオオカミもDNAの大半は同じだが、この事実を踏まえれば、同じ社会システムをもっていると仮定する根拠はないと考えていいだろう。むしろ、飼いならしによって、犬からオオカミ特有の行動はほとんど消えてしまったように見える。その逆に、もう少し遠い親戚、たとえばコヨーテや、同じ仲間でももっと遠縁にあたるキンイロジャッカルなどとよく似た行動パターンが、まだ残っている。

初期の生物学者にとっても、犬とオオカミの行動の差は明白だった。違いの多くは、社会的な行動の面で現れる。犬には群れを作る習性がなく（ときには集団を作ることもあるが）、オオカミよりはるかに人間ときずなを結ぶのが得意だ。ずっと前から数多くの有名な生物学者が、ノーベル賞を受賞したコンラート・ローレンツや、かのチャールズ・ダーウィンも、犬が見せる行動の柔軟性と犬種による大きさの違いに感嘆の声を上げてきた。このふたつの事実は、すべての犬を含む「イエイヌ」という種が、二種類以上のイヌ科の動物の混血にちがいないことを示している。ローレンツはその楽しい著書『人イヌにあう』で、オオカミは本来とても独立心が旺盛だから、たいていはどんな相手とも打ちとける犬の性質とは矛盾している——ヨーロッパで品種改良されたほとんどの犬種の血統にはジャッカルの血筋が色濃いのではないか、と書いている。ただしあとになって、犬とジャッカルが自然発生的に交雑した形跡がないこと（犬とオオカミなら簡単に起こるが）、またジャッカルの行動のこまかい部分が犬の行動と一致しない（ジャッカルの遠吠えは犬の遠吠えとまったく似ていない）ことに気づいて、この案を引っ込めている。

犬とオオカミの行動がなぜこんなにも違うのか、科学者たちが必死に理由を突きとめようとしたが、今でもまだ謎はとけていない。それでも、犬の祖先がタイリクオオカミだけでなく、イヌ科全体の動物だと考え、進化してきた時代をはるか遠くまでさかのぼれば、手がかりの二つや三つは見つかるだろう。イヌ科の種の多くは、それぞれ洗練された社会生活を営むから、犬の場合と重ね合わせることによって犬の行動の起源が明らかになるかもしれない。たとえばコヨーテは交尾の相手を選ばず、その点はオオカミと大きく異なり、犬とはよく似ている。オオカミ以外のイヌ科の動物の行動は、タイリクオオカミの行動ほどこまかく研究されたり公表されたりしているわけではないが、犬の行動の起源がいつどこにあるのかについて、さまざまなことを教えてくれる。

イヌ科をその起源までたどると、社会的な知性が、犬の祖先をそれまでの系統から分岐させる最初の要因のひとつになったことがわかる。イヌ科はまず、六〇〇万年ほど前に北アメリカで進化したらしく、その地でやがて犬に似た別の哺乳類ボロファグスにとってかわった。ボロファグスはハイエナに似た大型の動物で、死骸やゴミあさりを専門とし、体の大きさに見合った大きい顎で骨も砕くことができた。犬よりキツネに近かったと想像できる原初のイヌ科は、手に負えないゴリアテのようなボロファグスの前では、まさにダビデそのものだっただろうが、スピード、抜けめのなさ、頭の回転でまさり、最後にはボロファグスを絶滅に追いやるのに一役買った。それから時代を早送りして一五〇万年前に目を移すと、生きのびてきたイヌ科は世界のいたるところに広まり、いくつかの種類に分かれている。そのひとつが、今の犬、オオカミ、ジャッカルなど、まとめてイヌ属と呼ばれている動物たちの祖先だ(2)。そこからさらに三つに枝分かれして進化し、そのどれもがやがて飼いならされていく可能性があった。イヌ科のどの系統の行動にも、飼いならしに適さないと思わせるような特質は見られない。実のところ、これらの三つのうち少なくとも二つは人間に飼われるようになったかもしれず、オオカミだけが飼いならされたのではない可能性は大いにある。

進化によるイヌ属の分岐はまず北アメリカで起こり、(およそ一〇〇万年前に)現在のコヨーテが生まれた。コヨーテは今でもまだ、この大陸にしか生息していない。別のグループが南アメリカで進化し、そこで暮らしているが、これはイヌ属ではなくクルペオギツネ属に分類されている。まとめてパンパスギツネと呼ばれることもある。ただし、キツネ狩りで追われることでよく知られたアカギツネとは、はるか遠い親戚でしかないからまぎらわしい。イヌ属のそのほかの六つの種はすべて旧大陸で進化した。可能性が最も高いのはユーラシアで、一部はアフリカで進化したかもしれない。そのうち四つの種はジャッカルだ。そのなかのアビシニアジャッカルは、ときにエチオピアオオカミとも呼ばれるので、これもまたまぎらわしい。ジャッカル四種のなかには、ローレンツが一部の犬種の起源かもしれないと思ったキンイロジャッカルも含まれている。もうひとつの種として、犬（イエイヌ）の祖先であるタイリクオオカミがいる。ユーラシア大陸で進化したイヌ科の動物のうち、北アメリカに到達したのはタイリクオオカミだけだった。アラスカがまだアジアと陸続きだった一〇万年前ごろ、ベーリング陸橋を渡って移動したのだろう。

　これらの種の多くは、犬と共通する社会性を豊富に備えているので、表面的には飼いならしの候補とも思える。どの種も、条件が整えば家族集団やパックと呼ばれる群れを作って暮らすことがある。どの種も、周囲の状況に応じてライフスタイルを順応させることができる――具体的に言うなら、一匹で暮らすことも、小さい集団、あるいは大きい集団で暮らすこともできる[3]（現代では、野生で暮らすイヌ科の動物すべてにとって最も重要な「周囲の状況」は、人間の行動に左右されることが多い。人間がじかに迫害することもあれば、生ごみを捨てて、知らないうちに食べものを与えてしまうこともある)。科学者のあいだでは、イヌ科のゲノムはスイスアーミーナイフのようなものだという点で、意見が一致している。(4) 進化による変化にも耐えて残った、社会で生きるための能力がいくつも揃う「道具箱《ツールキット》」で、厳しい時期のひとり暮らしから食糧が豊富で迫害がほとんどない時期の複雑な社会まで、実にさまざまな状況への対応に利用できるという意味だ。だから、犬が人間といっしょの暮らしにこれほど見事に適応できたのは、タイリクオオカミではじめて生じた特別な変化のせいではない。イヌ科の動物が太古の昔から手にしていた、社会で生きるために役立つ能力一式を、新しい方向に利用した成果とみなすことができる。それによって犬は、同じ種のなかだけでなく、人間という別の種とも仲良くつき合えるようになった。

犬の直接の祖先はタイリクオオカミただひとつであることは確実だが、それより遠い祖先は、今も生きているほかの親戚たちと共通なのだから、親戚たちをよく見れば、古代の祖先を考える新しい視点が浮かび上がってくるだろう。犬の系統は、タイリクオオカミよりずっと遠くまでさかのぼることができる。そのおおもとになったイヌ科の動物たちは、すでに絶滅してはいるが、今生きているイヌ科の仲間すべての共通の祖先だ。イヌ科の仲間はそれぞれ、異なる状況にどう適応できるのか――どんな社会集団を作るのか――について、何かを教えてくれる。そしてそれらは、五〇〇万年前に登場したイヌ科が手にしていた「道具箱」の中味がどんなものだったのかを知る、別の方向からの手がかりになる。

キンイロジャッカルは、社会的な点で犬に最も近い親戚だから、一見、飼いならしには理想的な候補だ。文明のゆりかごだった肥沃な三日月地帯（ペルシャ湾からチグリス・ユーフラテス川をさかのぼってパレスチナ、エジプトに達する三日月形の地域）では、数多くの動物が飼いならされているが（ヒツジ、ヤギ、ウシなど）、ジャッカルのなかでここにいたのはキンイロジャッカルだけだった。それ以外のジャッカルはアフリカ大陸にしかいない。ほかのイヌ科の仲間の多くと同様、キンイロジャッカルのライフスタイルはとても柔軟性に富んでいる。単独で狩りをするものも少しはいるが、ほとんどは雄と雌のペアで暮らし、六年から八年に及ぶこともある生涯にわたって同じ相手と暮らすことが多い。パートナーが死んでしまったとき、新しい相手を見つけることはめったにない。ほとんどの場合、ペアの最初の子の何匹かは、翌年に次の子が生まれるまで両親といっしょに暮らし、数か月後に自分自身の相棒を探すために家族のもとを去るまでは子育てを手伝う。両親が狩りに出かけているあいだ、巣穴で幼い弟や妹

キンイロジャッカル

を守り、自分で何か獲物をつかまえれば、それも幼いものに分け与える。赤ん坊は、年長のきょうだいがそばにいて手伝うほうが生き残る率が高くなるので、その貢献は貴重だ。ジャッカルはペアで狩りをすることが多いから、一匹のときより大きい獲物をとらえることができる。いっしょに暮らすこどもたちも狩りに加わって、三匹か四匹の群れを作ることもある。家族どうしはボキャブラリーが豊かで、オオカミと同じように互いに意思を伝え合うことができる。こうした社会生活の多様な能力を考えれば、キンイロジャッカルをタイリクオオカミのように飼いならせなかった理由は、ほとんどないように思える。

事実、最近の考古学の発見は、キンイロジャッカルがトルコで飼いならされていたかもしれない手がかりをつかんでいる。トルコ南東部の丘の上にあるギョベクリ・テペは、新石器時代初期の遺跡で、巨石の見事な配置は寺院のようにも見える。ストーンヘンジの二倍以上古く、作られたのはなんと一万一〇〇〇年も前だ。農業も、金属の道具もまだなかった時代に置かれたそれらの石の表面は、人間と動物と鳥を極端に様式化した彫刻で飾られている。一部の石はT字型で、上に乗った横長の石は人間の頭、それを支える縦長の石は人間の体を表している。描かれた動物は、ライオン、ヘビ、クモ、コンドル、サソリと、人間の脅威となるものが多い。石が彫られたのは、食糧のための動物の飼いならしがはじまるずっと前の狩猟採集時代だから、当然、家畜の図はない。そうした彫刻のいくつかには、明らかに犬に似た動物が描かれているのだが、考古学者たちはやはり人間の脅威となるキツネにちがいないと考えている。ところがある石に刻まれた「キツネ」は、人間の腕を表す曲線の内側に描かれているのだ――そこはどう見ても、敵よりペットの居場所ではないか。そうなると、彫刻が描いているのはアカギツネとは思えなくなる。アカギツネは単独で行動する性質をもち、とても飼いならしに向いているとは言えない。さらに、確証はないものの、彫刻はオオカミにも似ていない。キツネに似た形とふさふさした尾は、オオカミよりジャッカルにずっとよく似ていて、その地域にいたジャッカルはキンイロジャッカルだけだ。犬の起源をジャッカルだとみなしたコンラート・ローレンツの考えは、あたらずといえども遠からずだったのかもしれない。ジャッカルは一万年以上も

現在のトルコとシリアの国境付近にあるギョベクリ・テペの遺跡で見つかった、T字型の石柱。男性の胸部を模したものと考えられている。縦長の石に彫られた腕は、イヌ科の動物を抱いているように見える。

クルペオギツネ

前に一度飼いならされたのだが、オオカミほどうまく人間といっしょの暮らしに適応できず、死に絶えたか、野生に戻されたのだろう。

同じように、飼いならしが有史の時代まで続きながら失敗に終わった例を見つけるには、南アメリカに飛ばなければならない。偶然、その例にも「キツネ」が関係している。三〇〇万年ほど前に南アメリカで進化した、キツネに似た犬のグループだ。そのひとつ、クルペオギツネは、飼いならされ——少なくとも人間に慣れ（人間といっしょに暮らしたが、まだ野生でのみ繁殖し）——アグアラ犬として知られるようになった。一八世紀の末、イギリス兵出身の科学者で探検家のチャールズ・ハミルトン・スミスは、これらの犬が狩猟採集民の村にいると記録している。人間といっしょに狩猟に出かけるが、特に狩りの手伝いをするわけではなく、たいていは何時間かすると単独で村に帰ってきた。食べるものは村であさるか、近くまで自分で探しに行って、魚、カニ、トカゲ、ヒキガエル、ヘビと、手あたり次第ほとんどなんでも食べた。ところが一九世紀なかばにアグアラ犬は姿を消し、ヨーロッパ人がこの大陸にもち込んだ、もっと従順で役に立つ犬にとってかわられた。野生の祖先であるクルペオギツネの習性がほとんど知られていないから、なぜアグアラ犬が完全に飼いならされなかったかを解明するのは難しい。ただし、南アメリカのキツネはふだんから二匹を超える群れを作らないので、社会的な能力が未発達で、人間との暮らしに順応できなかったことは考えられる。

コヨーテの家族

北アメリカに目を移すと、渡ってきたタイリクオオカミを除く飼いならしの一番の候補はコヨーテだ。このイヌ科の仲間は、昔から孤独なハンターのように思われているが、実はとても社会的な性質をもっている。ただ家畜をねらったために、人間から迫害されてしまった。外からなんの力も加わらなければ、コヨーテはペアで暮らし、キンイロジャッカルと同様、こどもたちが両親のもとに残って翌年のこどもの手助けをする場合は、小さい群れになることもある。特にヘラジカやオジロジカのような大型の獲物が手に入りそうなとき、必要性から見ても、チャンスから見ても、コヨーテが群れを組んで狩りをする可能性が最も高い。このように、コヨーテの社会的能力はオオカミに匹敵するほど発達していたように思えるが、あとからわかるように、コヨーテも北アメリカのオオカミも、ついに飼いならされることはなかったらしい。その理由は単純で、人間が北アメリカに定着するまでには、もう犬がいて、代わりはいらなかったのだろう。それでもコヨーテの遺伝子の一部が、現代のアメリカの犬にまぎれ込んだ可能性はある。「野生の」コヨーテの約一〇パーセントが犬の遺伝子をもっているのだから、その逆は確実に起こったのだ。これは雌のコヨーテと雄犬が交尾した子孫だと考えることもできるが、人間に飼われている犬が野生のコヨーテの雌にアピールできるほど大胆だとは思えない。それよりも、雄のコヨーテが雌犬に乱暴を働き、生まれた子が逃げて、近くで野生化したと考えるほうが自然だ。こうしてできた子のうち、おとなしい性質のものがのちに別の犬と交尾して、コヨーテの遺伝子を犬の系統に定着させたかもしれない。

大陸をめぐる旅のしめくくりはアフリカだ——人間の誕生の地でもあるから、ここでの飼いならしは大いにあり得る。この大陸にはイヌ科の動物が多く、四種のジャッカル（キンイロジャッカルも含まれる）のほか、アフリカンワイルドドッグ（リカオン）もいる。アフリカンワイルドドッグの社会性はタイリクオオカミにも匹敵し、イヌ科のなかでも一、二を争うことは間違いない。その群れはオオカミより大きく、ひとつの群れにいる成獣はふつう八匹以内だが、狩りになると五〇匹も集まって力を合わせることがある。アフリカンワイルドドッグが好む見通しのよい草原では、生き残りのために狩りには協力が不可欠なのだ。ライオンやハイエナのような体の大きい競争相手から獲物を守るには、群れに頼るしかない（アフリカンワイルドドッグが特に小さいというわけではなく、小ぶりのジャーマンシェパードくらいの体格で、まだら模様と、まっすぐ立った大きい耳が特徴だ）。獲物をしとめたあとは、群れの全員で仲良く分け合う。巣穴に子がいるときは、それぞれがいつもより多く食べ、戻ってから一部を吐きもどして子に与える。

アフリカンワイルドドッグの群れ

アフリカンワイルドドッグの群れは、ほぼ一年じゅう、仲良く暮らしている。朝晩の挨拶の儀式は毎日欠かさないし、よくはしゃいで走りまわり、互いの顔に鼻先を押しつけてじゃれ合う（小さいころにエサをねだった行動を真似ている）。キーキーとにぎやかな鳴き声は、イヌ科が集まっているというより、まるでサルの群れのようだ。おとなたちは、こうやって大騒ぎを繰り広げ、十分に士気を高めてから、揃って狩りに出かけていく。群れのメンバーどうしがけんかすることもあるが、真剣な闘いになることはめったにない——ただしそれは、雌の一匹が発情期に入るまでのことで、雌の準備が整う時期、最も地位の高い雌がまわりのおとなの雌に対して目立って攻撃的になり、ときにはひどい傷まで負わせてしまう。その結果、群れで最高の地位にいる雌のみがその年に出産する。もし別の雌が同時に子を産むと、地位の高い雌が殺してしまうこともあれば、両方のこどもたちが交ざり、二匹の母親が面倒を見ることもある。

ときに暴力沙汰を起こすとはいえ、とても高いレベルで協力できるのだから、アフリカンワイルドドッグを飼いならすのは簡単なはずだ。たとえばこのワイルドドッグは、鳴き声に複雑なボキャブラリーをもっている。ちょっとしたおしゃべりから、エサをねだる甘えた声、クーン、キャンキャン、キャイーン、クンクン、ウーッ、ホー、さらに怒りの低い唸り声に、騒々しく吠えたてる声と、言葉をもつ人間とのコミュニケーションには、むしろ無口なオオカミよりはるかに向いているように思える。それでも、この種を飼いならそうとした形跡は見つからないようだ。ただし飼いならしの背景全体をもっと広い目で見れば、それほど意外とは言えない。人類はアフリカで進化したから、ほかのどの場所でよりずっと長い歴史を刻んできたことになるが、重要な意味をもつ動物の家畜化はほとんどすべて別の大陸ではじまっている。どうやら、人類が動物を飼いならそうと思い立つには（植物も同じだが）進化にとっての「安全地帯」を飛びだす必要があったらしい。アフリカンワイルドドッグはたまたま居場所が悪くて、人間の世界に加わらなかったのだろう。

イヌ科の動物たちが歩んできた道は、場所によって、種によって、さまざまに異なっているが、犬の遠縁のいとこにあたるキンイロジャッカルとクルペオギツネというふたつの種からは、人間が飼いならしをはじめながら最後までやり通せなかったらしい、興味深い一面が見える。ユーラシアと南アメリカの遠く離れた大陸で、しかもまるで違う地域社会ではじまったものだ。この点でもまた、イヌ科が飼いならしに適していたのは、五〇〇〇万年前に手にした「道具箱」――社会生活に柔軟に対応し、鼻が利き、狩りの達人であるその多才さ――のおかげだったことがわかる。それでも、この二種を飼いならす試みは、結局どちらも成功しなかった。

飼いならしがはじまるのは、人間の要求にぴったりの種が近くにいるとき、しかも十分な資源の裏づけがあるときに限られる。人間が完全に家畜化できた哺乳動物の種類がわずかしかないことでもわかるように、そんな条件はめったに揃うものではない。家畜になっている動物の種類は、ようやく二桁に届くくらいの数しかない。これまで取り上げてきた種は、どれが飼いならされてもおかしくはなかったが、状況が理想的ではなかったか、いい状態が長続きしなかっただけなのだろう。

最後に、タイリクオオカミについて考える必要がある。イヌ科のなかで飼いならしが

タイリクオオカミの家族

（現代まで生き残っているという意味で）成功した唯一の例だ。事実、犬（イエイヌという種）は大きな成功をおさめている。世界には今、約四億匹の犬がいて、これはオオカミの数の一〇〇〇倍以上になる。数百年前には世界じゅうで五〇〇万匹ほどのオオカミがいただろうが、今はわずか一五万から三〇万匹になった。「飼いならし」という人の手が加わったことを別にすれば、オオカミが犬に進化し、あとに残ったのは細々ながら野生と縁を切らずに生きる、トーテムのような過去の名残だと言うことさえできる。オオカミの一部は、人間が世界を支配した波に乗って、犬になった。残りはそれができず、オオカミのままでいた。

犬について書かれた多くの本が、オオカミに似ている犬の性質をあまりにも強調するせいで、オオカミを無視していては犬のどんな行動も説明できなくなっている——ところがこれまで、そのオオカミ自体が根本的に誤解されてきた。タイリクオオカミに関する資料は膨大な量にのぼるものの、現代の犬の行動を理解するという点では多くが誤って解釈されているか、まったく役に立たない。これまで、オオカミは群れを作る動物の典型とみなされ、その群れは基本的にリーダーの「アルファ」ペアによって独裁的に、厳しく、攻撃的な方法で支配されているとされてきた。そこで、オオカミの子孫である犬も、ひと皮むけば同じだと考えられるようになった。攻撃的な性格が薄れているのは確かだが、生まれつきを考えれば、やがてまわりにいるものすべてを、犬も人も見さかいなく支配しようとするにちがいないというわけだ。しかしこの一〇年で、オオカミの群れに対する認識はガラリと変わった。群れの作り方と、それを促した進化の力の両面で、すっかり再評価が進んだのだ。だから一般の人々が抱いている犬の概念も、変えるべきときがきている。オオカミが、みんなが思っているような独裁者でないとしたら、犬が飼い主より優位に立とうとねらう理由がどこにあるというのだろう？

タイリクオオカミはイヌ科の仲間のほとんどと同じく、社会性に富み、集団での暮らしを好む。ときには単独で暮らすこともあるが、ふつう自分から進んでそうするわけではない。群れから追いだされたか、二匹がいっしょに行動していては十分な食べものが手に入らず、自分だけでエサを探さなければならなくなったときだけ、一匹オオカミになる。それでもオオカミはできる限り仲間といっしょに暮らそうとする。ゴミ捨て場をあさるときでさえ、たいていは三匹から五匹の集団でやってくる（イエネコの祖先のヤマネコもゴミをあさることがあるが、いつも一匹だ）。オオカミを飼いならすことができた理由のひとつは、この仲間をほしがる性質だったことは疑いようもない。

オオカミは基本的に社会性を身につけているだけでなく、ライフスタイルに驚くほどの順応性がある。これが特に飼いならしに向いていたもうひとつの要因で、ことによると社会性そのものより大切だったのかもしれない。オオカミは、周囲の状況が許せば仲間と暮らし、それが難しい時期には単独で暮らす。一匹でも、小さい集団でも行動できるが、条件がよいときはおとなが六匹から一〇匹もいる大集団を作る。大集団ができるときは、手に入る獲物も大型の動物が中心になっているのがふつうで、ヘラジカ、カリブー、バイソンなどをねらう。一匹オオカミでも、相手が年寄りやこども、または病気にかかっていれば、カリブーを倒せないことはないが、ケガを負う恐れがあるから、もっと小さくて危険の少ない獲物を探そうとする。群れによる狩りは、大きい相手をしとめるには安全で能率的な方法だ。しかし、それは群れが離散しない一番の鍵ではないらしい。大きい群れを作るもっと大切な要因は、大型の動物を殺すと一匹では食べきれないほどの食べものが手に入ることだろう。別の獲物を簡単にとれる夏場には、大きい群れがいくつかに分かれて少数で行動する傾向が見られ、秋になるとまたもとに戻る。今ではこの柔軟性が、オオカミ（少なくともオオカミの一部）が人間との暮らしに適応できた第二の重要な要因だと考えられている。

オオカミの群れの性質は、オオカミの社会行動を理解するにも、それに伴って犬が受け継いだ行動を理解するにも重要なのに、つい最近まで競争の激しい組織だと誤解されてきた。現在では、オオカミの群れ（パックと呼ばれる）の大半はただの家族の集まりだとわかっている。ふつう、一匹オオカミの雄と雌がペアになり――どちらかまたは両方が群れを離れたばかりのことが多い――いっしょに子を育てる。動物の世界では、子が自分でエサをとれるまで育つと家族のもとを離れるか、追いだされることが多いが、オオカミは違う。誰も飢えていなければ、子はすっかりおとなになるまで両親といっしょにいることを許される。十分に経験を積むと一人前に狩りに加わるようになり、群れが出現する。子の世代は、翌年に次のこどもたちが生まれるまで両親のもとにいて子育てを手伝うことも多く、弟や妹にエサをもって帰ったり、みんなが狩りに出かけているあいだに子守りを担当したりする。オオカミの行動についてのこれまでの見方とは逆に、群れの本質は支配ではなく協力のようだ。

群れに加わっているオオカミの若者は、なぜ自分のためにならない、献身的とも思える行動をとるのだろうか？　論理的には、他者の繁殖を助けることになる遺伝子は消滅するはずだ。「利他的な」遺伝子をもたない動物が、一番多く子孫を残すからだ。それならば協力的な繁殖には、長いあいだにはその不利な点を補ってあまりある有利な点があるにちがいない。生物学者たちはこの五〇年、その有利な点は詳しくはどんなもので、それがどのようなかたちで現れるのかについて議論を続けてきた。一九六〇年代にはじめて提唱された「血縁選択」説は、協力的な繁殖が、成り行きまかせの集団より家族のなかで起こりやすい理由を説明している。

オオカミの群れに見る協力関係の利点を考えるとき、血縁選択説を用いると、それ以外には理解しようがない行動の意味を理解できる。血縁関係のない動物を手助けするのは、オオカミのように頭のいい動物にとってさえリスクを伴う行為だ。その親切には見返りがないかもしれない。それに対して肉親——息子や娘など——を手助けすれば、遺伝のうえで有利な点がある。与えた親切に直接の見返りがないとしても、自分自身の遺伝子の一部、具体的にはその肉親と同じ部分の遺伝子の生き残りを助けていることになるからだ（息子や娘なら遺伝子は五〇パーセント同じだ）。とはいえこれだけでは、一生涯、自分の子を作ろうとしない動機としては不十分だろう。自分の子を作ろうとせずに働く唯一の哺乳動物は、ハダカデバネズミだが、この種は砂漠の地下に穴を掘って暮らしており、それほど過酷な環境では、たとえまわりからの助けがあっても単独の繁殖ペアが長生きするのは難しい。それでも、血縁選択は一時的に繁殖の意欲をなくさせる力をもっているらしく、こどもたちはしばらく両親のもとにとどまって手助けをする。ただし家族が大きくなりすぎると、子の世代は群れを離れ、自分の家族をもつことになる。

血縁選択は、群れの若者世代が自らの意志で繁殖の権利を先延ばしにするとき、実は自分自身の利益のために行動しているのだと説明する——しかし、この行動の利点はただ一族の血を守るだけではない。血縁選択による利点があるだけでなく、オオカミはまだ若いうちには群れを離れないほうが安全なのだ。経験不足な若者が自分で群れを率いるチャンスは、それほど多くない。まれに血縁関係のないオオカミが群れに加わるという記録が、それを実証している。群れのなかで最も経験豊かな、おそらく最初に群れを作ったメンバーが離脱するか死ぬかして、その代わりが必要になり、スカウトされるらしい。

野生で自然にできる群れは、ふつうは仲むつまじく、攻撃は例外でしかない。どんな家族でも同じだが、たまには群れの内部で利害の対立もある。でもふだんは両親が手出しするまでもなく、大きくなった息子や娘は規律を守って暮らす。要するに若者たちはボランティアで、自分の家族をもつこともできるが、それをせずにとどまっているだけだ。身の安全のために家族との暮らしを選び、もっと経験を積み、危険をくぐり抜けて新しい相棒と新しい縄張りを見つけられる可能性が高まるのを待っている。そのあいだ若者たちは繰り返し両親とのきずなを強め、特別な儀式を通して、自分たちがライバルなどではなく助っ人であることを示して安心させる。少し前かがみになり、両耳を頭にぴったりつけてうしろに引き、しっぽを垂らして振りながら親に近づく。それから親の顔の横に鼻をこすりつけて、赤ん坊のころ食べものをねだった行動を真似る（これはアフリカンワイルドドッグの挨拶の儀式とよく似ているから、オオカミもワイルドドッグも進化する前の、太古からのイヌ科独特の行動なのだろう）。

円満な群れのイメージは、犬の行動について書かれたほとんどの本に出てくるオオカミ社会の構図ではない。オオカミを研究した初期の生物学者たちは、人間にとらえられた群れからほとんどの知識を得ていた。簡単に観察できたからだ。研究対象になった群れには、血のつながりのないオオカミの寄せ集めもあれば、両親の一方や両方が欠けた不完全な群れもあり、基本的には動物園が展示用として手に入るだけのオオカミを集めたものだった。そうした群れはどれも、閉じ込められ、群れの構造が決定的に崩壊したことで混乱し、メンバーは対立していた。さらに、動物園が別の場所に移そうとしない限り、オオカミには群れを離れるチャンスがなかった。その結果、長く続いた信頼ではなく、ライバル心と攻撃的な気持ちを背景にした関係が生まれていた。

オオカミ社会の本当の図式が明らかになったのは、保護が実現してからのことだ。群れをバラバラにしてしまう絶え間ない迫害が消えたことで、何年もかけて群れができ、繁栄するようになった。ほぼ同じころ、野生のオオカミを追跡して観察するすぐれた技術も利用できるようになった。GPSや、シーズンを通して居場所を確認できる頑丈な電池式の小型無線送信機などだ。わずか一〇年で、オオカミ社会の描かれ方はガラリと変わった。雄と雌一匹ずつの暴君が率いる階層社会のイメージから、何ごともなければ若者が進んで両親を助け、弟や妹の子育てを手伝うという、円満な家族のイメージになったのだ。根底に流れる原則が、支配から協力に変わった。

群れの行動を見る目がこうして根本的に変わったので、オオカミが使う社会的な合図も再評価しなければならなくなった。両親がこどもたちに協力するよう呼びかけるのに使う合図は、動物園では本気の闘いの前ぶれになり、「優位性」を示す指標とされていた。同じく、若者世代が両親とのきずなを深めるために日常的に使う団結力を表す行動は、衝突を避けるために捨て身で使われるようになり、「服従」のしるしとされていた。長いこと認められてきたオオカミの行動理論に対して、今ではその「服従」行動は誤った解釈だと考えられている。効果的な「服従」の合図は、攻撃者に対し、もう攻撃をしても意味がないことを伝えなければならない。事実、異なる群れに属しているオオカミどうしが偶然出会うと、体が小さいほうはこの行動によって攻撃されるのを避けようとする。ところがめったに効果はなく、小さいオオカミが逃げ遅れれば攻撃を受け、殺されてしまうことも多い。異なる群れのオオカミに共通の利益はない。食べものを奪い合う間柄だし、たとえ血のつながりがあったとしても、ひどく遠い親戚でしかないだろう。それでもこのような状況では、攻撃する側は勝っても負傷する危険があるわけだから、もし「服従」の合図が本当に服従を示すなら効き目があるはずだ。効き目がないなら「服従」の合図ではないことになる。さらに同じ家族内でこの行動がはじまるとき、ほとんどの場合、その前に相手から威嚇された様子はまったくない。むしろごく自然な、家族のきずなを強めるしぐさのように見える。ただ動物園で飼育されている人工的に作られた「群れ」の場合だけ、威嚇に対してごくふつうに「服従」の合図が見られる。おそらく若くて弱いオオカミたちは、試行錯誤の末、群れのきずながすっかり失われてどこにも逃げ場のない不自然な状況で、この行動が（ときに）功を奏することを学ぶのだろう。

オオカミは、これまで「服従」とされてきた二種類の合図を使い分ける。「能動的」

親和行動を見せるオオカミ（左）

と「受動的」な服従だ。犬もとてもよく似た合図を使用し、それらも「能動的服従行動」および「受動的服従行動」と呼ばれている。オオカミでこうした行動の解釈が変わったのなら、犬でもすぐ同じように再評価されたと思うかもしれないが、そううまくはいっていない。

　オオカミのあいだでは「能動的（積極的）」行動のほうが一般的で、それらは服従の合図というより、むしろきずなを深めるためのもので、今では親和行動と呼ばれている（ずっと適切な表現だ）。親和行動では、オオカミは体勢を低くしてしっぽを下げながら近づく。耳を少しうしろに傾け、しっぽの先を勢いよく振り続ける。この行動は「集団の儀式」と呼ばれるものの一部で、バラバラになっていた群れが再び集まったときや、狩りの前に行なう。こうした状況では両親（「アルファ」）にも子にも同じ行動が見られ、愛情のこもったつながりを強めるメカニズムとなっている。これがどうして「服従」の行動とみなされたのかは、よくわからない。親和行動をとっているオオカミは、かえって相手を攻撃しやすい姿勢をしている——頭をすばやくひねれば、相手ののどに咬みつくことができる。だから親和行動を受け入れるということは、行動している側ではなく、受け入れる側による信頼の表現になる。家族の若いメンバーが両親に対して親和行動をとることのほうが、その逆よりはるかに多いのは明らかだが、これはあらゆる親子関係にごくふつうのもので、子が親によって「支配」されるということではない。早い話、ただ親子関係のアンバランスを反映しているにすぎない。若いオオカミにとって両親はかけがえのないものだから、その愛情のすべてを傾ける。それに対して両親のほうは、次の年にはまた別のこどもたちが生まれるだろうから、必然的にそれぞれのこどもたちに愛情を分け与えることになる。

腹見せ行動

すぐにでも再評価が必要な行動のもう一方は「受動的服従行動」で、こちらのほうがまれにしか見られない。親和行動とは違って本当に服従の合図のことがあり、幼いころの行動を真似ている。子が母親に腹を見せてゴロンと寝ころぶのは、毛づくろいをねだりながら、まだ自分ひとりではできない排泄を手伝ってもらうためだ。相手の攻撃をやめさせるためにおとながこれを真似るときは、あおむけに寝ころび、腹をすっかり相手に見せて安心させる。オオカミを研究している生物学者の一部は意味の推測を入れず、説明的に「腹見せ行動」と呼んでいる。それでも相手のなすがままの姿勢だから、まさに服従を表していると考えることができる。

　オオカミの場合、腹見せ行動は親和行動よりはるかに少なく、野生より動物園でのほうが多い。動物園で観察すると、とらわれの「群れ」の周辺部にいて、よく争いに巻き込まれ、群れの遠吠えにめったに加わらないようなオオカミで最もよく見られる。檻さえなければ、さっさと群れを去るようなオオカミたちだ。[5] 狭苦しい場所で、ことあるごとに脅しをかけてくるほかのオオカミといっしょに閉じ込められているストレスで、のけ者たちは攻撃をそらすためならどんなことでもしようとする。親和行動の効果がないとき、無力なこどものような素ぶりは明らかに効果的だから、どうにもならなくなると、すぐこれを使うことを覚える。だからオオカミの場合、この行動は人間にとらえられたことで生まれた。おとながとる通常の行動ではなく、自然から切り離された状況で、幼いころからそのままもち越されたものだ。

　野生のオオカミの群れの研究が進むにつれ、服従に関するこれまでの解釈は——群れのなかの攻撃性も、その攻撃をそらそうとする「服従」行動も——人為的な環境に基づくもので、オオカミという種全体にはあてはまらないことがはっきりしてきた。人の手が加わらず、自分たちのことは自分たちできめられるオオカミの群れは、いつもは平和に暮らしている。ただし、オオカミのもつ攻撃性について書かれたもののすべてが誤りだと言っているわけではない。たとえば、人間にとらえられているかどうかに関係なく、オオカミはその気になればとても強引で攻撃的になれる。野生では、群れのなかは心地よい関係に保たれているのがふつうだが、それほど多くないにしても、よそ者に対する攻撃は抑えがきかず、命に関わることもある。しかし動物園では、群れとしての「アイデンティティ」がまったくないか、ひどく傷つけられているために、通常なら異なる群れのメンバー間のいざこざでしかしないような行動をするわけだ。

とらわれの身のオオカミの群れを観察したことで、オオカミの行動を誤って判断したばかりか、オオカミの家族構造そのものについてまで根本的な誤解が起きてしまった。そしてその誤解のせいで、犬に対する人々の見方までゆがめられてしまった。飼育されているオオカミの群れでは、繁殖するペアを「アルファ雄」と「アルファ雌」と呼ぶ習慣がある。ドッグトレーナーもこの概念をそっくり取り入れて、飼い主が飼い犬に対して自分が「アルファ」の地位にあることを印象づけておかないと、犬のほうが「アルファ」の地位につこうとするだろうと力説する。ところが、新たに野生オオカミの群れの作り方がわかってきたおかげで、「アルファ」の地位には親が自然につくことがはっきりした。だから「アルファ」という言葉は、通常の群れの親オオカミにあてはまる限り、親の役割以上の地位を表しているわけではない⑹。この言葉が意味をもつのは、人間に飼われているために家族の結びつきを失ったオオカミ集団に特有の、闘いに勝ち残った者を表すときだけだ。ペットの犬について、また犬と飼い主との結びつきを理解するのに適しているのは、このふたつのモデルのどちらだろうか？　自然から切り離された動物園の群れに基づいた「アルファ」モデルか、いっしょに暮らせる仲間を自由に選べる野生のオオカミの行動に基づいた「家族」モデルか？　家族モデルは数百万年にわたる進化の産物で、平和を守るのに役立つさまざまな合図をきめ、磨きをかけることができる。アルファモデルは人手が加わってできた社会集団から生まれていて、進化が力を発揮するチャンスはなく、個々のオオカミはそうした集団につきものの容赦ない社会的緊張を生き抜くためだけに、知恵と適応力をふりしぼらなければならない。

ここで、オオカミの階層社会の一般的なとらえ方に対する反論はいったん脇に置き、オオカミの行動を理解しさえすれば犬の行動を理解できることにはならない別のふたつの理由に注目する必要がある。科学者たちは（もちろん意図的だったわけではないが）誤った大陸にすむ誤ったオオカミを、一万年遅れて、研究対象に選んでしまったのだ。

アメリカにすむシンリンオオカミは、タイリクオオカミの亜種で、世界じゅうで最も詳しく研究されたオオカミだ。その研究成果は、犬の行動を理解するためのモデルとして長く使われてきた。[7]研究者たちはつい最近まで、シンリンオオカミが犬に近い関係をもつ種だと暗黙のうちに仮定し、犬がどんな動物かを知るにはシンリンオオカミの研究が役立つと考えていた。ところがＤＮＡ技術の登場によって、犬とアメリカのシンリンオオカミを比較するという方法を、根本から考えなおさなければならなくなった。オオカミと犬をわざわざ掛け合わせた場合を除き、南北アメリカ大陸にいるどの犬のＤＮＡも、北アメリカにすむオオカミに起源をたどることはできなかった。コロンブスがやってくる前からいた「先住」犬でも同じだった。このように証拠が見つからなかったのは、けっして探す努力が不足したからではない。遺伝子分析の対象になった最初の犬は、メキシカンヘアレスドッグだった。スペインの征服者がメキシコにはじめて足を踏み入れたとき、さまざまな用途に使われていたこの犬を発見した。愛玩用のほか、当時は食用にもなっていたし、病気を治す力もあると考えられていた。財産とみなされていたこの犬の純血種が、ヨーロッパの犬との混血によって消えてしまうのを恐れて、メキシコ西部のあちこちの人里離れた場所でそっと飼育されたと言われ、その子孫は今も生きている。これらの純血種は、新世界のオオカミが古代に飼いならされた遺物なのだろうか？　そのミトコンドリアDNA（母系のみをたどって受け継がれた遺伝子）は、そうではないことを証明している。遺伝子はヨーロッパの犬（とオオカミ）のものと最もよく似ていて、アメリカのオオカミの遺伝子との類似性はない。

メキシカンヘアレスドッグの遺伝子の構造は、この犬が南アメリカではなくヨーロッパに起源をもつことを示していても、アメリカ大陸で別の土着の犬が生みだされていた可能性はある。というより、科学者が調べた現代のメキシカンヘアレスドッグは、古代から続いた純血種ではなく、ヨーロッパの血統からブリーダーが再現したコピーなのかもしれない――もしそうなら、現在のメキシカンヘアレスドッグのDNAがヨーロッパのものである理由を説明できる。そこで遺伝子研究者は次に、メキシコ、ペルー、ボリビアの遺跡発掘作業で見つかった一〇〇〇年以上も前の犬の骨の骨髄からとったDNA、さらに、一八世紀にヨーロッパ人によって発見される前のアラスカの永久凍土に埋まっていた犬の骨のDNAに目をつけた。だがどちらのDNAも、アメリカのオオカミよりヨーロッパのオオカミにずっとよく似ていたのだった。

現代の犬の起源を探る研究はまだまだ続くが、これまで手に入った証拠から、控えめに言っても、犬とアメリカのシンリンオオカミの比較には注意が必要なことは明らかだろう。そしてともかく、研究者はこれまでほとんど母系DNAだけを重点的に調べてきたのだから、雄のアメリカのオオカミと雌犬のあいだにできた子孫は見つけられていない。だからアメリカの犬のなかには、一匹以上の遠い昔の雄の祖先から受け継いだ、アメリカのオオカミの遺伝子をもっているものがいるかもしれない。この問題もまもなく研究によって解決できるだろう。ただし、ここではっきりしているのは、雌のアメリカのシンリンオオカミは飼いならされなかったことだ。何千年もすぎた今となっては、アメリカのオオカミを飼いならすのがもともと難しかったのか、それともアメリカにはじめて渡ってきた人間がすでにアジアで飼いならした犬を連れてきて、新たにオオカミをてなずける必要がなかったのか、知るすべはない。あるいは、狩猟で生きていたその時代の祖先は、アメリカのオオカミを競争相手とみなしたのかもしれない。理由はなんであれ、犬のほとんどはアメリカのシンリンオオカミとひどく遠い関係しかなく、一〇万年の進化によって隔てられているという事実がある。これが、オオカミの行動と犬の行動をくらべる場合に注意が必要になる理由だ。

オオカミと犬をくらべることへの疑問は、もうひとつの事実によって、さらに確かなものになる。ＤＮＡの分析で、犬はヨーロッパのタイリクオオカミの子孫であることがわかったが、過去七〇年あまりのあいだにアメリカとヨーロッパで研究されてきたオオカミはどれも、犬の祖先と考えることはできない。犬とオオカミは、たしかに何千年も前の共通の祖先をもっているものの、現代のオオカミがこの共通の祖先によく似ているという確証はない。理屈から言えば、まさにその反対なのだ。

現代の野生のオオカミの行動が、その（および犬の）祖先の行動と大きく異なっていることは、ほぼ確実だろう。農耕が本格的にはじまるとすぐ、まだ飼いならされていなかったオオカミは新しくできた家畜をねらう脅威となり、人間によって迫害されるようになったにちがいない。鉄砲が広く手に入るようになる一八世紀まで、オオカミを撲滅しようという人々の努力はまったく功を奏さなかったが、その後は、あたり一帯からオオカミをすっかり追い払うことができるようになった。ノルウェーとスウェーデンのオオカミ生息数は一八四〇年代から劇的なまでに減り、現在スカンジナビアにいるオオカミのＤＮＡは、ロシアから移動してきたオオカミの子孫であることを示している。ロシアのオオカミは二〇世紀のあいだじゅう孤立した地帯でなんとか生き残っていたのだが、現代の活発な保護運動によって、いとこたちの姿が消えた地域に移動する余裕ができたのだ。こうした一地方からの根絶や極端な生息数の減少が、ヨーロッパ全域で繰り返されたのだから、わずかな生き残り組は、当然ながら最も人間を警戒するオオカミだったことは確かだ。つまり今日のオオカミは、とびきり野性的な性格のもち主だったそれらの子孫であり、一方の今日の犬は、それよりずっと人に慣れやすい性格のオオカミの血を受け継いでいるにちがいない。もう野生には見つからないそうしたオオカミについては、ほとんど何もわかっていない。

DNAによれば、犬の祖先はオオカミだったことに疑う余地はないのだが、二〇世紀の科学者によるオオカミの行動研究が犬の行動を知るために重要かどうかは、疑わしいと考えなければならない。研究の対象になったオオカミの大半は、人の手が大きく加わっただけでなく、非常にストレスの多い状況のもとで飼われていたことがわかっていて、その結果、とても異常な行動もあった。さらに、それらのオオカミが、最初に飼いならされたオオカミのタイプとよく似ていると仮定できる根拠はない。そんなオオカミはもう存在せず、とっくの昔に絶滅してしまった。今生きている子孫——犬——の数は多いが、もう野生では暮らしていないからだ。最も近い野生の仲間は、イエイヌが野生または半野生に逆戻りした野犬かもしれない。野犬も、野生にいた犬の祖先の直接の子孫で、よく似ている独立したライフスタイルをもっている。

犬とオオカミの比較は、今や、たった一〇年前に思われていたような正当なものではなくなった。この本では、犬の本来の性質を示す生物学的特徴を、幅広く探していくことにする。飼いならしを可能にした特徴のいくつかは、むしろオオカミよりずっと古く、数百万年も前の動物から受け継がれたものかもしれない。はるか太古の時代に絶滅した

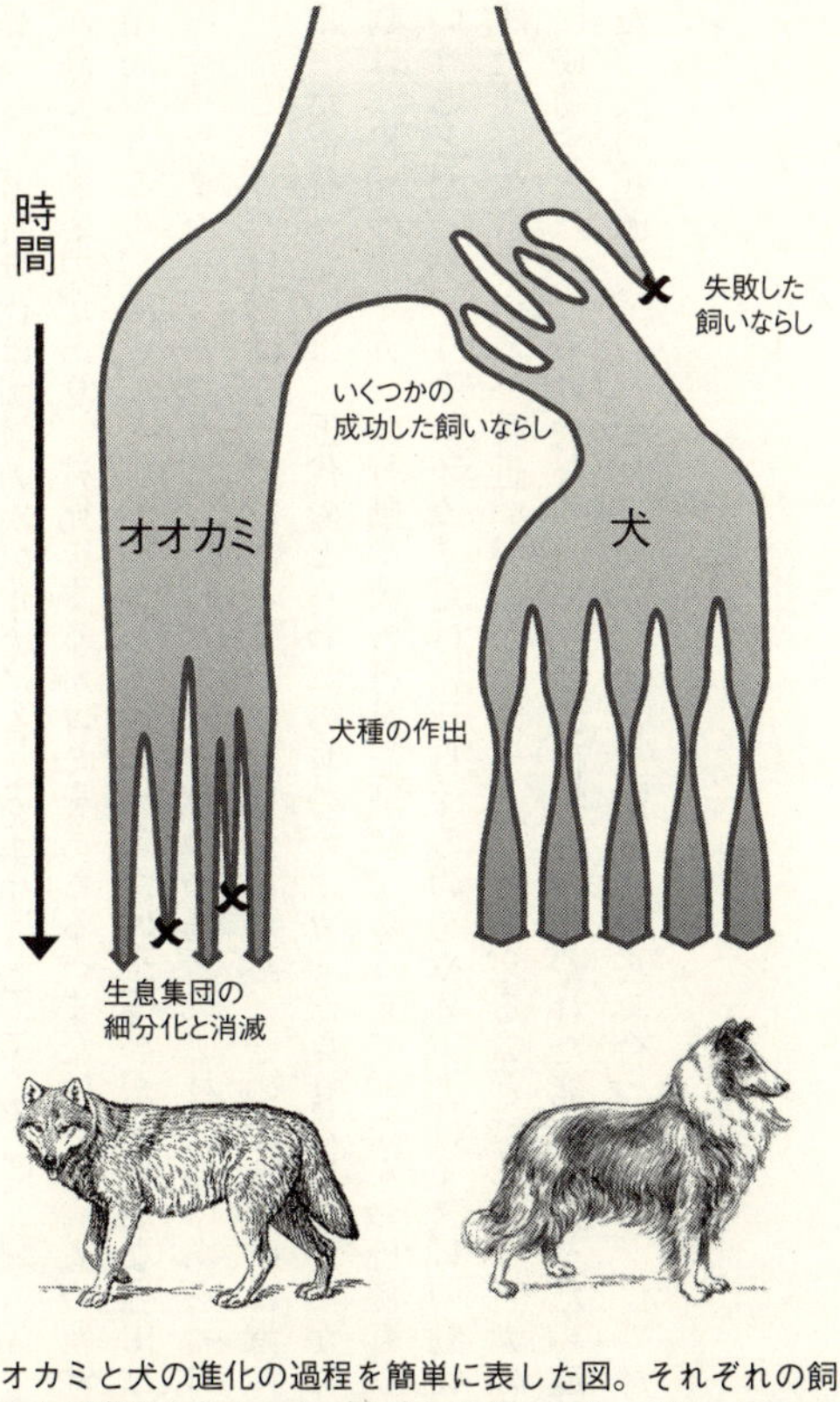

オオカミと犬の進化の過程を簡単に表した図。それぞれの飼いならしが進められたとき（失敗した飼いならしが1つ示されている）、犬がいくつもの犬種に分かれたとき、また多くの地域からオオカミが姿を消し、生き残ったオオカミが世界の異なる場所に隔離されたとき、遺伝子の「ボトルネック」が生じた。

オオカミやジャッカルやワイルドドッグの祖先までたどれる可能性がある。現在のこれらの種はすべて共通の特性を備え、それはおおかた、共通の祖先と同じものだ——家族で暮らし（若者世代は両親の次の年の子育てを手伝うことが多く）、鋭い鼻をもち、知能が高くて適応力があり、狩猟をするかゴミをあさる、またはその両方の習性がある。

結局のところ、飼いならす動物としてオオカミだけを選びだす特別な理由はなかっただろう。たまたま、ちょうどいい時、ちょうどいい場所に、社会性のあるイヌ科の動物がいたというだけの話なのではあるまいか(8)。残念ながら、その時と場所は謎に包まれている。ただ確かなのは、近代のとらわれの身のオオカミが見せる自然からかけはなれた行動は、祖先のオオカミの行動や犬の行動を理解するうえで、なんの価値もなさそうだということだ。タイリクオオカミだけに注目するのをやめ、犬はイヌ科の動物であり、たまたま今生きている一番近い親戚がオオカミだと考えることにしよう。犬の飼いならしに成功するために不可欠なものは、イヌ科特有のすぐれた能力が揃った「道具箱」だった。犬の起源は、われわれ人間の起源と、密接にからみ合っている。

第2章　オオカミはどうやって犬になったのか？

犬の飼いならしの物語――オオカミからイヌ科のユニークな亜種へと進化した物語――は、狩猟採集の中石器時代から現代へと続く人間の文明化の物語と並行して進んできた。ほかの動物が家畜化されるよりずっと前に犬は飼いならされていたから、地球上のほかのどの種より祖先と大きく異なっているのはほぼ間違いない。飼いならしを経て、祖先の種がもっていたこまかい特徴はあらかた消えてしまったが、犬にはまだ、犬、ジャッカル、コヨーテ、オオカミを生んだもっと古い系統の特性が残っている。犬はこれらのどの種にも、それぞれどこか似ているところがある。一方で、完全に飼いならされた唯一のイヌ科でもあるから、犬に固有の特徴は飼いならしの過程で身についたものだ。だから飼いならしの物語は、犬がどんなものであり、犬がどんなものではないかを理解するには、欠かすことのできない重要な役割を果たす。

この一〇年間に、犬の飼いならしについて実にさまざまなことがわかった。何百匹もの犬のDNA配列決定が終わり、飼いならしに関するこれまでのデータは見なおしを迫られている。今後、もっと驚くことが明かされるにちがいないが、すでに広い視野で見た過程と詳細が、かなりの程度までわかってきた。

さらに、いつ、どこで犬が飼いならされたかについても、新しい見方ができるようになった。世界のあちこちでタイリクオオカミを飼いならそうとする試みが何度か、おそらく何度も繰り広げられ、その成果が——北アメリカ以外の地で——最終的に根づき、ほかの場所では立ち消えになったと考えることができる。新たな調査はまだ続いており、以前はたしかにオオカミのものだとされていた古代の骨と化石が、実はオオカミに似た初期の犬の可能性もあるとして、再調査されているところだ。ただしオオカミと犬が枝分かれした時期は、これまで考えられていたより何千年も前で、その分離には長い時間がかかったことは明確になってきている。この分析によって、犬の行動は単にオオカミの行動の一部だとみなすことの意味は、さらに薄れてしまう。

犬がどんなふうにオオカミと違うのか、だんだんよくわかってきた一方で、人間がどうやって犬の変化を手助けしてきたかも少しずつ明らかになっている。犬を飼いならす過程はとても複雑で、ほかのどんな動物の場合より入り組んでいたらしく、その結果として体の形も大きさも徹底的に変わってしまった。それだけでなく、行動もほぼ全面的に変わった。人間がその過程を導いてきたわけだが、繁殖の主導権を完全に握ったのは二〇世紀のあいだだけ、しかも西欧に限ってのことだ。一万年以上の歳月を経て、人が犬を大切にする目的は変化し、少しずつ増えてきた。そして犬はそのあいだに人間と共存し、共進化してきた。人間が犬を飼いならしたのと同じくらい、犬は自分たちで人間になじんできたのだ。

犬はいつから人間と暮らすようになったのだろうか？　一五年前まで、答えは簡単だと考えられていた。考古学者が見つけた最も古い犬の痕跡が、放射性炭素による年代測定によって一万二〇〇〇年前から、最も古くても一万四〇〇〇年前までのものとわかったからだ。これを時代の流れにあてはめてみると、最初の犬は農耕がはじまった約一万年前よりも前に、ほかのどの動物よりずっと早く人間に飼われたことになる。犬は特殊なケースで、その後のヤギ、ヒツジ、ウシ、ブタと続く家畜化の先駆けになったらしい。けれども人類の歴史のあまりに早い時期に飼いならされたために、オオカミがどうやって犬になったかを示す詳しい証拠はほとんどない。そしてその情報不足から、なぜ、どこで、最初にオオカミを飼いならそうとしたかについては、推測の余地がたくさん残されている。それでも一五年前までは、少なくとも「いつ」についてははっきりしていた。明らかに犬のものとわかる一万四〇〇〇年以上前の骨が見つからないのだから、飼いならしは約一万五〇〇〇年前以降にはじまったにちがいなかった。

ところが一九九七年に、アメリカとスウェーデンの科学者チームから驚くべき発表があった。生きている犬とオオカミのＤＮＡの配列を決定したところ、飼いならしは一〇万年以上前にはじまったことがわかるとしたのだ。[1]もしこれが本当なら、農耕のはじまりと時を同じくするどころか、人類という種の黎明期に——現生人類が進化の故郷アフリカを出て、(アフリカにはいない)タイリクオオカミにはじめて出会ってすぐ——犬は人間の仲間になったことになる。この発表を受け、人と犬の共進化の可能性について憶測が憶測を呼んだ。ほとんどの考古学者はこの考えを否定し、一万四〇〇〇年以上古い犬の化石はひとつも見つかっていないではないかと指摘した。しかし、解釈の方法に議論の余地があったとは言え、DNAのデータは本質的に間違いなかった。犬は人類が農耕の時代に入るより前に、人とともに暮らすようになったらしかった。

一九九七年以降、犬とオオカミのDNAについてのこまかい研究が着実に進むと、犬が飼いならされた正確な時期の推定は変化した。そして今もまだ変更が続いている。DNAの技術は比較的新しい。だから「指紋をとる」のに(たとえば仔犬の血統をめぐる争いで、親を確認するために)利用すれば確実な答えが出るかもしれないが、遠い過去の出来事を再現するとなると、解釈の方法がまだ固まっていない。異なるタイプのDNAから、異なる答えが出ることもある。ほとんどの哺乳動物の細胞核に含まれている核DNA(父系と母系の両方の遺伝情報をもつ)が伝える情報は、ミトコンドリアDNA(母系のみの遺伝情報をもつ)など、細胞の別の部分に関連するタイプが伝える情報と異なっていることも多い。新しい分析結果が出て、そのデータが全体像に加わるにつれて、一〇万年以上前という時期は大幅に下方修正され、一万五〇〇〇年前から二万五〇〇〇年前のあいだとされるようになった。

これほど大きな差が生まれた理由のひとつは、共通の祖先からふたつの動物に枝分かれしてから、どれくらいの年月がたったかを計算する方法にある。この目的に最もよく使われるのは、核DNAではなく、ミトコンドリアDNA（mtDNA）だ。数千年にたった一回というほどごくまれに、いつもならまったく同じになるはずの母と娘のミトコンドリアDNAの配列が、一か所だけ異なる突然変異を起こすことがある（これは母親だけのことで、父親はその子が息子でも娘でも、ミトコンドリアDNAを受け渡すことはない）。そのほかの突然変異とは違い、この変化は動物の健康や繁殖力にまったく影響を及ぼすことがないから、世代から世代へと「無言で」すべての娘たちに広がっていく。二匹の動物のミトコンドリアDNAで違う箇所を数えれば、それぞれの系統が枝分かれしてからの年数を予測できる――こうして、二匹に共通の雌の祖先が、どのくらい前まで生きていたのか、という考えが生まれる。異なる突然変異の数が多くなるほど、ふたつの動物の系統がひとつだったとみなす時期は古くなる。

この方法による年代の計算では、科学者が二匹の動物に共通していない遺伝子変異を数え、両方の動物でこれらの突然変異がどれだけ頻繁に起こったかを計算するところに、誤差が忍び込むスキがある。こうした変異の発生の規則性は、動物によって異なっている。ただし、化石記録と炭素年代測定から、犬の祖先であるオオカミはおよそ一〇〇万年前にコヨーテから枝分かれしたことがわかっている。犬とオオカミのあいだ、そしてオオカミとコヨーテのあいだで、相違の数を単純に比較してみると、犬とオオカミはおよそ一〇分の一の時間、つまりおよそ一〇万年前に枝分かれしたことになる。ところがこの計算では、ミトコンドリアDNA内の突然変異が、飼いならされている動物でも野生動物でも同じ割合で発生することを前提としている。それに対し、一九九七年の研究以降、ミトコンドリアDNAの突然変異は野生動物より飼いならされた動物のほうが頻繁に発生することがわかってきた。それなら一九九七年の研究に使用された同じ比較方法は、対象となったほとんどすべての動物で、飼いならしからの経過時間を過大評価したわけだ。たとえば、九〇〇〇年ほど前にはじめて家畜化されたと考えられているブタにあてはめると、DNAの計算では六万年前から五〇万年前のあいだとなる。またウマの場合も、約六〇〇〇年前のところが三〇万年以上前ということになる。このことから、突然変異の発生は野生動物より家畜のほうが頻繁であることは間違いなく、ミトコンドリアDNAの変異は数千年に一度から数百年に一度にスピードアップしている。いろいろな種の研究から、いつも混み合ったなかで飼われ、しかも人間がそばにいるために、慢性的にストレスホルモンが多く分泌されている影響で、突然変異の頻度が上がっているらしい。それならば一〇万年は過大評価になっている可能性が非常に高く、おそらく五倍以上の長さに見積もってしまっているから、犬が飼いならされてから経過した年月を二万年くらいとするほうがはるかに現実的だ。

犬のDNAとオオカミのDNAを比較するだけでなく、犬種ごとにどれだけ変異があるかを調べれば、それぞれの種類の犬がどれくらい前からいるかを知ることができる。

ところがこの方法でも、犬は二万年前よりずっと早くから飼いならされていたという結果が出る。さらに、犬の免疫系をコード化しているDNAを分析した最近の研究では数十万年前という結果になったが、これはミトコンドリアDNAが示す一〇万年より、もっとありそうもない数字だ――人間が進化するより前ということになってしまう。一方で、そのような推定の方法では突然変異だけがDNAに変異が生まれる原因だと仮定していて、言いかえれば、すべての犬が一対のオオカミの子孫だと考えている。あちこちで異なるオオカミが飼いならされ、それぞれが独自のDNAをもっていたならば、それに対応する多様性が起こるはずだ。しかしこれは、それらのオオカミが世界の異なる地域にすんでいた場合だけにあてはまると考えたほうがよく、それならば、飼いならしがはじまったのは一か所ではないことになる。

考古学的な証拠とDNAの証拠には大きな差があるように見えるが、一か所ではなく、世界の異なる地域でオオカミが飼いならされて犬が生まれたと仮定すれば、つじつまが合ってくる。新石器時代の遺跡から発掘された犬の歯の化石で、DNAを調べることもできるようになってきた。これまでに配列を決定できたのはまだ数十匹にすぎないが、その結果は、オオカミがいくつかの、もしかすると数多くの、異なる場所で飼いならされたことを示しているように思われる。

科学者たちは、今生きている犬から取りだした異なるタイプのDNAを調べて、複数の地域で飼いならしがはじまった証拠をつかもうとしている。免疫系をコード化するD

NAは、ミトコンドリアDNAのように母親からだけでなく、両親から受け継がれる。免疫系のDNAに違いが多ければ、犬は雌の祖先よりずっと多くの雄の祖先をもつことを示す――つまり、犬は全体として、雄のオオカミの祖先を数多くもつが、雌のオオカミの祖先はわずかだということになる。つまり、「余分な」雄の遺伝子は、飼いならしがはじまったあとでもち込まれたものにちがいない。初期の雌犬は、おそらく野生のオオカミにとっては魅力的で、折りにふれて交尾が実現したことだろう。さらにそのこどもたちは、人間が暮らしている場所の近くで生まれることになる。そして父親オオカミの遺伝子が入っても、それほど暴れん坊にならなければ、生き残り、犬のゲノムに影響を及ぼしていく。雄犬と雌オオカミの交尾によって子が生まれない理由はないが、生まれる場所は野生で、犬よりオオカミのゲノムに影響を与える可能性のほうが高い。

最近の科学の発達のおかげで、現代の犬ゲノムに見られる変異は、犬の飼いならしをめぐる考古学的な証拠と、どうしようもなく矛盾してはいないことがわかってきた。それでもまだ、DNAが示す年代（二万年以上前）とほとんどの考古学者が受け入れられる最古の年代（一万四〇〇〇年前）には、五〇〇〇年以上の開きがある。この違いは、おそらく考古学者が飼いならしの証拠とみなすものの種類によって生じているのだろう。人間とオオカミの骨は、現代人が進化するずっと前の五〇万年前の遺跡でいっしょに見つかっているが、いっしょに埋められているだけでは、考古学者は飼いならしの証拠とは認めない。それより、オオカミとはっきり区別できる動物の骨（頭骨の幅が広い、鼻口部が短い、歯が小さいなど）またはオオカミとは見分けがつかなくても人間社会に特別な地位を得ていたというしるし、できればその両方を、飼いならしの証拠として探す。

生物学的にオオカミと区別できると同時に人間との特別な結びつきが見られる犬の、最古のゆるぎない考古学的証拠は、約一万二〇〇〇年前の埋葬地の遺跡で見つかったとされている。その遺跡は今のイスラエル北部にあり、人間が片手を仔犬の体の上に置いている状態の骨が発掘された。仔犬の位置が、その人との身近な関わりを表しているだけでなく、歯も当時生きていたどのオオカミの歯よりかなり小さく、それが人に飼われていた動物にちがいないことを示している。

この仔犬の体に見られるオオカミとは大きく異なる飼いならしの徴候も、動物と飼い主との結びつきも、一朝一夕で生まれるものではない。野生のオオカミから人に飼われる犬になって、すでに何世代もすぎていたはずだ。そうした移行の時期は考古学的には見えないかもしれないが、それ以降は旧世界のあらゆる場所で犬が急速に出現している点は、一か所ではなくいくつもの場所で飼いならしがはじまったという考えに一致する。一万二〇〇〇年前のこの埋葬から二〇〇〇年間に、ヨーロッパ各地で同様の――人間と犬がいっしょの、または犬のみの――埋葬が行なわれている。そのような遺跡はイギリスでも見つかっていて、犬は短期間のうちに、はるか東とされている発祥の地から広がっていったことを表している。また、だいたい同じころ、人間は東アジアの異なる地域で飼いならしたと思われる別の犬を、シベリアを経由して今のアラスカまで連れて行ったと考えられている（当時、シベリアとアラスカはベーリンジアと呼ばれる陸の橋でつながっており、橋の幅は時期によって南北一〇〇〇キロにのぼった）。これらの犬は、北アメリカの西海岸に向かう初期の移住の波に乗り、その後、内陸部へと広がっていく。アメリカ国内で確認されている最も古い犬の化石は、ユタ州のデインジャー・ケイブにあり、おそらく一万年前のものだ。一方、はるか遠く東南アジアの果てまでも人々は犬を連れて移動したらしく、今日バリ島にいる八〇万匹の野犬は、バリが一万二〇〇〇年前に島になるより前に陸づたいにやってきた犬の子孫であることが、DNAからわかっている。

このように比較的短いあいだに、世界じゅうの考古学的記録に広く犬が出現している現象は、それぞれ独立した飼いならしの試みがほとんど同時に、あちこちではじまったと考えれば説明できる。ただし、犬の飼いならしが、考古学的に推測できるよりずっと早くからはじまっていた可能性もある。犬が人に飼われていたと考古学者が確認できる時点は、オオカミから犬に移行する時期のはじまりではなく、人と犬との関係の根本的な変化が完成した時期であるかもしれず、それならすでに飼いならしがはじまって数千年がたっていたはずだ。この過程は、犬が人間の文化にとってなくてはならない存在になって、また飼い主の世話に頼って生きられるようになり、オオカミの特徴をすっかり捨てられるまでになって、ようやく完成したと言える。だから考古学的記録と犬のDNAが示す年代の五〇〇〇年以上の開きは、飼いならしが少しずつ進んでいった時期だと仮定することもできる。最も初期の犬、つまり原始の犬は、見かけではオオカミと区別がつかず、とても実利的に扱われていたことだろう。ひとりの飼い主がいるのではなく、現在の「ビレッジドッグ」のような共有「財産」だったのかもしれない。

たしかに、犬への移行が完成するまで数千年にわたってオオカミと人間が共存していたと考えれば、この期間――仮に二万年前から一万五〇〇〇年前まで――の考古学的証拠が見つからない理由を説明できる。では、もしこのあいだに、あるいはもっと前から犬が存在していたとすれば、なぜ人間の墓地にいっしょに埋葬されず、その後の「たった」数千年のうちに突然、世界じゅうの墓地に埋葬されはじめたのだろうか？　考古学的記録そのものに、その答えがある。

犬が埋葬された記録としてこれまでに知られている最も古いものは、一万四〇〇〇年以上前の化石だ。ドイツのボン郊外、オーバーカッセルの採石場で一九二四年に発見され、ふたりの人間の横に一匹の犬が埋葬されていた（見つかったのは犬の骨格の一部）。残念ながら第一次世界大戦の勃発で、遺跡のほとんどは失われてしまったが、犬の顎の骨だけが今も残されていて、その歯の並びは明らかにオオカミのものではないことがわかる。考古学的な証拠は、その時期以降、犬の埋葬がほとんどあたり前になったことを示している（ほかの動物も埋葬されたが、犬ほど頻繁ではなかった）[2]。人間の横にいっしょに埋められているものもあれば、犬だけの墓地もあった。今のアメリカ合衆国南東部にあたる地域では、九〇〇〇年前から三〇〇〇年前までの期間には犬の埋葬がごくふつうだったが、それ以降は比較的少なくなっていて、考古学者は埋葬が増えたのではなく減った理由を説明する必要を感じている。

人類は、犬の埋葬がはじまる何万年も前から、死者を埋葬してきた。古代の墓地では動物の骨もいっしょに見つかることが多い。一部は偶然だが、たいていは意図的に埋められたことがわかり、古代人が周囲の動物たちに抱いていた強い感情的つながりが伝わってくる。二万八〇〇〇年前のロシアの墓地の様子について考えてみよう。そこには少年、少女、六〇歳の男性がひとりずつ埋葬されていたのだが、三人のまわりには数千個ものシカの角、ホッキョクギツネの歯、マンモスの牙のかけらがいっしょに埋まっていた。もともとはネックレスか、とっくに分解して消えた衣服の飾りだったようだ。少年の横からは、マンモスの牙でできたマンモスの彫刻も見つかった。また近くにある別の墓からは、同じように牙で彫られた小さいウマの像も見つかっている（当時、ウマはまだ飼いならされておらず、狩りの対象だった）。これらの人々は明らかに同じ地域にすむ動物たちと大切な関係を保ち、芸術作品で表現したり、宗教儀式のシンボルとみなしたりしていた。ただしこのような関係は、狩人と獲物のあいだに限られていた。

一万四〇〇〇年前より古い墓地の遺跡に犬が見あたらないなら、それ以前は犬がほとんどいなかったことはほぼ確実だろう。ロシアの集団墓地で代表される文化が狩猟に犬を利用していたとすれば、このような墓所に犬のいた形跡も――骨や、ウマと同じような彫刻として——見つかっているはずだ。それがないのだから、当時の社会には犬がいなかったと見ていい。犬がいたのなら、その化石をオオカミのものと見分けられていないのかもしれない。それでもロシアの集団墓地には、人に飼われているか野生かを問わず、オオカミに似た動物の痕跡はない。もちろん当時、近辺に野生のオオカミがいたのはほぼ確実だ。たしかに、古代のオオカミの痕跡が残る墓地は、ほとんどない。

考古学的記録に最初に現れた時代からあとは、埋葬地でごく一般的に見つかっている犬の化石とは裏腹に、オオカミの埋葬は、動物だけのものも人間といっしょのものも、古代の人類史全体を通してほとんど見あたらない（もし一般的に見つかっていれば、原始の犬の骨がオオカミの骨と見分けがつかなかったはずの、飼いならしの初期の段階の証拠になっていただろう）。オオカミの歯なら、ほかの肉食動物の歯といっしょに人間の埋葬地の多くで見つかっているが、その意味ははっきりしていない。いずれにせよ、毛皮をとるために殺された動物のものが多いようだ。狩猟採集民が狩りの対象にする動物をごく身近に感じていたのは確かだが、オオカミをはじめとした狩りの競争相手には、そうした感情は抱いていなかったように見える。だから、狩猟採集時代の人間とオオカミのあいだの結びつきを表すような考古学的証拠は、野生にせよ飼いならしの途上にせよほとんど存在せず、一万四〇〇〇年ほど前になって突然、犬の埋葬がはじまっているのだ。

これまでに発見されているごくわずかなオオカミの埋葬例のうち、特に風変わりで、

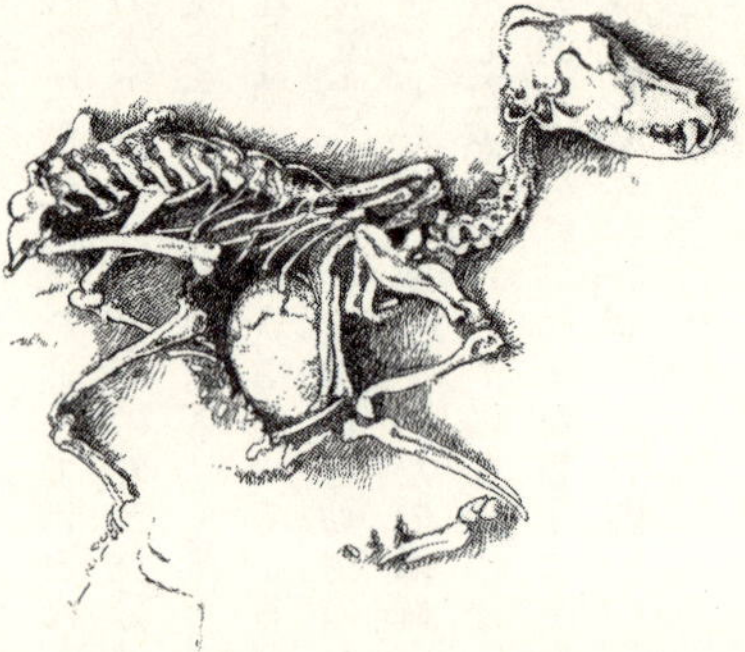

シベリアのバイカル湖の近くに埋葬されていたオオカミ。足のあいだに人間の頭がい骨をかかえている。

もしかしたらオオカミから犬への移行の証拠になるかもしれないものがひとつある。バイカル湖の近くの墓地で、ロシアの考古学者が最近発見した。そこにはオオカミと見られる動物が、足のあいだに人間の頭がい骨をかかえているような形で埋葬されていた。おそらく七五〇〇年ほど前のもので、そのころにはこの地域に、すでに犬がいたものと推測できる。このオオカミで注目すべき点は、地元に生息していた種類ではなく、ツンドラオオカミに見えることだ。もしそうだとすれば、生息地から何千キロも移動してきて生涯を終え、埋葬されたことになる。では、もしその動物がオオカミではないとしたら？

バイカル湖の近くの墓地で見つかったオオカミは、遠路はるばるやってきたツンドラオオカミではなく、すでに何世代にもわたってペットとして適応してきた「社会的順応力をもった」ツンドラオオカミの子孫だったのではないかと、ぼくは思っている。そう考えれば、このように埋葬されている姿から、まさに飼いならしの過程を垣間見られることになる。人間は、あるオオカミの一団を着実に変化させて今日の犬に変えたわけではなく、いろいろな場所で、いろいろな時期に、あちこちの人たちが行きあたりばったりでオオカミを飼いならそうと試みたにちがいない。墓地の「オオカミ」は、実は原始の犬で、凍える北の地で遅れてはじまった飼いならしの産物が南に連れて行かれ、もっと飼いならしの進んだ「いとこ」たち——早くから飼いならされたオオカミの子孫で、そのころまでには犬と見分けられるようになっていたもの——といっしょに暮らし、死んだのかもしれない。

考古学者は、実を言うと原始の犬かもしれない「オオカミ」の埋葬された化石を、ほかにもいくつか見つけている。たとえば現在のセルビアにあたる地域では、八五〇〇年前に小型の犬が食用とされていたことが、ゴミ捨て場で折れた足や頭骨がたくさん見つかったことで立証された。同じ地域と時期にいた別の（もっと大型の）犬は、きちんとした墓地に無傷で埋葬されていたから、人間の相手をする役割もあったことがわかる。ただしもっと重要なのは、同じ地域と時期の、オオカミのように見える化石だ。もちろん野生のオオカミとも考えられるが、ほかの二種類とは違って、外見が野生の祖先からあまり変化していなかった第三の種類の犬の可能性もある。

人間の墓地に原始の犬の痕跡はほとんど見られないとはいえ、飼いならしが無計画に少しずつ進んだという考えを裏づける何かが、化石記録に残されていないだろうか？つい最近まで、考古学者たちは一万四〇〇〇年以上前のオオカミの頭骨を、オオカミ以外のものだと認めたがらず、原始の犬が見つかったとしても、それは犬とはみなされなかった。最古の犬の頭骨はロシア平原のエリセーヴィチで出土しており、同じく一万四〇〇〇年ほど前のマンモスの頭骨が折り重なった場所の端から発掘された。だいたいハスキーくらいの大きさのその頭骨は、意図的に埋められたのではなく、偶然埋まってしまったもののようだ。それでも最近、オオカミとエリセーヴィチで見つかったような初期の犬の中間に位置する頭骨が、新たに三個見つかっている。これらは三つとも、現在の中央アジアの牧羊犬にとてもよく似ている（もちろん頭骨からは、犬の毛の長さや色はまったくわからないが）。そのなかで最も古いものはベルギーのゴイェで発掘され、なんと三万一〇〇〇年前と、これまでにわかっている最古の犬の埋葬から二倍以上の年月をさかのぼるものだ。ウクライナで発掘された残るふたつは、おそらく一万三〇〇〇年前のもので、だいたい最初の犬の埋葬と時を同じくしている。ゴイェの化石は例外的と言える。それは、現在の犬の直接の祖先と考えられるのだろうか？　それとも、オオカミを飼いならそうとしたごく初期の唯一の記録で、その後一万七〇〇〇年も犬の形跡がないことを考えると、飼いならしに失敗してしまったのだろうか？

二万年以上前の人と犬の関わりを示す、ほんのわずかな証拠が、もうひとつだけある。フランスのアルデシュ県にあるショーヴェ洞窟は、先史時代の壁画で有名だが、その奥に五〇メートルほど続く八歳から一〇歳くらいの少年の足跡が残されている。そしてそこには、少年と並んで歩く大型のイヌ科の動物の足跡も残っていて、少年とイヌ科の動

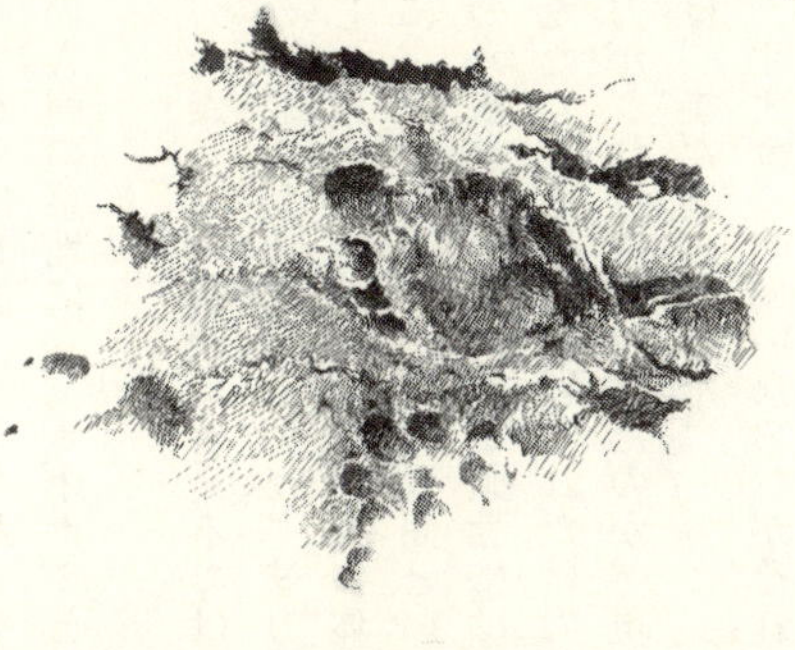

フランスのアルデシュ県にあるショーヴェ洞窟で発見された、子どもとイヌ科の動物の足跡

物の親しい間柄を物語っているのだ。イヌ科の動物の足跡は、犬とオオカミの中間の形をしている。少年が手にしていたたいまつのすすによる年代測定で、足跡が刻まれたのは二万六〇〇〇年前とされた。おそらくヨーロッパで最古の人間の足跡だろう。少しだけ想像をめぐらせると、ひとりの少年が忠実な（原始の）猟犬を連れ、壁に描かれた野生動物の壮大な絵を見たい一心で、勇気をふりしぼって洞窟の奥へと進んでいく様子を思い描くことができる。

これらの証拠は、いつどこでオオカミの飼いならしがはじまったかを確定するには薄弱すぎる。それでも、飼いならしはヨーロッパとアジアのあちこちで、数千年にわたって何度も繰り返され、世界のある地域ではすっかり飼いならした犬と暮らしていた時期に、別の地域ではまだオオカミを野生から引きはなそうとしていたように見える。そうした試みの一部は成功したが、あとはまったくの失敗に終わって、現在の犬にはなんの痕跡も残していない。犬を人といっしょに埋葬する習慣は、理由はまだよくわかっていないけれど、飼いならしがすっかり浸透してからはじまったようだ。そうでなければ、二万五〇〇〇年前から一万五〇〇〇年前の人間の墓地にも、オオカミと見分けのつかない原始の犬の骨が埋められていただろう。

ただし、たしかに言えるのは、確認されている最古の犬（一万四〇〇〇年前）は理屈からして飼いならしのはじまりを表してはいないということだ。その時期には飼いならしの第一段階が終わり、犬の体はオオカミと区別できるまでになっていた。それより前に、オオカミの脳内で人間といっしょに暮らせるようになる変化が起こりながら、現代の考古学者の目に入る頭骨にはなんの痕跡も残らない時期があったことは間違いない。ただし、その変化にどれだけの時間がかかったのか、犬とオオカミのはじめのころの協力がどれだけ失敗したのか、現代の犬に痕跡を残しているオオカミはどれだけいたのかは、まだ謎のままだ。

オオカミの飼いならしがそれぞれ世界の異なる地域ではじまったと仮定した場合にのみ、犬のDNAの多様性を説明できるのだから、これらの異なる「原始の犬」のグループは、最初は互いに孤立していたはずで、おそらくその状態が数千年間は続いたと考えられる。しかし飼いならしが進むにつれ、こうした初期の犬は人々の大規模な移住についていっしょに旅できるまで従順になり、やがて異なるグループの原始の犬どうしが出会うチャンスも生まれて、交雑がはじまる。その結果として、一万年以上も前から犬の遺伝子プールの混合がはじまっており、化石になるほど古い犬でも、数百キロ、数千キロ離れたオオカミのグループに起源をもっていたかもしれない。

　こうした複雑な経緯のせいで、一番はじめに飼いならしが行なわれた場所を特定することはできないことがわかった。オオカミ自身、人間の移住に伴わなくても、広い範囲を移動する習性をもっている。犬の飼いならしが完了したあとでも、オオカミの移動により、中国とサウジアラビアという遠く離れた地域にすむ個体がほとんど同じＤＮＡをもつという状態も生まれている。だから現代のオオカミのＤＮＡは、どこで飼いならしがはじまったかについて、うっすらとした手がかりにしかならない。

　別の生物学者たちは、オオカミをひとまず脇に置いて、場所の問題に反対方向から迫ることにし、各地に暮らす「ビレッジドッグ」のＤＮＡを分析した。それらの犬が、同じ地域で飼いならされた最初のオオカミの直接の子孫だとわかるのではないかという望みをもっていたうえ、犬は人間に頼って生きているから、飼いならされたあとで長い距離を移動した可能性はオオカミよりずっと低いはずだ

ビレッジドッグ

と仮定していた。[3] ある最近の研究は、中国南部のビレッジドッグがこれまでに見つかったなかで最も変化に富んだＤＮＡをもっているから、飼いならしはその地域ではじまったにちがいないと指摘したが、その後の研究ではナミビアのビレッジドッグのＤＮＡも同じくらい変化に富み、最も近い野生のオオカミの生息地は五〇〇〇キロも離れていることがわかった。[4] それほど遠く離れた場所に、広く行きわたっている（ナミビアのビレッジドッグのＤＮＡとウガンダのビレッジドッグのＤＮＡには、ほとんど差がない）これらの犬は、人間の力をたくさん借りてきたにちがいない。たぶん、人々のアフリカ各地への移住についてまわったのだろう。また、それぞれの土地に固有のように見えるビレッジドッグのグループ間で、かなりの程度まで交雑が進んでいるらしく、ごくわずかずつながらＤＮＡに変化をもたらしてきたようだ。ナミビアのように孤立した地域も、例外ではなかった。

　こうして多くの研究が、しかも継続して進められているにもかかわらず、犬がどこで飼いならされたかという疑問に確実な答えは見つかっていない。オオカミが自然に生息していた地域であることは疑いようがないが、北アメリカだけは除外される。北アメリカのオオカミと犬のＤＮＡは、大きく異なっているからだ。そうなると候補地は、ヨーロッパとアジアの大半ということになる。決定的な答えを追い求めるさまざまな研究者たちは、この点には同意しつつも、それぞれに異なる推測を行ない、まだ意見の不一致もある。[5]

最も信憑性の高い筋書きでは、おそらく中東を含むアジア全域の、いくつかの異なる場所でオオカミが飼いならされ、さらにヨーロッパの一か所以上でも同様に飼いならしが試みられた。考古学的証拠を額面通りに受けとるなら、肥沃な三日月地帯に少なくともひとつは初期の起源があり、それはDNA専門家の一部から見ても適切なシナリオだ。ところがDNAの別の解釈では、中国南部で最も早い飼いならしがあったと考えられ、その地域の考古学的調査はまだ十分に行なわれていない。DNAの専門家はチームごとに独自の犬とオオカミのサンプルをもち、今のところ、それぞれ異なる結論を導きだしている。その意見を一致させるのはまだ難しいが、最も可能性が高いのは単一の起源は存在しないという結論だ。アジアとヨーロッパの遠く離れたいくつかの場所で、オオカミが人間社会に同化したと考えることができる。その一部はわずかしか、またはまったく子孫を残さず、一部は繁栄し、やがて人間が旅に連れて歩くようになると交雑がはじまった。

犬が誕生した場所はまだ正確にはわからないものの、現代の犬の祖先が、一種類のオオカミだけでないことは明らかだ。犬にはアジアとヨーロッパのいろいろなオオカミの血が混じり合っている。ただしそこに、アメリカのシンリンオオカミの血だけは含まれていない。だから、今も生息しているオオカミのなかに、犬と犬の行動を理解するための完璧なモデルとなるようなものはいないのだ。そのうえ飼いならしには長い長い年月がかかっているので、一万世代以上も前にオオカミから枝分かれしたあと、犬には根本的に変化するチャンスがあった。そのあいだに、犬をめぐる環境も大きく変化してきた。

犬は一朝一夕に進化したわけでなく、進化を促す力そのものも、長期にわたる犬と人間との共存を通して変化してきた。実際には、数千年という時間の流れのなかで、犬とほとんど同じくらい人間自身も変わった。犬の歴史は、狩猟採集時代から現代的な都市生活に至る人間の暮らしの変化と密接なつながりをもち、犬の役割も時とともに変化してきたのだ。ほかの動物の場合とは違って、犬の飼いならしにはいくつもの目的があった。犬は人間社会でいくつもの役割を果たしてきたから、飼いならしの物語は必然的に複雑になる。一連の段階は特に計画性もなく進んできたわけだが、そのそれぞれが、現在の犬を理解するために重要なものとなっている。

残念ながら、犬の飼いならしの初期の段階ははるか昔の出来事なので、その様子はほとんどわからない。人間が飼うようになった最初の動物が犬だとすれば、いずれにせよ飼いならそうと思い立つこと自体が、突飛な発想だっただろう——いったいどうして、そんなことを思いついたのだろうか？　最もありそうなのは、考古学的記録が犬とオオカミの外見を区別できるようになるずっと前から、数千年にわたってあちこちで、自然発生的に人間とオオカミのつながりが生まれたとする筋書きだ。環境や人間の習慣が変化するにつれ、こうしたつながりの多くは消滅してしまっただろう。けれども、わずかながら残ったものは長続きして、人に慣れたオオカミは犬の原型である「ビレッジウルフ」になった。「ビレッジウルフ」は野生のオオカミとそっくりだったから、考古学的記録では見分けがつかないはずだ。

犬が飼いならされた過程を知るのは難しいが、別の動物の場合の過程を調べることによって、いくらかの見通しを得ることができる。もっとあとで飼いならされた動物には、細部にわたる証拠がより多く残されている。ブタの歴史は役に立つ例のひとつだ。現代の家畜のブタは、イノシシの子孫にあたる。考古学的記録ではトルコで家畜化がはじまったとされているが、DNAから、そのほかに六か所で家畜化が行なわれたことがわかっている。それぞれが独立し、異なるイノシシのグループを利用したものだった。七つの異なる文明が互いに関係なくブタを家畜にしたのだろうか、それともどこか一か所の人々が最初に思いつき、その後ブタを家畜にするという考えが次々に伝わっていき、各地で手に入る野生のイノシシを材料にして飼いならしがはじまったのだろうか？　だが、この質問は間違っている。どちらの場合も、家畜化が計画的で、実績を積み重ねていく過程だとみなしているからだ。

今になって考えてみると、最初の何回かの家畜化の試みは無計画なもので、のらりくらりと進められ、ときにはあと戻りもしたらしい。この筋書きは家畜のブタには確実にあてはまる。イノシシと区別できる最初のブタと、家畜として飼育されていたことが明らかなブタ（たとえば、雄を若いうちに間引くと生産性が最も高くなるので、成長した雌の割合が雄にくらべて高いもの）の出現には、二〇〇〇年以上の隔たりがあるからだ。

一種類の動物の家畜化を達成するまでに人が一〇〇世代近くを費やしたという事実は、たいした計画性がなかったことを表している。出土したその期間のブタの骨のゆるやかな変化からは、はじめは人間の集落のまわりでゴミをあさってすごし、同時に狩りが失敗したときに利用できる生きた食糧備蓄として役立っていたことを示している。また、人間の糞尿の処理にも使われていた可能性がある。「ブタトイレ」は今でもインドのゴアや中国の一部にあり、かつてはアジア全域に広まっていたのかもしれない。

ブタの家畜化のはじまりと思われる経緯は、飼いならしの一般的な過程にも大切な手がかりを与えてくれる。飼いならしには、人間からの働きかけだけでなく動物の側にとっての利点も必要なことは、ほぼ確実だ。ブタの場合、イノシシの生息地の近くにあった人間の集落すべてが、家畜化の出発点になる可能性をもっていた。集落が適切な規模になると、人が近くにいても気にならない性格のイノシシが何頭かそこにすみつき、新たな食べものの供給源を利用すると同時に、自分自身が食べものとして利用されるようになった。食糧不足の時期には村のブタが食べ尽くされてしまい、そんな状態も一時的に途絶えることが多かっただろう。それでも再びいい時期がめぐってきて、近くにまだ野生のイノシシがいれば、同じサイクルがまた簡単にはじまる。家畜として飼育するのはそのずっとあとで、土地の人たちの条件が整ってからになる。たとえば、（共同体ではなく）個人や家族による所有が許される風土ができあがって、食糧不足のときにも動物たちがむやみに殺されないよう保護できる環境が必要になる。そして次の段階は畜産技術の進歩で、飼っているブタを野獣から保護する囲いを作ったり、けんか好きな雄を慎重に間引いて飼い主のケガを減らしたりする方法を身につけていく。

犬は最初に食用として家畜化された形跡はないので、こまかい点はブタの場合とは異なるかもしれないが、野生から飼育への移り変わりは同じようにゆっくりと、無計画に進んでいったのではないだろうか。ブタが居候から家畜へと変わるのに二〇〇〇年かかったのだとしたら、犬も同じくらい、もしかしたらもっと長くかかったはずだ。それまで人々に野生動物を飼いならした経験はなかったのだから、最初からオオカミを飼いならす過程を慎重に考えてはじめたとは思えない。まずはオオカミの行動によってその過程がスタートした可能性のほうが高い。現在の犬へと続く長い道のりの第一歩を踏みだしたのは、新しいエサ場をうまく探りあてたオオカミだったにちがいないと、ぼくは確信している。人間が移動する暮らしをやめて村落を作りはじめたとき、そこには人間から供給される食べものがたくさんあることに気づいたのだ。そこでは草原で獲物を追うのとはまったく違う能力が必要で、それらのオオカミたちは人間のライフスタイルに合うように、少しずつ進化していった。

人間の集落のまわりで暮らすには、人が近くに来ても平気な顔をしていなければならない。現代のオオカミには無理な要求で、古代にも対応できるオオカミはまれだったろう――ただし、この性格をもつオオカミの選択には、人間が手を貸していたのはほぼ間違いない。まず、人間の出したゴミをあさるのに適応したオオカミは繁殖して子を産むが、その暮らしに向かないオオカミは繁殖しないか、森の仲間のもとに去っていく。狩猟採集民がどうやってこの過程に介入できたのか、想像するのは難しい。どの雄とどの雌が交尾するかを選ぶなどは、まだ混沌としたこの段階ではありそうもない。ただ、人間はもっと漠然とした、それでも「ビレッジウルフ」と野生オオカミの分離を早めるようなやり方で、介入したのだろう。

少なくとも、人々は集落にオオカミが近寄ってきても大目に見たはずだ。さもなければ犬への移行は起こり得ない。もちろん、体の大きい完全武装の肉食動物がうろついて、危険を感じるときもあったにちがいない。まだ野生の状態から数世代しかたっていない動物が食べものを必死に探しているときなど、特に幼い子やかよわい人には脅威だっただろう。だから人間に危害を加えそうなオオカミがいれば、森へ追いやるか、殺してしまわなければならず、特に危険のなさそうなオオカミだけが村に長くとどまることを許された。

ゴミをあさるオオカミが飼いならされたとする仮説で、物語がはじまる。ただしそれだけでは話が先に進まない。人間の初期の集落から出る副産物だけで、オオカミが生きのびられたとは考えにくいからだ。現代のビレッジドッグは、人間の残りものをあさるだけで食べものの大半を手に入れられるが、その体格はオオカミよりはるかに小さいし、現代の村落は狩猟採集民の集落よりずっと大規模で、生産性も高い。ゴミあさりの理論が成立するかどうかは、ゴミをあさることで生きられるだけの食べ残しを、狩猟採集民が常に出していたかどうかにかかっている。オオカミは体が大きく、大量のエネルギーを消費する。必要となる一日約二〇〇〇キロカロリーは、肉にすれば一キロ以上だ。二万年前にはどんな集落でも、それほどの肉を毎日毎日余らせていたはずがない。ただし、オオカミは厳密な肉食ではないことを思いだそう。ときどき骨や肉のかけらを口にできれば、植物性の食べもので問題なく生きていける。現代の「ブタトイレ」と同じ役割を果たして、村の衛生にひと役買った可能性もある。今の人たちにはなんとも不快な考え方かもしれないが、現代の犬にも一部に糞食のクセがあることを思えば、あり得る話だ。(6)ただ、ビレッジウルフがこの不衛生なカロリー源を利用したかどうかにかかわらず、数頭のオオカミが、まして夫婦のオオカミが、ゴミをあさるだけで暮らしていけたとは、そして子を産むまで長生きできたとは、想像しがたい。まったくのところ、どんな動物であっても、数百万年の歳月をかけた進化で磨いた狩猟という生き方をあっさり捨て、肉を手に入れる能力が自分たちより劣っている種のあてにならない残りものに頼ろうとするのは、筋が通らない。

だからゴミをあさるという目的は、説得力のあるきっかけではあるものの、それだけでは居候から飼育への移行を説明するのに十分とは言えない。狩猟採集民の野営地のまわりで残りものにありつこうとしても、小さいオオカミでさえ十分な食べものは手にできなかっただろうから、ぼくは人間のほうからエサを与えたのではないかと思っている。もちろん人間がそんな行動をしたとみなすには、説明が必要だ。人間が、共同体のなかではっきりした役割を果たさない動物に食べものを与えるとすれば、どんな理由からだろうか？

もしも人々が進んでエサを与えてオオカミを近くに呼び寄せたのだとしたら、動物をペットにしたいという、普遍的とも思える人間の特性が動機の一部になったかもしれない。ペットの飼育は近代的な現象というわけではない。今に残る狩猟採集社会でもペットは広範囲にわたって見られるから、おそらく農耕以前の多くの社会でも同じだっただろう。現代の狩猟採集社会の場合、ごく幼い野生動物をつかまえて「ペット」にするのがふつうだ。狩猟のさいちゅうに巣やねぐらを見つけると、そこにいる赤ちゃん動物を村に連れ帰り、女性や子どもたちが手をかけて育てるのだろう。動物が育つにつれ、逃げて野生に戻ってしまうものもいれば、大きくなりすぎたり騒々しくなりすぎたりして、追いだされるもの、殺されて食べられてしまうものもいる。「ペット」が村で繁殖することはめったにないようで、世代ごとに野生から新しい動物を連れてこなければならない。だから本当の意味のペットとは言えないかもしれないが、狩猟採集民たちが赤ちゃん動物の世話をする熱心さは、先進世界で仔猫や仔犬の飼い主が見せる熱心さにひけをとらない。

現代の狩猟採集民は、実に変化に富んだペットの好みをもっている。ボルネオ島に住むペナン族やアマゾンの熱帯雨林に暮らすウアオラニ族を見ると、特に何かの動物が好きなわけではないようだ。手に負える大きさのものなら、ほとんどどんな鳥や動物の赤ちゃんでも飼ってしまうから、ひとつの村に同時に何十もの種が共存することもある――オウム、オオハシ、カモ、アライグマ、小型のシカ、さまざまなげっ歯類、オポッサム、サルなど。一方で、ひとつの種を特に大切にしている社会もある。たとえばアマゾンのグアジャ族は母系社会で、女性全員がペットとしてサルを飼っている。女性の家長なら数匹、若い女性はふつう一匹だけの世話をする。女性たちは自分のサルを、少なくとも自分の子どもと同じくらい、おそらくもっと、大切に扱う。新しく連れ帰った赤ちゃんサルには自分の乳を飲ませ、絶えず上質のエサを与えながら、どこにでも連れて歩く。村のリーダーともなると、たいてい二、三匹を頭や肩に乗せて、さしずめ生きたマントといった風情だ。ポリネシア、メラネシア、南北アメリカの同様の文化には、サルではなく犬がこうした扱いを受けている社会もあり、仔犬を人間の赤ん坊と並べて育てる例もある。

今に残された痕跡から、人間の遠い祖先も現代人と同じように仔犬を見てかわいらしいと感じたと、予想することができる。オーストラリアの先住民であるアボリジニの例が最もわかりやすい。オーストラリアにはタイリクオオカミなどのイヌ科の動物は生息していないが、自然界にディンゴが暮らしている。ディンゴは実を言うと犬の子孫で、数千年前に犬が野生に戻ったものだ。アボリジニは最近まで狩猟採集と耕作で生活を営み、家畜は飼っていなかったが、昔からディンゴの子を野生から連れ帰ってペットとして育てる習慣をもっている。狩猟の旅でたまたま見つけた子を連れて帰る場合と、宗教儀式の一環として計画的にとらえる場合がある。ディンゴの子は大事にされ、ていねいに育てられるが、成長するにつれ厄介な存在になり、食べものを盗んだり騒々しくなりすぎたりするので、ふつうはこどもを産める年齢になるとすぐに追い払われてしまう。そのため、飼いならされたディンゴの独立したグループができることはなく、それでも伝統は今に続いている。

オーストラリアに残るディンゴの伝統から、人間は実用面など考えずに（ときには考えても）、かわいいという理由だけで仔犬を飼うことがわかる。ディンゴは役立つものではなく、人間の資源を浪費するのは明らかだ。科学者たちは最初、アボリジニがディンゴを飼うのは狩猟に連れて行くためではないかと考えたが、ディンゴはむしろ狩猟の妨げになるばかりで、連れて行かないほうがかえって獲物が増えるほどだ。そのうえ、ディンゴが村の住人の数より増えてしまい、食べものの奪い合いが起こることも多い。残りものの争奪戦があまりにも激しくなれば、食事中には締めださなければならなくなる。それでも、数多くのディンゴをてなずける習慣は数百年、おそらく数千年も消えなかったのだから、飼う人間の目には何かその欠点を補うよさが見えているにちがいない。事実、アボリジニの芸術作品や言い伝えに最もよく登場する動物はディンゴで、唯一それを上回る可能性があるのはヘビだけだ。時代を超えてディンゴを大切にする気持ちは、アボリジニの文化に遠い昔から根づいているが、ディンゴの子を飼う習慣は、そのかわいらしさに心を大きく動かされてはじまったにちがいない。

こうして見ると、二万年ほど前の世界のどこかに、狩猟採集生活を営む人々が狩りから連れ帰ったオオカミの赤ちゃんをかわいがり、やがて現代の狩猟採集民のペットのように社会全体で大切にするようになった場所がひとつやふたつあった可能性は大きい。子にエサをやって育てるのは、ただゴミをあさって暮らしているだけのオオカミの両親には難しいかもしれず、代わりに村人が引き受ける。赤ちゃんオオカミの世話は、はじめは楽しみで、その後は社会的尊敬を得るためにするようになる。グアジャ族の女性が、ペットのサルを飼うことで信望を得るのによく似ている。さらに、赤ちゃんオオカミは世話係と親密に結びつくから、オオカミだけでなく人間とも仲良くなれるだろう――もちろん両方と仲良くできる能力をもっていればの話だ。

犬が狩猟採集民のほかのペットとは異なっていた重要な点が、ひとつある。犬はやがて完全に飼いならされて人といっしょに暮らすようになった。一方、げっ歯類やオウム、サルなど、ほかの「ペット」たちは人間に慣れたというだけで、その多くは野生の仲間から隔離されて育てられ、チャンスがあっても繁殖の仕方さえわからなかったかもしれない。そのためペットの場合は、野生で生まれた赤ちゃん動物を常に補充する必要があった。けれどもオオカミは好んで人間の近くにとどまり、相互関係を築いていったので、すっかり飼いならされるまでになった。飼いならしがはじまるには、赤ちゃんのうちから人間に育てられたオオカミが、最初の子を産むまで村にとどまっている（または、ありそうもないが、そのために村に戻ってくる）必要がある（村に定住する生活は雌にとってだけ必要になる。子の父親は野生のオオカミでもかまわないが、雌は子を村のなかで産めるまで、完全に人に慣れていることが不可欠だ）[7]。

現代のオオカミと犬をくらべてみると、犬は人間のそばにいることに、驚くほど順応してきたことがわかる。現代の犬とオオカミとの最もめざましい相違点は、外見を別にすれば、仔犬がいとも簡単にふたつの顔を同時にもてる能力ではないだろうか。現代のオオカミの子にはどうやら無理なようだ。一部は人間、一部はオオカミと、ふたつの顔を同時にもてる犬の能力は、原始的なペットから真に飼いならされた動物になるまでの移り変わりを考えるうえで欠かすことができない。それはおそらく、イヌ科のそのほかの候補のなかから、タイリクオオカミだけが最終的に飼いならされた最大の要因だろう。ほかに類を見ないこの変身ぶりは、群れで行動できる能力やボディーランゲージで話ができる能力とは、ほとんど関係がない（これらはどちらも、すでに見てきた通り、タイリクオオカミだけの特徴ではない）。タイリクオオカミはただ人間と社会的なきずなを結ぶことができ、イヌ科のほかの種類はできなかったというだけではないだろうか。

なんらかの遺伝的な変異で——なんらかの突然変異によって——一部のオオカミがふたつの種と同時に仲良くできるようになり、人類とオオカミの両方に社会的な顔を向けられるようになったが、性的好みは忠実に同じ種だけにとどめていた可能性は大きい。人間の近くで暮らすようになるまで、この遺伝的な変化は、それを備えたオオカミにとってなんの利点にも（不利にも）ならなかったはずだ。しかしオオカミが生息していた地域で人間の狩猟採集社会が発達し、「ペット」を飼う習慣が定着すると、すでに社会的順応のメカニズムが変化していた周辺のオオカミは、人間との共存に前適応していたことになる。そのころ、オオカミの社会的順応のメカニズムが変化していた地域でたまたまオオカミをてなずけようとした社会は、人間の作った環境で繁殖できる動物を手にできた。一方、キンイロジャッカルなどのイヌ科の動物を選んでペットにしようとした社会では、一匹ずつは人間に慣らすことができたかもしれないが、繁殖させることはできなかった。それらの動物は、まだ野生のライフスタイルにしか順応できなかったからだ。

このような特別な、簡単に人と仲良くなれるオオカミがいたという証拠はあるだろうか？　簡単だ。それはどこを見ても転がっている――現代の犬というかたちで。現代の犬は、二万年前に生きていたと思われる社会的順応の能力をもったオオカミの、唯一の生きた子孫だ。現代のオオカミはもちろん、ここで取り上げた大昔のオオカミとはまったく違う。現代のタイリクオオカミは人に慣らすだけでも難しく、まして人と仲良くなるなど論外だ。飼育されているオオカミでも、個々の人に特別な愛着をもつことはないように見える。ただし現代のオオカミは、犬になったオオカミの子孫ではない。

現代の犬は、ぼくの仮説が正しいとすれば、初期に生息していたオオカミのほんの一部の子孫ということになる。それらの祖先は突然変異によって、人間とオオカミの両方と同時に仲良くできるようになったことで、当時のオオカミの大半から枝分かれした。その少数派は人間といっしょに暮らし続けて、やがて犬になったが、残るほとんどのオオカミはこの道に従うことはできなかった。人間を警戒するよう生まれついていたからだ。つまり、人間と仲良くできる犬の能力は、これまで言われてきたように、人に飼いならされた結果として生まれたものではないと思うのだ。反対にこの能力こそが、偶然の産物だったとしても、そもそも飼いならしの道を開いた何より重要な前適応だったのではないだろうか。

犬とオオカミの決定的な違いは、見た目ではなくその行動にあり、特に人に対してどう接するかが大切だ。DNAと骨を調べても、これらの初期の犬がどんな行動パターンをもっていたのか、また人間との毎日のやりとりはどんなだったかはわからない。飼いならしによって見た目はたしかに大きく変わるが、ごくはじめの段階では、外見の変化はただの偶然にすぎなかった。何が犬かを定義するのは、見た目ではなく、その毛皮の下に隠されているものだ。特に、祖先の行動がどんなふうに変化したから、人間が作った環境で心地よく暮らせるようになったかが大切になる。

アメリカに暮らすシンリンオオカミの行動については豊富な情報があり、ヨーロッパに今も残るオオカミについても情報が増え続けているが、そこから人間が飼った最初の犬の行動パターンはほとんど見えてこない。現代のオオカミは犬とは遠く離れた親戚にすぎず、特にこれまで数百年にわたり、絶滅をもくろむ人々から激しい淘汰圧を受け続けてきた。だから、現代のオオカミを人に慣らすのが難しいのは当然だし、飼育されているオオカミが気まぐれで、死ぬまで人間に対して攻撃的になるというのも驚くにはあたらない。人間は迫害という方法をとって、生まれつき人間を警戒するオオカミだけを選択してきたことになるので、今のオオカミに関する知識から初期の犬について知るのはとても難しい。そのうえ、飼いならしの手順を再現しようと、野生からオオカミを連れ帰り、選択的に繁殖させて少しずつ犬らしくしていくこともできない。犬の直接の祖先にあたる当時のままのオオカミたちは、もう絶滅してしまったから、それは無理なのだ。

最近になってイヌ科の動物に起きたある変異は、オオカミがどのようにして犬に変化したかのてがかりを示すものとして、広く認められている。その動物はギンギツネで、野生のアカギツネをもとに、毛皮業界が品種改良した色違いの変種だ。ギンギツネはケージで飼われるのがふつうで、人間にほとんど慣れず、まして飼いならすのは難しい。そこで一九五〇年代にロシアの科学者たちが、各世代で最も人を怖がらないキツネだけを使って、選択的な繁殖をはじめた(8)。最初、人が手を触れることができるキツネはほとんどいず、おいしいごちそうを用意してもだめだった。ところが、人が触れても平気なキツネだけを選んで繁殖を続けて数世代がすぎると、自分から人との触れ合いを求めるキツネがぽつぽつ出はじめた。そして三五世代後には、ほとんどすべてのキツネが、驚くほど犬に似た行動を見せるようになった——しっぽを振り、クンクン鳴いて注意を引き、飼育係の手や顔のにおいをかぎ、なめまわすようになったのだ。一部はスタッフがペットとして家に連れて帰るほどで、そのスタッフたちはキツネが犬と同じくらい素直で従順だと報告している。扱いやすいキツネを作ろうという遺伝学者たちの目的は、この動物の暮らしも快適にしたようだった。生まれ変わった「人に慣れた」農場のキツネたちは、異質の種(人間!)に出会うことの恐怖と不安から解放され、改良前の「人に慣れない」種にくらべてストレスホルモンの分泌が四分の一に減った。同じような過敏な反応やストレスの減少は、犬とオオカミとをくらべた場合にも明らかで、その要因は視床下部の変化にある。脳内器官のひとつである視床下部は、さまざまな機能をもち、感情的反応にも関わっている。この部分の変化は、おそらく人を怖がらない性質だけを選択した直接的な結果だろう。この点で、人に慣れた農場のキツネは、人間の集落の近くでゴミをあさって暮らすように順応したオオカミによく似ている。

この実験で最も興味深いのは、選択的に繁殖させたキツネは、生まれてから新しい経験におびえはじめるまでの時間が長引き、そのせいで人に慣れやすくなったという点だ。ほとんどの哺乳動物のこどもには、生まれながらに好奇心を発揮し、相手を信じて疑わない時期がある。それはふつう、まだ両親に育てられている段階で、トラブルに巻き込まれないように両親がいつもそばで見守っている。その後、こどもが成長して独立心が高まるにつれ、いつもと違うことに疑いを抱く機会が増え、最初にちょっと探りを入れてからすぐ逃げてしまう行動が多くなる。この農場の場合、人を怖がらないキツネだけを選択した結果、「信じて疑わない」期間がのび、人に慣れないキツネでは約六週間で終わるのに対し、人に慣れたキツネでは約九週間続いた。延長された三週間のうちに、定期的に人が触れて世話をする効果が上がり、飼育係を怖がるのではなく、信頼するキツネになった。

また、この実験では、飼いならしによってイヌ科の外見に影響が現れることがわかったとも言われた。ただし、ほとんど確証は得られていない。実験では、何世代もかけて作られた人に慣れたキツネの一部に、もとのキツネとは外見が違うものが生まれていた。全部ではなく、ほんの一部だったが、キツネには珍しくしっぽがくるりと曲がったり、耳が垂れたり、体に白い斑点模様ができたりと、イヌのような特徴が現れたのだ。学者によっては、こうした特徴は飼いならしの本質的な部分で、人を怖がらない性質の選択が外見の変化すべてを生んだと主張する人もいる。だがあいにく、データはこの考え方を裏づけてはいない。「人に慣れない」キツネより「人に慣れた」キツネのほうに垂れた耳が多いのは確かだが、ほんの少数であり、〇・二五パーセントにも満たない。しっぽがくるりと曲がったものは一〇パーセント以下で、額に白い「星」が現れたものは一五パーセント以下だ。これらの変化が「人に慣れた」キツネのほうにわずかながら多い理由は謎に包まれているが、まれであり、飼いならしとはほとんど、あるいはまったく、関係ないだろう。

シベリアでのこの実験では人に慣れたキツネが生まれたとは言え、「飼いならされた」(または飼いならされたように見える、飼いならしできる)という点で、それらのキツネと犬には大きな違いがある。犬の場合、人に順応するまでの過程で、ほかの犬とのごくふつうの社会的つながりが消えたりしない。ところがキツネが人間との関係を築くときには、ほかのキツネと仲良くすることに興味を失ってしまうように見える。農場のキツネと同じ種にあたるアカギツネは社会的な動物で、四匹から六匹までの群れで暮らすことが多い。一方、人に慣れた農場のキツネは孤独で、犬のように忠実でありながら、猫のように独立心が強い。人間とも、自分と同じ種とも(おそらくほかの種とも)同時に社会的つながりを保つことができ、ちゃんと両方を続けている犬(と猫)とは対照的だ。

人に慣れたキツネが犬について何か役立つことを教えてくれるとすれば、「人に慣れる」ことは飼いならしの大事な第一歩ではあるけれど、飼いならしのすべてではないという点だろう。人に慣れれば、ひとつの社会的反応(仲間に対して見せていた反応)を別のもの(人間に対して見せる反応)に置きかえることができる。けれども犬は、犬の仲間としてやっていきながら同時に人間の飼い主との結びつきを確立して維持するために、その両方を保っている必要がある。犬の飼いならしの過程で、この能力がどのようにして生まれてきたのか、農場のキツネの実験からは何もわからない。

この実験では、人に慣れるという性質の選択は驚くほど速く進むことがわかる——オオオカミの飼いならしの第一段階は、これほど順調に進んだのかと想像できるほどだ。もちろんここには決定的な違いがある。キツネはもともと人間に飼われ、人に慣らすために計画的に選ばれ、仲間から隔離されたグループだった。それに対して人間を怖がらなかったオオカミは、自ら志願して犬の祖先になった。すぐ人に慣れたオオカミは、人間の集落の近くで繁殖をはじめたかもしれないし、野生の仲間に戻れなかったオオカミもいただろう。さらに、人に慣れた農場のキツネが、人の顔や手をなめる、クンクン鳴くなど、犬に似た行動をとりはじめたことは、犬の幅広い社会性がオオカミからだけでなく、イヌ科の動物全体に脈々と続いた祖先のさまざまな能力から受け継がれたことを裏づける。

農場のキツネは、種のなかに（少なくともイヌ科のひとつの種に）見られる人に慣れるかどうかの生まれつきの変異から、犬の祖先となる一匹の動物が生まれた可能性があることを教えてくれる。この実験は、野生のオオカミと、人間のそばで暮らせるくらい生まれつき人間に慣れたオオカミの、最初の枝分かれのモデルになる。生まれつき人に慣れたオオカミが人間からもらえる食べものは、繁殖のやり方を変えるほど十分なものだったにちがいない。よく人に慣れた母親オオカミは、生まれた子を巣穴に隠さず、人間が触れられる状態にしたはずだから、続く世代はどんどん人に慣れるようになり、その選択も進んでいっただろう。人に慣れるきっかけは、ストレスホルモンの分泌とそれに対する反応の変化にあり、そのような変化は農場のキツネでも犬でも同じように歴然としている。それでも農場のキツネは、犬がどうやって同じ仲間と人間の両方と並行して社会的なきずなを保つ能力を手にしたのか、何も語ってくれない。犬の形と大きさが驚くほど変化に富むようになった経緯も教えてはくれない――それでもこの変化に富んだ外見こそ、人に慣れることが得意なオオカミが人間とのつながりをもちはじめたあと、犬の飼いならしは次にどんな段階に進んだかを理解する別のアプローチ、しかもこれまでとはまったく違ったアプローチをもたらしてくれる。

犬とオオカミを比較するのではなく、また飼いならしの過程を再現しようとするのでもなく、現代の犬の犬種やタイプの違いを調べれば、どのようにして犬が今のようになったかについての重要な情報が手に入るだろう。それぞれの外見の相違から、この変化に富んだ外見がどのように現れたかの手がかりをもらえる。大きさの異なる犬は、飼いならしの歴史のとても早い時期、少なくとも一万年前には出現したので、体形がどんどん多様化していった過程は人に慣れた状態を超えて、飼いならしがもっと先に進んだ過程とまったく同じだった可能性がある。そして犬種やタイプのあいだの違いの多くは、幼いころの体と行動の発達の速度が変化すること（犬の外見と、行動がどう組織化されるかの両方に反映される変化）で生じることが知られているので、表面的な変化の表れは、現代の犬を生みだした最も大切な基本的過程だとみなすことができる。

犬にこれほどたくさんの形と大きさがあることに、動物学者たちは長いあいだ戸惑っていたが、実をいうとその変化の多くは一般的な生物学的メカニズムによって説明できる。専門的には、「幼形成熟」と呼ばれるメカニズムで、おおざっぱに言うなら、体のほかの部分がふつうの速さで成長を続けているのに、体の一部が成長を止めてしまう現象だ。骨格全体の成長が通常より早い時期に止まり、内臓器官が成熟を続けるなら、ふつうより小さいけれど繁殖が可能な動物になる。たとえば、ラサアプソの成犬の骨格はグレートデンの仔犬の骨格と同じくらいの大きさだが、グレートデンの仔犬はまだ何か月も成長を続けて、ようやく性的に成熟する。骨格の成長を選択的に変更すれば、姿が変わるとともに、小さい犬になる。だから成犬のペキニーズの頭骨は、オオカミの胎児の頭骨と同じ割合を占めているが、体はもっと犬らしい。「トイ」ドッグの場合、骨格全体の成長が、オオカミで言えばとても早い段階で止まってしまう。鼻先の短い、平べったい顔をした犬の場合は、頭骨の一部だけの成長が遅れ、オオカミの胎児の時期の割合のままで止まる。

こうしたイヌ科の外見の違いの基礎にある生理学が、さらに明らかになりはじめた。オオカミの頭骨と骨格は、胎内での発生からおとなの最終的な姿になるまでのあいだに、各種ホルモンによってコントロールされながら劇的に形を変える。現代の犬に見られるさまざまな大きさは、これらのホルモンが分泌される成長段階、その量、発揮する効果の変化によって生じたものが多いだろう。イヌ科のゲノムを解明する研究は進んでいるから、こうした変化がどんな働きをするか、まもなくわかるにちがいない。

犬の成長を左右する選択的な発達停止とまったく同じ原則を用いて、飼いならしが犬の行動をどのようにかたちづくってきたかを説明できる。たとえば、犬はほかのほとんどの動物と違い、おとなになっても遊び続ける。こどものオオカミの行動はおとなにくらべて柔軟性に富んでいるから、犬は、性的に成熟して繁殖できるという大切な部分を除いて、成長しきっていないオオカミにたとえられてきた。行動の発達が、ある意味、停止している。農場のキツネの研究から、人に慣れるオオカミと人に慣れないオオカミの差は、幼いころの社会的学習期間が延長されるかどうか、その結果、人間との触れ合いを許容する能力を発達させる時間があるかないかできまることがわかったので、この過程の解明に大きく役立っている。犬の場合は人に慣れやすいオオカミの行動の発達がもっと遅れて（オオカミの）こどものまま停止してしまい、行動がより柔軟性に富んでいるから、人間の求めにより簡単に順応することができるようだ。脳と行動の発達をコントロールするダイヤルがなんらかの方法で単純にリセットされたと見れば、理屈のうえでは、野生のオオカミから人に慣れ、人に慣れてから飼いならされ、さらに犬として異なる大きさや形のグループへと多様化していった移行の大半を説明できる。

犬とオオカミのさらに大きな違いは、これらの動物の発達における選択的な変化によって説明できる――犬はオオカミよりも早い段階で性的に成熟する。また、オオカミの繁殖期は冬だけで、春に出産するようになっているのに対し、犬は年間を通して繁殖できる。これらの違いはともに、食べものが季節ごとに異なるけれども前もって予想できる野生から、食べものの量は平均して多いけれど予測がつきにくい初期の人間社会へと移っていった結果のように思える。満一歳を迎えたあと、いつでも繁殖できる原始の犬は、オオカミのように二回目の冬まで待たなければならない仲間との競争に勝ったはずだ。

犬は、できる限りの好機をとらえて繁殖する必要があったのと同じ理由で、繁殖相手に関しても、オオカミにくらべて選り好みしない。これは現代の犬のY染色体（父系）DNAから明らかで、ミトコンドリア（母系）DNAにくらべてはるかに変化に乏しい。オオカミはつがいを形成するので、次世代のDNAには雄と雌がほぼ同じだけ貢献することが多い。ところが、雄犬は相手を選ばない傾向があるため、一生の間に一〇〇匹以上の子の父親になれる雄がいる反面、多くの雄はまったく子孫を残さない。雌は、一年に一回しか出産できない制約を受ける。そのうえ、雄が父親になれるかどうかの大きなバラつきは、一九世紀に近代的な繁殖方法が確立されるずっと前からあったので、雄が相手を選ばない傾向は最近の犬のものではなく、古代から続く性質らしい。

雄犬のこうした傾向は、犬に対して最初は偶然に、その後はだんだん計画的に選択圧をかけるようになった人間にとっては、好都合な要因のひとつだったにちがいない。その場合の選択の一部は、特別な毛の色や「かわいい」顔が好きだという気まぐれなものもあったかもしれず、それらは飼いならしの過程に特に影響を及ぼすこともなかった。そのほかの人間の行動が——しつけがしやすくて忠実な雌犬がいると、その犬の子を特にていねいに育てるなど――飼いならしの過程を先に進めたかもしれない。

飼いならしの初期、特に犬がオオカミと違う外見をもつようになるまでは、その繁殖に人間が意識的に手出ししたとは思えず、現代のビレッジドッグの場合と同様にとりとめのないものだっただろう。考古学的記録によれば、一部の地方には犬がまったく姿を消したと思われる地域社会がいくつかあり、何百年もたったあとで、どこかからもち込まれたらしいという。また、手に入るようになってからも犬を拒絶した地域社会もあったようだ。日本には、約一万八〇〇〇年前に人が移り住んだが、約一万年前までは犬の記録がない――日本の新しい住人たちは、古代中国で手に入る犬はその地にふさわしくないと思ったようだ。今となってはその理由を知る由もない。

初期には人間からの選択圧がなかったことはほぼ確実だが、数千年の時を経て、オオカミはゆるやかになんらかの前進を続け、姿はほとんどそのままでも、行動に関しては現在の犬の特徴を多く備えた動物へと変化していったにちがいない。ただし、一定の肉体的な変化はこの時期からはじまっていたはずだ。不規則ながら人間から食べものをもらえるようになり、体は小さくなっただろう。温暖な気候に連れて行かれると、毛が短く、色も淡い犬のほうが順応し、現在のビレッジドッグのような形態が生まれた。

現代の犬に見られるそのほかの形態の多くも、古くから備わったものだ。一万年前までには、犬を飼うこと、それによって犬そのものも、ヨーロッパ、アジア、アフリカ、南北アメリカのほぼ全域に広まった。その直後から、世界の多くの地域ではっきり異なる犬のタイプが現れはじめている。その後の二〇〇〇〇年間に犬の多様化が急速に進み、五〇〇〇年ほど前に表現芸術が一般的になるころには、さまざまな目的の犬が生まれていた。姿は今のサルーキやグレイハウンドによく似た、足の長い、鼻先のとがった視覚《サイト》ハウンドは、猟に利用された。[9] マスチフのような重くて頭の大きいタイプは、護衛や、全般的な威嚇に使われた。主に嗅覚に頼るハウンドも発達して、深い藪や茂みのなかで大型の獲物を見つけ、追うようになった。その後、大型の犬が荷物の運搬に役立つようになり、荷物を背負ったり、アメリカ先住民が広く利用したようなそり（トラヴォイと呼ばれる独特の形をしたもの）を引いたりした。テリアに似た小型の犬はネズミを追い、ウサギやアナグマのように巣穴に逃げ込む動物の猟に活躍した。現在のマルチーズに似た愛玩犬が、二〇〇〇〇年以上前のローマで最初に記録されているが、そのころにはもう中国にいたらしく、現代のペキニーズとパグの直接の祖先にあたるようだ。ひざに乗る大きさの愛玩犬の登場で、めざましい大きさの変化は完了し、それ以上小さいまたは大きいものは、獣医師が面倒を見られる時代になるまで

アメリカ先住民が利用したトラヴォイと呼ばれる犬ぞり

は生物学的に生きることが不可能だっただろう。愛玩犬は、遊び相手にするためだけに交配された最初の犬でもあったが、このような徹底したペットは、もっと実用的な犬にくらべて何世紀にもわたりごく少数にとどまっていた。

少なくとも五〇〇〇年前から、こうした犬すべての交配には人間の意図が加わっていたと考えていいだろう。雌犬に、同じような種類の雄犬だけを選んで掛け合わせるという、単純なやり方だ。一部の雄犬だけが珍重されたのは明らかで、分子生物学者はY染色体（父系）DNAにくらべてミトコンドリア（母系）DNAのほうが変化に富んでいることを確認している。犬の歴史全体を通して、子孫を残した雄の数は雌の数より少ないことになる。人間の好んだ雄が選ばれ、数多くの雌と交配させられた。現在の系統育種と同じ方法だ。雄を選択する基準は、体の形態のこともあっただろうが（食用犬の場合など）、主に仔犬の行動で、ヒツジ飼いや狩猟、警護などに適しているかどうかだったにちがいない。

五〇〇〇年前から意図的な交配があったのはほぼ確実だが、犬の意志による繁殖によってさらに多様性が増した。犬を飼う状況は現在よりはるかに混沌としていたから、無計画な繁殖も多く、生まれた仔犬が役に立ちそうなら、そのまま育てられた。今のように「純血種」以外の仔犬は育てないという風潮は、ほとんどなかっただろう。計画性のない繁殖によって、同じタイプ内で、また異なるタイプ間で、健全な遺伝子の多様性が保たれていたことになる。さらに商人に連れられて移動した犬もいたから、各地のほとんどの犬が繁殖のうえでも遺伝的にも孤立することなく、地域レベル、世界レベルでの多様性が保たれた。獣医学の知識がない状況では、まだ自然選択が最大の力として、犬の進歩を全般的に方向づけていたはずだ。繁殖率も死亡率も、少なくとも西洋では現在よりはるかに高かった。病気がちな犬や、出産が難しいなどの不利な点をもつ犬は、ほとんど子を残せず、その系統は消えていった。

中世の犬

時代が進むにつれて意図的な交配の割合が増え、その目的が幅広くなると同時に、定義がせばまった。中世ヨーロッパでは、それまでにあった大きさと形がさらに特殊化され、新しく登場した貴族階級が狩猟を大切にしたことから各種専門の猟犬が生まれて、地方ごとの変種ができていく——ディアハウンド、ウルフハウンド、ボアハウンド、フォックスハウンド、オッターハウンド、ブラッドハウンド、グレイハウンド、スパニエル……ただし、すべてが現在同じ名前をもつ犬種の直接の祖先とは限らない。

現代の犬種のなかには、そのミトコンドリアDNAから、少なくとも五〇〇年、あるいはもっと長く、途切れることなく血統をさかのぼれるものもある。そのような古代からの犬種の起源には、第一に東洋（シャーペイ、チャウチャウ、柴犬、秋田犬など）、第二に中東（アフガンハウンドやサルーキなど）、第三に北極地方（マラミュートとハスキー）、第四にアフリカ（バセンジー――最近になってY染色体DNAから、固有の古代からの犬種であることが確認された）がある。ノルウェジアン・エルクハウンドのようなスカンジナビア北部の犬種は、数百年から数千年前にオオカミと犬の混血で生まれたものと考えられている。

特殊な目的で作られた犬種には、当初、追跡や狩猟などの標準的な役割以外の用途もあった。チャウチャウや、太ったポリネシアの犬は、もともと食用だった。またマンチュリアン（満州の意）の長毛種などには、毛皮をとる目的もあっただろう。ただし、犬の繁殖は栄養や衣服を得るにはあまり効率的ではないから、その用途には必ずなんらかの社会的な重要性があったと仮定しなければならない。犬の肉は珍味と称えられたかもしれないし、犬の毛皮は狩猟で得たガゼルなどの動物の毛皮より社会的価値が高かったのかもしれない。

犬の用途をどんなふうに解釈するにしても、それはどれも、犬が人間文化の紆余曲折に対して並はずれた順応性をもっていることの表れだ。犬はどんな役割にも見事に順応し、人に飼われているほかの動物はその足元にも及ばない。そしてその柔軟性こそが、人間と犬を結ぶ不滅のパワーの核心にある。今日、少なくとも西欧では、ほとんどの犬が主に遊び相手として大事にされているが、歴史を見れば多くの犬が、何よりもまず役に立つから飼われていたことを忘れてはいけない。なかにはわずか数世紀だけ意味をなした役割もあって、それらは犬と人間の関わりを補足する程度で、ほとんど忘れられてしまった（《ターンスピット》のコラムを参照）。一方、狩猟、ヒツジ飼い、警護など、今もなお続く役割もある。

ヨーロッパの犬種の制約は、最初は割合ゆるやかなもので、きめられたのも比較的遅かった。数種類の遺伝的に隔離された「古代の」犬種が、遠く離れた地方で暮らしている事実は（そこにヨーロッパは含まれていない）、それらがアジアとヨーロッパ南東部から人々の移動に伴って連れだされ、その後は新たに移り住んだ犬と交雑しなかった犬の子孫であることを示している。のちに移り住んだ犬で最もよく知られているのは、中世ヨーロッパで生みだされてその後の植民地主義で各地に広まった、さまざまな種類の犬だ。遺伝的な隔離は、ほかの犬にくらべて繁殖に人間が大きく関わったことの表れだが、交配に純血種のパートナーを選ぶことによって、また意図しなかった交雑で生まれた仔犬を間引くか、単に無視するかによって、それぞれどれだけ遺伝子を純粋に保てたのかはわからない。一方、現代の犬のＤＮＡは、ヨーロッパとアメリカでは異なる種類の犬の交雑がごく一般的だったことを表している。こうした交雑の大半は偶発的なものだったろう。ただ、歴史の記録からは、何かに役立つ新しいタイプの犬が生まれないかを試そうと、思いもよらない組み合わせで意図的な交配が行なわれたこともわかっている。

《ターンスピット》

イギリスのこの「犬種」の役割は、ハムスターの回し車のような車輪状のしかけに入って走ることだった。犬が走ると、ベルトと滑車を通して、暖炉の火であぶられる肉がゆっくり回転する。この装置がはじめて文献に現れたのは一六世紀なかばだが、一九世紀なかばまでにはすっかり姿を消した。肉を焦がさず能率的に焼ける機械にとってかわられたためだ。実は、肉を刺した串を回転させる機械的な方法が一七世紀のうちに発明されていて、レオナルド・ダ・ヴィンチがスケッチを描いている。だからそれから二〇〇年ものあいだ、この目的で犬が使われ続けたのは、単なる実用ではなく、犬を使える場所では犬を使いたいというイギリス人の好みの表れではないだろうか。もちろん犬たちには名前がつけられていて、ノリッジのポピンジェイ・インで飼われていたファドルは、名誉にも詩まで書いてもらった。毎週日曜日には教会に連れて行ってもらい、寒い冬には飼い主の足を温めた。ちなみに、ターンスピットを現代的な意味での孤立した遺伝子プールで特別に繁殖させた形跡はない。足が短くてがっしりした、この焼き串回転犬は、ある記録によればアナグマ狩りの猟犬をはじめとした各種のテリアから選択されたようだ。ただ、ウェールズのアバーガベニー博物館に展示されている剝製を見ると、テリアよりダックスフントを彷彿とさせる。

今の感覚では、そんな用途に犬を使ってはいけないと思うだろう。あぶられた肉の食欲をそそる香りがあたり一面に漂うなか、行き先もなくただ走るだけの犬が、どれだけイライラしたかは想像にかたくない。ただ、代わりの機械が手に入るようになってもまだ犬を使い続けたのは、ただ新しい技術を受け入れたくなかったのではなく、この犬らしく根気強い小さな働き手への愛情があったように思う。マウスやハムスターのケージには今でも、「運動が必要」という理由で回し車を入れてはいないだろうか？

ターンスピット

いくつかの「古代」の犬種を除いて、ヨーロッパと北アメリカでは一九世紀なかばまで犬の交雑が勢いよく続いていた。同じ犬種の犬どうしを交配させるべきだという考え方は比較的新しく、ヨーロッパで一五〇年ほど前に現れ、それからほかの国々に急速に広まっていった。現在、もしある犬を特定の犬種として登録しようとすると、両親、祖父母はおろか、何代も前からすべて同じ犬種で登録されている必要がある――「品種の境界」と呼ばれる制約だ。西欧では雑種の犬もたくさん生まれているものの、血統書つきの犬にくらべて飼い主は見つかりにくいし、子を産むこともままならない。

純血種の繁殖は、オオカミから現代の犬へと移り変わる過程の第三段階だ。それぞれの段階は、異なる選択圧によって先に進んでいる。第一段階は、人に慣れる性質の最初の選択で、すでに前適応していたオオカミが、人間のゴミをあさって暮らすようになった。すでに書いたように、この過程では人間は本質的に受け身だったにちがいない。人と接触しても平気なオオカミが、自分から少しずつ野生の仲間を離れて繁殖するようになり、原始の犬になった。第二段階では、犬をタイプごとに分離して特定の役割に合ったものにしようとする、人間による意図的な選択が要因として加わる。ただし意図的な選択は（ほとんどが偶発的な交雑だったなかの）一部の計画的な交雑による孤立した例外だったから、どの犬が子を産みどの犬が産まないかをコントロールする要因となることはまれで、なっても一定地域内だけのものだった。それに対して第三の、オオカミから犬に至る過程の最も新しい段階では、意図的な選択が爆発的に増加する。人間は「理想的な」犬種を作ろうとして、事実上まったく同じ犬どうしを交配させるようになった。そしてほとんどの犬は、果たす役割ではなく、見かけによって判断されて大切にされる。

飼いならしは長く複雑な過程で、犬のタイプによる違いは自明の理だが、今生きているすべての犬がこの移り変わりの産物なのだ。野生で社会性をもった、かつては別の種だったイヌ科の動物――タイリクオオカミ――のいったい何が根本的に変わって、独特の動物に生まれ変わったのだろうか。この変化の途中で、犬はオオカミらしい性質の多くを捨て去ってしまい、あまり多くを捨てたので、現代の犬を定義している特徴はオオカミから受け継いだものだと仮定する理由はなくなってしまった。その大半は、飼いならしによって生じたものか、タイリクオオカミが進化する前からイヌ科が備えていた一般的な特徴のどちらかだ。

犬にかかった選択圧がどんなものであれ、犬と野生のイヌ科とを分けている特徴の多くは、体と行動が成熟する早さの変化によって生じたと考えていい。すでに説明したように、犬はさまざまな面でイヌ科の動物のこどもに似ている。繁殖できるという狭い意味ではおとなになるけれど、ほかの多くの点ではこどものままだ。一種の発達停止であり、それによって生涯を通じて人間の飼い主に頼る生き方をきちんと説明できる。

だから、犬種による違いはあっても、犬はみんな犬だ。それは人間が考えているだけのことではない。犬自身も明らかにそう認識していて、同じ種とは思えないほど大きさと形が異なっていても、やっぱり犬の仲間だとわかっている。すべての犬種、またはほとんどの犬種の犬が、何か共通の社会的才能をもっているにちがいなく、それによって互いを犬だと認めるとともに、少なくとも基本的なコミュニケーションができるのだろう。そこで疑問が生まれる。では、犬の社会的能力のうちどれだけが飼いならしの産物で、どれだけがオオカミから直接受け継がれたのか――あるいはさらに時代をさかのぼり、イヌ科の進化の歴史から受け継がれたものなのか?

第3章　犬はなぜオオカミのように行動すると誤解されたのか？

現代の犬の姿はどう見てもオオカミではないが、行動となると、毛皮の下はまだオオカミのままだと説明されることが多い。もちろんオオカミが犬の唯一の祖先であることは確認されているのだから、そうした比較もやむを得ないように思えてくる。ただ、犬がオオカミの本質的な特徴をほとんど残していると考えるのは、時代遅れなだけでなくオオカミの行動に対する根深い誤解の表れでもある。そして科学はようやく、その誤解をときはじめた。ところが、間違いだらけのはずの犬とオオカミの理論は、犬のしつけに役立つ情報として今でも広く利用されていて、犬にも飼い主にも残念な影響を及ぼしている。

犬は愛らしい皮をかぶったオオカミだとする考えは、五〇年以上にわたって犬の育て方としつけを決定づけ、その結果は――控えめに言っても――功罪相なかばというところだ。この誤解から論理的に導かれるアドバイスには、あたりさわりのないものもわずかにあるが、もし厳しく従えば犬と飼い主のきずなをメチャクチャにしてしまうものもある。そのうえ、犬はオオカミなのだと仮定すれば、オオカミの親が攻撃的に子をしつけるのを見習って、トレーナーと飼い主による体罰が正当化される。

犬の行動がオオカミの行動からほとんど変わっていないとする見方は、だいたいはひと目でわかる犬の人なつこさにも矛盾する。犬の大半はほかの犬と出会うのが好きだし、大半は人間が大好きだ。隣どうしに住む猫は一生お互いを避けて暮らすことが多いが、犬は出会った犬すべてに挨拶しようとする。この愛想のよさは、いったいどこから来るのだろう？

犬の社会性は、その祖先の社会性との対比によって、なおさら際立つ。異なる群れのオオカミどうしは互いに避けようとする。出会えばほぼ例外なく闘い、ときには死ぬことさえある。それは別に珍しいことではない。現代の生物学者にとっては助け合う行動のほうが例外だ。なぜなら、あらゆる動物は、自分自身と自分に不可欠な資源——食べもの、繁殖相手と出会える機会、テリトリー——をまわりのすべてから守ろうとするのが当然だからだ。とりわけ同じ種のメンバーは、最も直接的な競争相手になる。オオカミも例外ではなく、競い合えない者は、ほかの条件がすべて同じだとすれば、近隣の仲間より残せる子孫の数が減ってしまう。つまり理屈のうえでは、ほかのオオカミの利益を優先させるような遺伝子は、やがて消滅する。もちろん血縁選択説では、家族で構成されたオオカミの群れが力を合わせるのは、それによって家族の遺伝子を最も効果的に広められるからだ。共通の遺伝子がほとんどない、血のつながりのない集団は、互いを避け、たまたま出会えば闘う。

犬はオオカミとは違って、すばらしく社会性に富んでいる――ところがこの性質さえも、犬の基本はオオカミらしさだとする考えに一致するとされてきた。明らかに血縁関係のない犬――たとえば異なる犬種の犬――どうしでも、飼い主との散歩中に出会うと、たいてい心から喜ぶ。それでも旧式の考えを変えないトレーナーや犬の専門家は、犬はそうしつけられているから仲良くするだけだと言うだろう。彼らは、すべての犬には獰猛なオオカミが潜んでいて、飼い主が油断なくコントロールしていなければ、出会う犬ののど元めがけて、いつなんどき飛びかかるかわからないと主張する。もう四半世紀以上前から、生物学者や獣医学の問題行動専門家が徹底して否定してきたのだが、この考え方はまだ驚くほど広く通用している。しつけ方の本の多くは、「若い犬が、犬も人も見さかいなく周囲を支配しようとする瞬間に備え、飼い主はいつも用心しなければならない」と強調する。そして、「飼い主がボスであることを、出会った一日目から犬によくわからせることが大切」だとする――最も力のあるオオカミが群れを支配する方法を真似れば、人間がその立場になれるというわけだ。

ここで、犬の社会性をもう少し詳しく調べる必要がある。今となっては、犬の祖先の、人に慣れた古代のオオカミの世界に戻ることはできないのだから、犬の起源はいったん脇に置くことにしよう。簡単に言うと、疑問はこうなる――犬は、もし自分で選べるなら、そしてもし人間の手が加わらないとしたら、どんな暮らしをするのだろうか？　もちろん答えを出すのは簡単ではない。人間に面倒を見てもらわずに暮らしている犬は、ほとんどいないからだ。飼いならしによって狩りの能力をほとんど失ってしまったために、犬が人里離れて長生きできることはまれだ。一部の働く犬種には、狩りをする行動のなんらかの要素が残されてはいるが、それらの要素をすべて組み合わせて毎日の糧を見つけ、とらえ、殺し、食べるための生まれつきの力を備えている犬は、もしいるとしても、ほんのわずかだろう——そしてほかの捕食者と競った場合には、無理にちがいない。

都会でゴミをあさる犬

人間にコントロールされていない犬を見つけるのは難しいが、あたり一帯ドッグランの社会がどんなものかを思い描くだけの材料は豊富にある。世界には、一般に野犬とか「ビレッジドッグ」とか呼ばれている、人間によって直接コントロールされていない犬が何百万匹もいるではないか。そういう犬は人間社会の周辺で暮らし、ゴミ箱をあさったりエサをねだったりするが、それ以外は独立していて、特定の飼い主に忠誠を見せたりはしない。特に熱帯や亜熱帯地方に多く、インドではパリア犬やパイと呼ばれているほか、イスラエルのカナーンドッグ、アメリカ南東部のカロライナドッグ、アフリカのバセンジーに似たビレッジドッグなどがいる。DNAによれば、その多くが実際に各地に起源をもつものだ（それに対して熱帯アメリカの犬のDNAは、ヨーロッパの純血種の犬が逃げて野生化したことを示している）。そのほかにも、ニューギニアのシンギングドッグ、バリ島のキンタマーニドッグ、オーストラリアのディンゴのように、特定の地域に固有の種類がある。ディンゴは、イエイヌの子孫であることがわかっている唯一の完全な野犬だ。

ディンゴの物語は、ほかに類を見ないことから、犬が自由裁量を許されたときに作る社会システムの興味深い例となっている。今から五〇〇〇年前から三五〇〇年前までのある日、一匹の身ごもった雌犬——おそらくアジアのオオカミから進化した中型犬の子孫——がオーストラリア大陸最北端のケープヨーク半島にたどり着き、藪に逃げ込んだ。子が生まれ、やがてそこには、ニューギニアからトレス海峡を渡ってやってきた商人に連れられた別の犬も加わっていく。最初の雌犬も同じルートでやってきたにちがいない。こうしてオーストラリアに渡ってから逃げた犬たちは、その土地の（有袋類の）肉食動物とほとんど競争せずにすみ、またたくまに支配的な捕食者になった。だからイヌ科に特有のさまざまな社会構造を自由に選びとることができ、今もなおそうしている。繁殖期以外は単独で暮らすディンゴが多いほか、一〇匹もの群れを作っていることもある。

ディンゴの野生への再適応は、犬が人間の手を離れたときに形成する文化を示す例として説得力があるとはいえ、その事例研究には問題が多い。ディンゴの社会的行動の詳しい研究には、とらえられた群れが利用され、ときには一組のつがいだけが繁殖できる群れのこともある。オオカミの場合と同じく、繁殖に制約があるのは人間に飼われている状態の影響で、血のつながりのないディンゴを強制的にいっしょにした結果だ。さらに、ディンゴは数千世代にもわたって、野生で暮らしてきた。それだけ長く自由を楽しんだあとでは、ビレッジドッグだった祖先に特徴的な行動を失っているだろう。だからディンゴについてわかったことは、自由の身になった犬がどんな社会組織を作るかを知るには理想的とは言えない。それほど完全に野生に戻っていない犬を研究するほうが、正しい結果が得られるはずだ。

だから、一〇年ほど前までに発表された野犬や「ビレッジドッグ」の研究が描いた社会組織は、誤解を招く内容だった。群れはただの寄せ集めのようで、行動には協調性がほとんど見られなかった。野犬の「群れ」には、助け合いの行動を示す説得力のある証拠は見つからなかったのだ。研究者が見たのは、食べものを上手に分け合うことができずに争う犬の姿だった。同じように、身ごもった雌は群れを離れて子を産み、戻るのは仔犬が自立してからで、雄はまったく子育てに参加しなかった。

野犬の初期の研究によって、これほど競争の激しい社会「システム」が描きだされた理由は、あとになって見ればはっきりわかる。研究の大半はアメリカ、イタリア、スペインなどの西欧諸国で行なわれ、それらの国ではどこでも野犬は厄介者だから、独自の社会的文化を発達させるほど長く一定の場所にとどまっていることはできない。「群れ」も、血のつながりのない犬が集まっていることが多く、親戚や家族が集まっているオオカミの群れのように助け合いが互いの利益になることはない。折あるごとに銃でねらわれ、罠や毒の危険が四六時中あり、ゴミ置き場などの食べもののありかからしめだされている野犬たちに、仲間と永続的な関係を築く時間はないだろうし、まして協力的な行動の文化を発達させるなど無理な話だ。互いに力を合わせる行動が発達するには、それに適した環境が不可欠になる――同じ相手といつも交流し、十分な食べものときまった巣穴が確保され、家族のきずなで結ばれた仲間がいるという条件がある。これらが整ってはじめて集団の結束が固まり、自分の集団のメンバーの誰にも不利にならないよう、ひとつになって別の集団に対峙できるようになる。初期の研究では、対象になった野犬の環境のせいで、犬の温厚な性質がどこからやってきたかのてがかりは見つからなかった。

つまり犬の社会的な行動を正しく理解するには、迫害されていない、だから人間を恐れずに安定した集団を作れるような、野犬を研究しなければならない。そして科学者たちは絶好の研究対象をインドの西ベンガル州で見つけた(1)。そこの村人たちは、野犬がまわりで暮らしていてもまったく気にせず、自分の家の正面玄関の前に寝そべっていてもほうっておく。現代の西ベンガルにいるこうした犬たちは、数万年前に文明が生まれたとされる中近東の肥沃な三日月地帯で暮らしていた犬たちと、ほとんど変わっていないように見える。だからその行動は、飼いならしのごく初期の犬の行動と似ているだろう。パリア犬と呼ばれるこれらの犬は、ゴミをあさるほか、ときどき人間から食べものをもらえる。ただしエサをくれる人に飼われるわけではない。あくまでも独立した動物として、町にすむハトのように人々と共生している。

西ベンガルのパリア犬の、何世代にもわたって続く独立した暮らしぶりからは、犬の自然な社会構造が見えてくる——そしてその一部は、オオカミの社会構造も反映している。パリア犬はひとつの町に数百匹も住んでいることがあるが、オオカミやほかのイヌ科の動物と同じように、五匹から一〇匹ほどの小さい家族ごとに集まっている。それでも、群れが力を合わせなければ倒せないような大型の獲物はあたりにいないから、エサをあさるときは単独で行動する。その点では、これらの集団をオオカミと同じ意味の「群れ」と呼ぶのは語弊がある。ただし集団としてのテリトリーをもち、近隣の集団のメンバーから守っている。ここまではオオカミとよく似ている。

この野犬の社会構造にはオオカミとよく似ている点もあるが、その性行動と親として

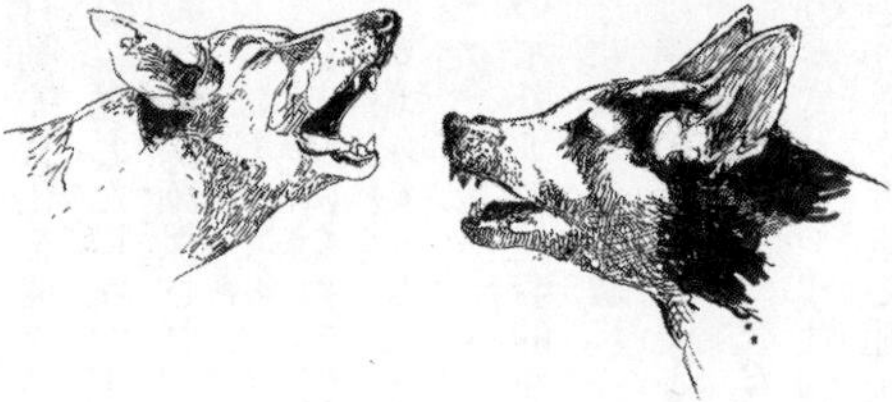

パリア犬

の行動は、オオカミの場合と根本的に異なっている。全体として見ると、これらの野犬の繁殖行動はタイリクオオカミのものとはまったく違い、むしろコヨーテなど、社会的構造がずっとゆるやかなイヌ科の別の種のものに近い。オオカミの群れでは、一匹の雄と一匹の雌だけが繁殖し、それらは「アルファ」ペアと呼ばれる。だがパリア犬の場合、雌が発情期に入ると、たくさんの雄から求愛される。そのほとんどは雌の群れ以外の雄で、多いときは八匹もの雄が一匹の雌の注意をひこうとして争う。雌は一部を拒絶するものの、そのほかの数匹は自分にふさわしいと判断し、たいていはそれぞれと交尾してきずなを結ぶ。一日に複数の雄と交尾することさえある。交尾が終わると、雄のうちの一匹がペアになって、子が生まれるあとまでいっしょにいることが多い。なかにはその雄が食べものを吐きもどして、仔犬にエサをやる手伝いをすることもある。ペアの雄が、ふつうは仔犬たちのすべて、一部、またはせめて一匹の父親なのかどうかは、はっきりしない。だから雌といっしょにとどまるために時間を費やす理由は、推測するしかない。たぶん子育てを助けておけば、その雌が次回の発情期に自分だけを相手に選んでくれるという期待があるのだろう。そのためビレッジドッグの「群れ」はどれも毎年ペアに分かれ、それぞれが自分たちの子を別々に育ててから、前の年のこどもたちと再びいっしょになる。次の発情期には、前の年とは違う相手とペアを組むことになるかもしれない。オオカミの群れとは対照的に、家族構成に一貫性は見られないし、前の年に生まれた若者たちが次の年に両親の子育てを助ける様子もない。

パリア犬の群れは、いろいろな面で野生のオオカミの群れとは大きく異なり、動物園によくある人手の加わったオオカミの群れとも似ていない。多くの集団には複数のおとなの雌がいて、繁殖期になっても互いに寛大な態度を保っている。動物園の群れのように、一番強い雄を独占しようとしたり、ほかの雌の繁殖を妨害したりはしない。オオカミのように優越と服従の関係を儀式化した行動も、この野犬には雄か雌かを問わず見られないようだ。ただ犬たちは互いを認識しているらしく――集団の結束を固めるには不可欠な能力だ――ちょっとしたしぐさで絶えず挨拶を交換しているように見える。なんらかの階層構造はあると思われ、最も年長のペアが最も攻撃的で、特にペアを組んでいない雄に対しては厳しい態度をとる。ペアの雄は、こうしたペアをもたない雄が将来はライバルになる可能性があると考え、雌はこどもたちの安全を気遣っているからだろう。

さらに印象的な相違点は、パリア犬では近所にいる集団どうしが仲良く共存できるように見えるのに対し、オオカミの隣り合った群れはできるだけ互いを避けようとし、出会ってしまったときはほとんど必ず闘う。西ベンガルの野犬でも異なる集団のメンバーは折にふれて攻撃的になるが、出会ったときはどちらも強さを主張せず、それぞれの行動の中心地域へと戻っていく。ちょくちょく食べものを奪い合う間柄でも、血のつながりがなくても、隣の集団より優位に立ちたいとか、追いだしてしまいたいという気にはならないようだ。手短に言うなら、血のつながりのない相手にはめらめらと競争心を燃やすオオカミの性質は、これらの野犬からは完全に消えてしまったように見える。

西ベンガルの研究からは、犬がどんな暮らしを好むかについて、さまざまなことがわかる。オオカミに特徴的な「家族の群れ」は採用できないらしい。家族のメンバーのあいだの結びつきはあるが、オオカミにくらべてはるかに弱い。それより大切なのは、母親と（ある程度は父親と）従属する子のあいだの結びつきだ。子は、成長するにつれて両親のテリトリーを共有するようになるものの、次の年に生まれる弟や妹の世話を手助けすることはない。支配の上下関係は明らかでも、食べものとすみかの優先権を決めるだけで、誰が子を作れるかを左右することはない。そのため、野犬が暮らしている状況が比較的混み合っていても、その行動が野生のオオカミより動物園のオオカミに近くなることはない。オオカミの群れの古い理論のように、虎視眈々と群れのリーダーシップをねらう様子は、まったく見えない。

血縁関係がなく、同じ群れに属していない犬どうしの愛想のよさは、飼いならしにとって必要な要素だったにちがいない。たとえば犬は、オオカミより狭い場所に数多くで生活する――人間がもたらす食べものは一か所に集中し、それを利用するよう適応した結果だろう。オオカミのように体が大きい肉食動物は、密集しては暮らせない。それでは十分な食べものを確保できないからだ。そのためオオカミの群れが二〇匹を超えることはほとんどなく、それぞれがとても広いテリトリーを守る。オオカミから飼いならされたばかりで狩猟採集民といっしょに移動した犬は、まだそれに近かったかもしれない。それでも人間が定住をはじめて大きい集落ができると、犬には血のつながりのない相手とも共存する方法を学びとる必要が生まれた。そのためにはいつも用心深くせねばならず、争いも絶えなかったことだろう。その性質は今も残り、飼いならしの過程を彷彿とさせるが、言うまでもなくパリア犬が置かれた状況はふつうの家に飼われているペットの犬とはまったく違っている。実際にはペットは去勢されることが多く、主に繁殖用として飼われる犬も通常、自分が選んだパートナーと長いあいだペアの結びつきを保つことは許されない。

　パリア犬が作る社会はオオカミのものと同じではないのだから、ペットの犬の場合も同じではないように思える——それでもペットの犬が何かの拍子で、動物園のオオカミがもっている（旧式の考えを変えないドッグトレーナーが大好きな）支配欲を再び進化させた可能性は、わずかに残されている。この可能性を吟味するために、ぼくは学生といっしょにイギリスのウィルトシャーにある捨て犬の保護施設で研究を行なった。[2] 捨て犬は、人に飼われる経験をしたあと、同じ境遇の犬たちに制約なしで近づけるようになったので、野犬とペットの中間的存在とみなせるだろう。その保護施設には常時二〇匹ほどの犬がいる。人間に対する行動が不安定なために、家庭で飼うには向かないと判断された雄が中心で、大半は去勢されている。夜は四、五匹いっしょに大きい犬舎で寝るが、日中は木や植え込みもある広々としたパドックで自由にすごすことができる。あちこちにおもちゃも転がっているし、パドックに設けられたトンネルを行き来することもできる。

ペットの犬の集団がオオカミのような階層関係を作ろうとするなら、このウィルトシャーの保護施設はうってつけと言えるだろう。ここでは犬たちが一日八時間、無制限で仲間といっしょに行動できる。ところが長時間観察しても、そんな気配はまったく見られなかった。競争心はあちこちで発揮されていた――唸り声を上げる、吠えかかる、首に咬みつく真似をする、背に乗りかかろうとする、パドック狭しと追いかけっこを繰り広げる……。相手は、身をかがめる、目をそむける、舌なめずりする、逃げる、といった行動でそれに反応する。それでも、こうした行動をするのはたいていいつもきまった少数派で、ぼくたちは最後にその犬たちを「事情通」と呼ぶようになった。三匹の「世捨て人（犬）」は、いつもほかの犬を避けていて、結局ほとんど交流しなかったから、もしなんらかの「地位」があったとしても、それがどんなものかを判断するのは難しかった。そのほかの七匹は「部外者」で、「事情通」をあからさまに避けることはないものの、いつも道を譲っていた。「事情通」たち相互間の関係には一貫性がなく、オオカミにあると考えられている階層構造はおろか、どんな階層関係もきめられないことがわかった。そして犬どうしの交流全体のうち、なんと三分の一以上が、たった四組の犬――ロニーとベンソン（どちらもコリーの雑種）、ジャック（スプリンガースパニエル）とエディー（ラフコリー）、ミッキー・ブラウン（シェパードの雑種）とブランストン（コリーとスパニエルの雑種）、ディンゴ（これもシェパードの雑種）とターカス（ワイマラナー）――のあいだのものだった。これらの「相棒」関係がなぜ生まれたのかは、はっきりしなかったが（知る限り血縁関係はなかった）、互いの愛着はオオカミの行動からはどう見ても予測がつかなかった。それでも、犬はオオカミとは異なり、血のつながりがないうえにおとなになるまで一度も会ったことがない間柄でも簡単に仲良くなれることを実証していた。

保護施設の研究では、犬が自由裁量を与えられたとき、オオカミの群れのようなものを作る傾向があるという証拠は見つからなかった。このことは、ほかのすべての科学的証拠を裏づけている。科学的証拠はどれも、犬は飼いならしを経てオオカミのもつ社会性のこまかい部分をほとんどそぎ落とし、血縁関係のない者よりある者との交流を好む傾向だけを残していることを示す。その傾向は多くの動物に共通し、オオカミに、ましてやイヌ科の動物に限られたものではない。それなのに、ペットの犬を理解するための基準として大切なのはオオカミだとほのめかす犬の専門家やドッグトレーナーは多い。そのとき実際に基準とみなしているのは、何よりも家族のきずなを大切にする野生のオオカミではなく、無理やり同じ場所に押し込められて血のつながりのない相手と争いを繰り返している動物園のオオカミなのだ。

犬とオオカミの社会生活の大きな違いを示すあらゆる証拠を無視して、おおぜいの人たちがまだ、犬とオオカミの誤った、時代遅れの比較にこだわっている。ならば、もう一度問いなおす必要がある――オオカミの行動は、ペットの犬の行動について、何か役立つことを教えてくれるのだろうか？

犬がオオカミのように行動するという誤解も、犬が社会的関係を築こうとする意欲を曲解しないのであれば、特に問題はない。近代的な犬の訓練技術として最も広く普及し、しかも最も悪い影響を及ぼしているのは、犬はどこにいても支配の順位をきめようとするという考え方だ。そこから、家で飼われている犬どうしと、犬と飼い主のあいだの両方で、社会的な関係について大きな誤解が生まれてしまった。

「犬は、ほうっておけばまわりじゅうを支配しようとする」という見方が、世の中に浸透している。とにかく、犬の行動を説明するときに「支配」という言葉がよく使われる。よく知っている人間を襲う犬は、「支配性攻撃」のクセをもっていると言われる。この言葉は犬の個性を説明するときにも——誤って——使われることがある。「アメリカン・ドッグトレーナーズ・ネットワーク」というウェブサイトにある、次の文について考えてみよう。「支配性を示す犬は、自分がほしいものを心にきめ、どんな手を使ってもそれを手に入れようとする。まずは甘えてみて、愛嬌をふりまく。それが通じないとわかると、本物の粘り強さを発揮して主張する。何をやってもだめなら、いよいよ強烈な個性を発揮する」[3]。まさしく手に負えないほどしつけが悪く、それでもどこか愛嬌のある犬の説明にすぎない。ほかの犬との関係がどんなものかにまったく触れていないから、「支配的」かそうでないかにかかわらず、周囲との関係はまったくわからない。また犬のしつけに関しても、「支配」という言葉を不正確に、あるいは誤解を招くように使っている例は山ほどある。有名なアメリカのドッグトレーナー、シーザー・ミランは、猫を「支配」しようとする犬を取り上げた。また、レーザーポインターの光を追いかける犬は、その光を「支配」しようとしているのだと説明したが[4]、生物学者ならその行動を社会的なものとはみなさず、すぐ捕食の習性に分類するだろう。

「支配」という言葉を正しく使うなら、その意味はドッグトレーナーをはじめとした犬の専門家が考えているものとは、大幅に違ったものになる。この言葉は単に、ある一瞬の二匹のあいだの関係を表すだけだ。その状況がどうやって起こったか、どのくらい長く続きそうか、二匹がどんな性格をしているのかについては、どんな予想もない。生物学者なら、この二匹のうち支配的立場にいる一方が別の社会的状況にいるときは、まったく「支配的」ではないだろうと指摘するかもしれない。さらに、この言葉は単なる説明で、その状況に置かれた二匹が、自分たちになんらかの「支配」関係があることを自覚しているかどうかについては、何も語らないのだ。

ある犬を「支配的」と呼ぶ場合、その関係が階層的になり得ることを暗示する。「階層」は、集団が複数のメンバーで構成されているとき、「支配」によって自然に生じる結果だ。二匹ずつのあいだの支配関係が観察でわかり、その関係を一直線に並べることができて、それぞれが上位にいるすべてに従属しているとみなせるならば、そこに階層があると断定できる。ときには階層ができない場合もある。ほとんどの関係から判断すると階層の「下位」にいるはずの個体が、多数を「支配」して階層の「上位」にいるはずの別の個体を「支配」している場合がそうだ。また、階層を構成している二匹のあいだの支配関係を当事者がそうとらえていないことがあるように、客観的に見れば明らかでも、集団の内部では階層が見えていないこともある。

犬の場合、犬どうしでも犬と飼い主のあいだでも、階層関係が重要な意味をもつという証拠はほとんどない。まず、階層とは何かを詳しく見てみよう。支配関係は、犬がもっているひとつの特徴——たとえば闘う能力——の大きさに基づくものと仮定する。その「性質」を一番多くもっている犬が、集団のほかのすべての犬を支配し、「アルファ」と呼ばれることになる。闘う力を二番目に多くもっている犬は、アルファ以外のすべてのほかの犬を支配し、「ベータ」と呼ばれる。そして闘う力が最も少ない、ほかのすべての犬に従属している犬は、「オメガ」と呼ばれる。集団の犬が四匹なら、階層は左の図に示す直線的な関係になるだろう。

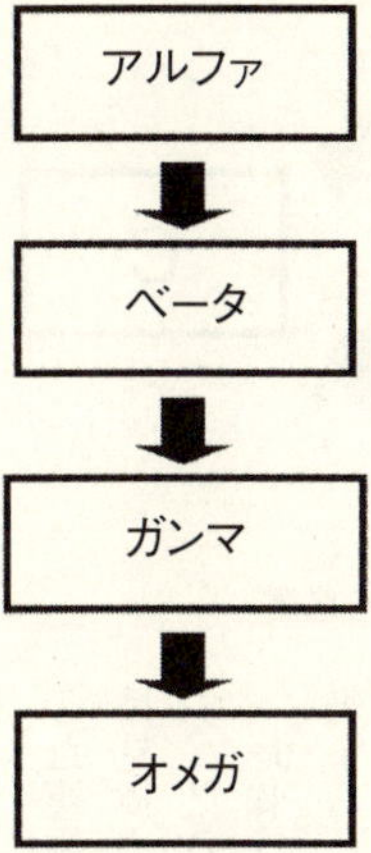

直線的な階層

しかし動物のあいだの関係は、こんなにすっきりした階層では表せないのがふつうだ。闘いで決着がつくこともあるが、問題解決能力が求められることもある。さらに、「従属する」犬は仔犬のとき家にやってきて以来、年上のどの犬にも挑戦してみたことがない

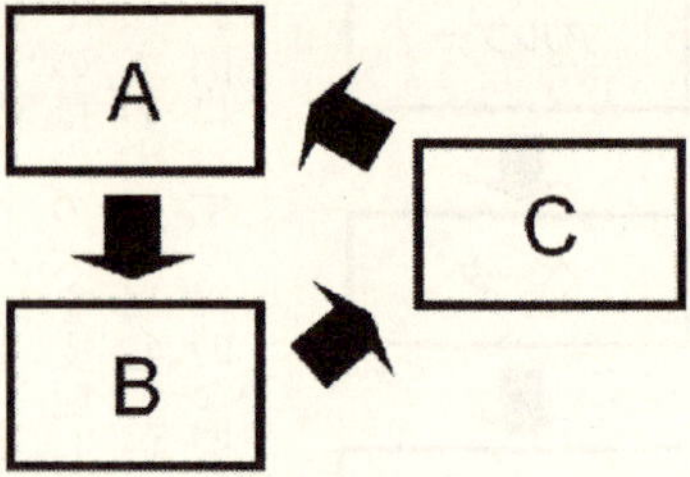

円形の階層

という、過去の経緯で決まる関係もあるだろう。そうした複雑さを考えた場合、二匹のあいだの一定の関係は見極められても、それを直線的に並べることはできず、上の図のようになるかもしれない（円形の階層）。

従来の考え方では、犬の階層はオオカミのものに由来すると仮定している。もっと具体的に言うなら、人間にとらえられたオオカミの階層を想定している――けれども今はもう、この考えが基本的に見当違いであることがわかっている。動物園のオオカミの「群れ」の代表的なものは、雄と雌にひとつずつの、ふたつの階層で構成されていると考えられていた（次ページの上の図を参照）。ただし大きい群れなら、若い世代のなかでの関係と赤ちゃん世代のなかでの関係がぼやけていることが多く、階層は直線的にはならない。こうした「階層」は、今ではとらわれの身から人為的に生じたものだとみなされている。それに対して自然界の群れの構造は、主に家族を思う気持ちで成り立っていて、攻撃を基本にした階層は見あたらない（次ページの下の図を参照）。

そのため野生では、支配的なオオカミ（「アルファ」）は単に群れのリーダーにすぎない。ふつうは群れのメンバーの大半、または全員の、母親か父親だからだ。オオカミが

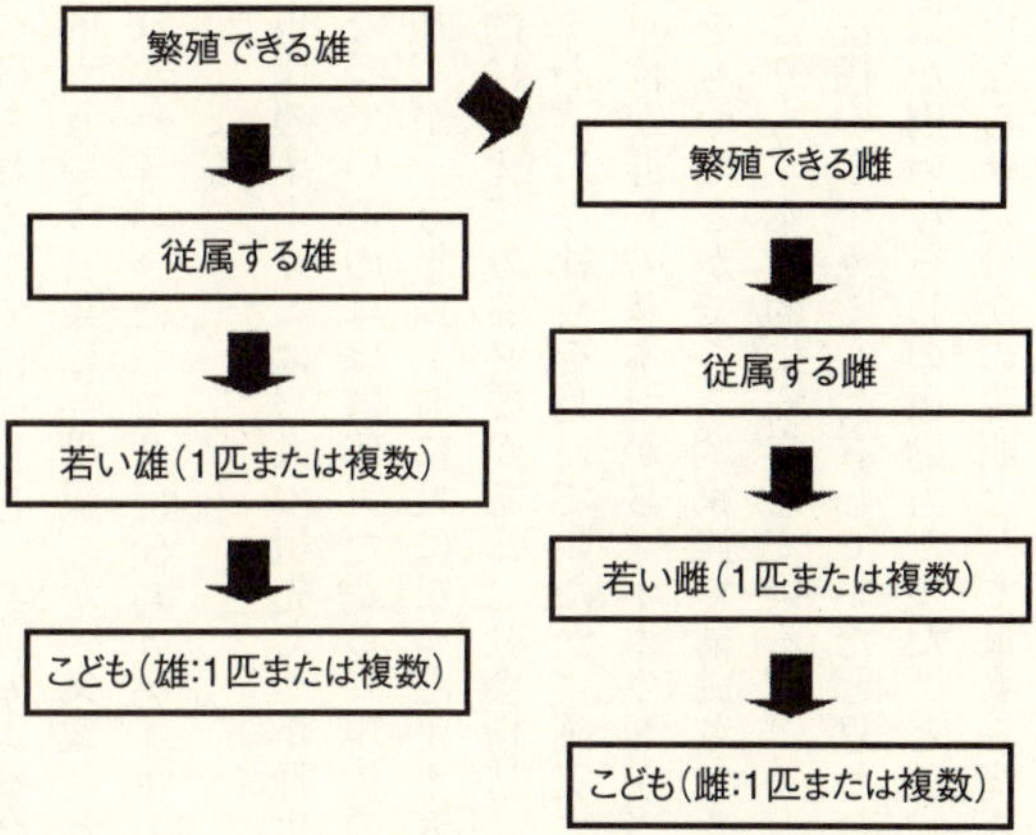

動物園のオオカミの群れの階層

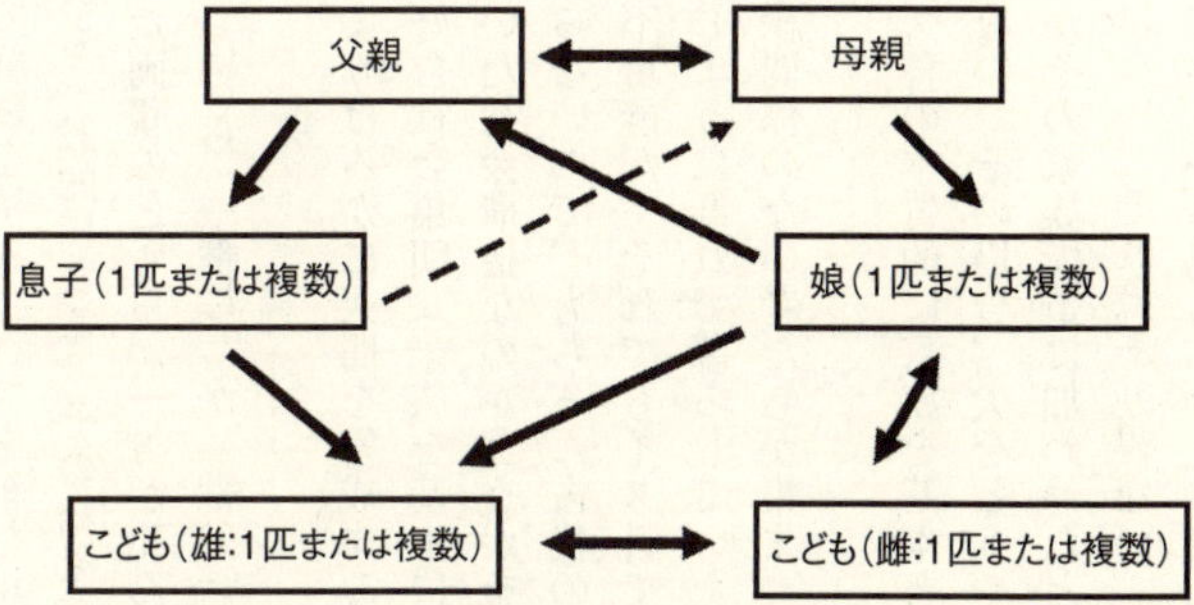

オオカミの群れの家族構造

「支配的」立場になる方法は、ただ十分おとなになって経験を積み、ペアを組む相手を見つけられるまでに成長し、それから繁殖するのが最も一般的になる。その結果、「支配的」という言葉は「母親」か「父親」と同義語、また両親のどちらか一方が死んで、群れがバラバラになる前に代わりのオオカミが加わったなら、「継母」か「継父」と同義語になる。

現代のオオカミは、犬の祖先だった野生のオオカミよりはるかに人間を警戒するようになっているのはほぼ確実だから、現代のオオカミが好む社会集団（家族を基本にした群れ）が一万年以上前に犬になったオオカミも好んでいた社会構造なのかどうかを、論理的に考えてみる必要がある。社会構造は化石には残らないので、もちろん古代のオオカミがどんな社会を築いていたか、確実に知ることは不可能だ。それでもイヌ科では家族単位が群れの基本だから、オオカミが当時も今と同じように群れで暮らしていたと確信をもつことができる。家族で構成された集団は、血縁関係のない者たちが集まった集団よりも、本質的に安定している。

古代のオオカミも共有していたと思われるため、イヌ科の本質的に家族を基本とした構造が飼いならしの原動力だったことは、ほぼ間違いない。その場合、犬をどうやって飼いならせたのかの説明として最も妥当なのは、人間がその家族構造に加わったというものだ。「家族」と言っても、遺伝的な意味の家族ではない。それはあり得ない。ここでは、メンバーがいっしょに暮らし、互いをよく知っているから協力し合える集団を意味している。家族がその機能を発揮するには、遺伝的なつながりが必須なわけではない。人間の場合、赤ん坊のとき養子として迎えられた子は、成長するにつれ、養父母に対して遺伝的な父母であるかのようにふるまう。その後、生物学上の両親が別にいることがわかったとしても、赤ん坊と育ての親のあいだに生まれたきずなが消えることはない。人間の家族という認識は主に親密さに基づいているからで、これに実際の遺伝的関係という意識のうえでの知識を重ね合わせているにすぎない。生物学的に見ると、人間は親に頼る子ども時代が長い種なので、育ててくれ、愛情を注いでくれる人に、家族のきずなの根拠を見出すように生まれついている。実際の遺伝的つながりを感知する本能は、比較的弱い（親がほとんど、またはまったく育てない種より、はるかに弱い）。

人間の子どもが生物学的つながりとは無関係に育ての親ときずなを結ぶのと同様、仔犬は育つにつれ、犬の親と面倒を見てくれる人間の両方を「家族」とみなすようになる。この能力は飼いならしによって生じたものにちがいない。犬はこうして人間との関係を築けるが、オオカミの場合、たとえ母親ときょうだいから離されて人間によって育てられても、同じことはできないからだ。飼いならしがはじまると、「家族」のあいだの信頼を身につける過程は流動的になり、そこには人間も、血のつながりのないほかの犬も、加わることができるようになった。

オオカミもイヌ科のほかの動物も、基本的に協力的な社会構造をもっているので――そしてこの社会システムは犬の飼いならしにとって不可欠だったように見えるから――

飼いならしによってこの協力的なシステムが、自己の利益と敵意に基づく「支配」構造で置き換えられたとみなすのは筋が通らない。どちらかと言えば、飼いならしでは互いに近い場所で暮らす必要ができたために、犬はそれまでよりもっと相手に寛大になる必要があったはずだ。逆だったはずはない。この点だけをとっても、ドッグトレーナーが大好きな「支配」と「階層」の概念は、根本から信じがたいものだ。さらに、そうした階層的な行動は自然界のオオカミの群れには見あたらず、野犬の研究でも階層構造は見つからなかった——野犬の競争行動は繁殖期に関係するもので、ペアを組む相手を見つけて子を作るまでの状況で起こり、永続的な「支配」関係を確立するためのものではない。全体的に見て、ペットの犬の行動を説明するのに「支配」と「階層」という言葉を使うのは、正しいとは言えなくなったようだ。

犬が行動する自然な動機が支配のためだとする考えをしりぞけたとしても、犬が競争心をもたないと言っているわけではない——当然ながら、必要があれば競争心をむきだしにする。同じ性別で去勢されていない見知らぬどうしの犬を何匹か狭い場所に押し込めば、脅威を基本とした一時的な「階層」関係ができることが多い。けんかをはじめることさえあり、異性のにおいを近くに嗅ぎつければ、争いは激しくなる。ただしこの成り行きは、ほとんどすべての種に共通で、犬がオオカミの子孫であることにはなんの関係もない（ただし人の手が加わった動物園のオオカミの群れで見られる争いには関係している）。そしてそんな状況は不自然で、わざと争いを引き起こしているようなものだから、多頭飼いの家庭の犬や公園で別の犬に出会ったときの犬が感じることとは、まったく別物だ。

犬の行動を説明する旧来の「支配」のモデルは、基本的な次の三つの点で誤りだとわかってきた。第一に、これは野生の群れで暮らしているオオカミの自然な行動ではなく、とらえられて不自然に作られた集団で暮らしているオオカミの行動を観察した結果から導かれたモデルだ。第二に、自由に家族集団を作れる野犬の「ビレッジドッグ」は、（自然界と動物園を含めた）オオカミに似た行動をまったくしない。これらの野犬は、オオカミより今のペットの犬の祖先にずっと近いものだが、似たような混み合った環境で暮らした場合には現代のイヌ科のほかのどの種類より、周囲に対してはるかに寛大だ。このような寛大さは、はじめに飼いならしによって生じ、その後も人間の近くで生き抜くために必要な性質として維持されてきた。第三に、動物園のオオカミでは競争心と敵意に基づく支配が見られるが、同じような状況に置かれた犬は、階層社会を作らない。

結局のところ、とらわれの身のオオカミの行動は、犬の行動を理解するにはほとんど、またはまったく関係がない。動物園のオオカミの行動が不自然なことがわかっただけでなく、野生のオオカミの社会的行動も飼いならしによって徹底的に変化したことは明らかだ。犬は、オオカミとは大きく異なる進化の過程を歩んできたのだから、犬の行動を理解するには、根本的に異なる視点に立たなければならない。

オオカミを基準にして犬の行動を説明する方法が信頼できないものだとわかった以上、犬がさまざまな行動をとる動機や、人間の行動をどう理解して反応するかを理解するために、何か別の方法が必要になる。近年の人と犬との関わり方をめぐる議論は、階層を中心に展開されることが多い。事実、オオカミに限らず数多くの動物が、階層構造の集団を作って暮らしているように見える。けれどもそういった階層は、科学者の目的を達成するためにくみたてられることがよくある。たとえば、闘う回数が一番多い動物が、最も繁殖に成功するかどうかを確認しようとする場合などだ（その割合は、想像するよりずっと低い）。科学者が階層構造を観察できるからと言って、当事者である動物たちがその階層を意識しているとは限らない。要するに、オオカミだけでなくどんな動物にでも階層モデルを適用するときには、その動物たち自身がその階層の考え方に従って行動していると仮定している。

犬が階層という考えを――そしてそのなかでの自分自身の立場を――理解しているかどうかという疑問は、人と犬との関わり方にとても深い意味合いをもっている。犬がこの概念を理解しているとすれば、「地位を下げる」、「正しく順位づけをする」といった概念に基づくしつけ方は論理的な根拠をもち、有効なはずだ。しかし犬が自分の立場という概念をもっていないなら、そのような方法は人間の意図に反するメッセージを伝えることになる。そしてその方法は、たいてい、犬を罰することを基本にしている。だから犬自身に階層の認識があるかどうかという疑問は、理屈の話ではすまず、犬の幸福にじかに影響する可能性がある。

犬に階層がわかっているかどうかを確かめるには、さらにこまかい分析がいる。犬が野生の祖先から何を受け継いだか探るという時代遅れのやり方で犬自身の考えを憶測するよりは、基本に戻ったほうが役に立つ――つまり、犬が生きる根本的な目的は何か？　犬が必要としているものはわかる。一番基本的なレベルでは、食べものと水、そして遺伝子の生き残りをはかるために繁殖して子を育てるチャンスだ。人に飼われていれば、これら必要なものはすべて人間の手で用意される。そこで次の質問に移る。犬は何を望んでいるのだろうか？　願望は一般的に、進化の歴史で犬に必要だった（でも今は必要のない）ことと結びついていて、生き残りに必要なものとそれを達成する手段の両方を含んでいる。腹をすかせた肉食動物は食べたい（食べる必要がある）が、腹をすかせていなくても、食べものを探したいと考えることが多い。運が悪くてしばらく何も見つけられないという、万が一に備えようとするからだ。もっと長い時間で見るなら、自分だけに狩猟の権利があるテリトリーを確保したいと考えるかもしれない。仔犬なら何かで遊びたいと思うかもしれない。幼いときには気づかないかもしれないが、おとなになったときの狩りの腕を磨くことになる。「望み」は、生き残る力を伸ばす。そして「望み」の一部は同じ種の別のメンバーに損をさせずに達成できる。たとえば、同時に生まれたきょうだいどうしが「けんかごっこ」をするのは、どちらにとっても有益だ。互いに競争力が高まるし、近い血のつながりがあるから、遺伝子の生き残りの確率は倍になる。

けれども犬が「望んでいる」ことには、互いの対立を招くものも多い。一匹分の食べものしかないなら、二匹が空腹を満たすことはできない。利用できるスペースが全部ふさがっているなら、新参者はそれまでのテリトリーの持ち主を追いおとさなければ自分だけのテリトリーを手に入れることはできない。支配の構造は、こうした対立を避けるための方法になる。一部の者がほかの者より優位に立つことによって、すべての資源を利用する優先権を手にできるわけだ——優位な者が、「望んでいる」ことを最初にできる。ただし、けんかをせずに対立を解決できる方法を考えるという状況に支配の概念をもちこむと、いたずらに制約を加えることになるだろう。

支配に代わるモデルを用いれば、犬がどうやって争いを避けるかを、もっとよく説明できる。それは資源保持能力（ＲＨＰ——Resource Holding Potential）モデルだ。このモデルでは、利益の対立が起こった場合に、それぞれの犬が次のふたつの質問の答えをもとに決定を下すとみなす——「自分はこの資源（食べもの、おもちゃなど）をどれくらいほしいか」、そして「もし奪い合って争うなら、自分が負ける確率はどれくらいか」。それぞれの犬が二番目の質問に答えを出すとき考えに入れる要素のひとつには、「相手がこの資源をどれくらいほしがっているように見えるか」がある。そこで、うまく相手をだます道が開ける。真っ先に、しかも強硬に、相手に脅しをかけたほうが、たとえ体は大きくなくても、資源を自分のものにできるかもしれないからだ。もし二匹の犬が知り合いなら、前回の争いの記憶も考慮に入れることができる。はじめて見る犬なら、よく似た犬に出会ったとき集めた情報も役に立つ。別の犬どうしのけんかを見てわかったこともあるだろう。ただし、すでに知り合いであることは不可欠な条件ではない。RHPモデルは、二匹が初対面の場合にも、うまく使える。

そのため、RHPモデルは支配モデルより多彩な状況に適用できる。ぼくの研究では、犬がまぎれもなく、相手が特定のものをどれだけほしがっているか[5]（または少なくともほしがっているように見えるか）を考慮に入れることがわかっている。いっしょに暮らしている犬の集団内では、この原則を体現するのは雄だ。たとえば、あるフレンチブルドッグの集団では、四匹の雌のうちの一匹が、食べものに近づく優先権をもっているように見えた――その犬は最年長者ではなかったし、一番新しく生まれた仔犬たちの母親でもなかった（これもオオカミのモデルには一致しない発見だった）。ところが一匹の雄は、食べものに関してはその雌犬に従っていたが、おもちゃを使う優先権をもっていた。また、見慣れない雄犬が近づくと一番ににおいを嗅ぐことができた。五匹のシェットランドシープドッグの場合には、二匹の雄はどちらも食べることについては三匹の雌に優先権を譲っていたが、ほかのすべての状況では、人や、雄か雌かを問わずほかの犬に近づくのも含めて、自分たちが優先権を握っていた。このような観察結果からは、資源をめぐる犬の競争を、純粋な「地位」の原則だけでは説明できないことがさらにわかってくる。もし地位で決まるなら、集団のうちの一匹が、あらゆるものを一番に手に入れる権利を行使するはずだ。そうしなければ弱みを見せることになり、別の犬から挑戦を受ける羽目に陥るだろう。この点で、犬たちはRHPモデルの中心となる「規則」に従っているように見える。つまり、別の犬が何かをひどくほしがっているらしく、自分がそうでもないなら、それを奪い合って争う価値はない。

基本的なRHPモデルには、犬の場合はあてはまらない点がひとつある。相手の気持ちは念入りに確かめているらしいが、RHPのもうひとつの中心的な「規則」には、多くの犬が耳を貸さないように見えるのだ――「敵が自分よりずっと大きいなら、けんかを売るな」。ほとんどの動物は、敵の体の大きさと強さをすばやく読みとるのがとても得意で、その差がたとえわずかでも正しく判断する。自分より体の大きい相手によけいなけんかを売れば、もちろんケガをして終わる可能性が高い。グレートデンとチワワを見ればわかるように、ほかの種の動物より体格の差がはるかに大きい犬ならば、なおさらこの規則を守りそうなものだ。ところが実際には、そうではない。気の強い小型犬が大型犬と出会ったとき、大きいほうがしっぽを巻いて逃げる場面は公園でもおなじみだ。ぼくがやったいくつかの計画的な研究でも、このことが実証されている。(6) 二匹の犬が近づく様子と、どっちが先に逃げだすかは、体の大きさと重さでは決まらない。ウィルトシャーの保護施設でも、犬のあいだの関係に体の大きさはまったく影響していなかった。どうやら動物界全体の常識に反し、犬は知らない犬を威嚇しようかどうか考えるとき、体の大きさをほとんど無視しているらしい。その代わりに、そういう状況でどれだけ大胆にふるまうかは犬ごとに違っていて、まるでそれが「個性」の一部のようになっている。そこでRHPモデルを犬に適用する場合、次のように変更が必要だ――「犬が別の犬と出会ったとき、その先の行動を決めるには、相手にどれだけやる気が見えるかを、実際の体格や強そうに見えるかどうかより大事にする」。

犬が資源を競い合うときに体の大きさを無視するのは、飼いならしの結果だろう。野生では、争う価値が大きいと攻撃的になる。テリトリーを失いそうなとき、とても腹をすかせているかのどが渇いているのに、食べたり飲んだりすることを妨げられたとき、発情期の異性に近づくチャンスをかけて争うときなどがある。現代の犬がこうした問題に直面することはほとんどない。これらの大切な資源は、すべて人間によってコントロールされているからだ。こうして勝てない闘いに臨む前の用心は、自然選択圧がかかる野生動物にとっては必須だが、犬にはそれほど大切ではなくなっている。それでも次の三つの理由から、どんな状況であっても、犬にとってけんかは危険だ。第一に、大ケガをする可能性があり、今のように獣医外科が発達する前なら命に関わった。第二に、人間の飼い主が、少なくともほとんどの犬種で、ほかの犬と仲良くできることを好み、近くに犬がいてもおとなしい性格をもつ犬を選んで繁殖する傾向がある。そして第三に、攻撃の姿勢をなかなか見せない犬ほど、人間にとって、特に幼い子にとっての危険度が低くなる。

さまざまな要因からけんかをしないほうが得をするので、ふつうの犬が別の犬を見ても、攻撃がまっさきに頭に浮かぶことは少ない。だからほとんどの飼い主は、連れている犬が見知らぬ犬とすれ違うたびに相手を「支配」しようとする心配をせずに、公共の場を散歩できる。初対面でも、ほとんどの犬は敵対心を抑えるような合図を出そうとする。背中の毛を一瞬逆立てるかもしれないが、すぐにしずめ、互いにあまり近づかないことに決めるか、危険がないと判断し、もっと近づいてにおいを嗅ぎ合うことにする。

よく知った犬どうしは、相手がそのときどきにどんなふうに反応しそうかを予想できるような、一定の合図を覚えるだろう。たとえば、すでに犬を飼っている家が新しく仔犬を飼うことになったとき、先輩の犬はエサが大好きで、おもちゃにはほとんど興味を示さないとする。すると仔犬は、エサを盗もうとすると警告の唸り声を上げられるが、先輩の鼻先にあるおもちゃをとっても何も起こらないことを学習する。こうして二匹は円満な関係を築き、それぞれが相手の好みとクセを知って尊重するようになる。こうなるために、どちらの犬もそれほど高度な知性を使う必要もないし、使ってもいないだろう。ただ学習するだけで十分だ。ただし同じ家に三匹以上の犬がいると、自分がじかに学ぶだけでなく、ほかの犬どうしのやりとりを観察することで手に入れた情報も駆使して、どんな状況ではみんながどう行動するかを予測できるようになる。

大切なのは、犬がほかの犬について学習するとき、人間がまわりの人との関係を築く場合とは違う方法を使う点だ。犬にとっては、（二、三秒のあいだに起こったことを除いて）複数の出来事を結びつけることや、頭のなかで時間をさかのぼることが難しい。

ほかの犬が次に何をするか予想するために先を読むことや、自分が関わった過去の出来事を思いだすことすら、できるという証拠は見つかっていない。それよりも、互いにうまくやっていくための単純な「経験則」を、いつも更新しているように見える。「あの犬が何かを食べているときは、近づかないようにしよう」。「この犬とひっぱりっこをして遊ぶのは楽しい。ときどき勝たせてくれるから。でもあの犬はいつもおもちゃを取り上げるばっかりだから、遊んでも楽しくない」。

詳しく観察してみると、犬がほかの犬に出会ったときにどうふるまうかを決める方法について、さらにてがかりを得ることができる。犬が「経験則」を更新するごとに、その効果は以前の更新より少しずつ弱くなっていく。言いかえると、最初の何回かの出会いが、「規則」を作るうえでとても重要になる。仔犬がはじめて家にやってきたとき、先輩犬の具合が悪いか、どこかが痛かったとしよう。すると仔犬が近づいただけで追いたてるだろう。それから何回かは、仔犬が先輩犬に接するたびに、最初に感じた恐怖を思いだしてしまう。けれども先輩犬の気分がなおり、もっと機嫌よくふるまえるようになれば、恐怖はまもなく忘れられていく。ところが隣の家の犬のように仔犬がたまにしか会えないような状況では、二匹の関係から恐怖心が消えなくなってしまう。そればかりか、仔犬は似たような犬すべてに恐怖を結びつけ、「中くらいの、茶色い、しっぽがフサフサしている犬は怖い」と思ってしまうこともある。考えを変えさせるようなことが起こらなければ、その感情はいつまでも続く。だから飼い主が仔犬をほかの犬の前にはじめて出すときには、細心の注意が必要になる。いつもはおとなしい犬どうしがはじめて会ってけんかをはじめるのも、これで説明できる。どちらも相手の見かけから、前に味わった恐怖を思いだしたからだ。小さい茶色のテリアに攻撃されたことのあるラブラドールは、小型犬を目にするだけで不安になり、その気持ちはすぐ姿勢に表れて身構えてしまう。そして自分では知らずに相手を不安にさせたテリアのほうにも、前に黒い犬に怖い思いをさせられたことがあり、(狭い路地などですれちがって)互いによける場所がなければ、どちらも不安を怒りに変えて相手に飛びかかることになる。

同じ家庭に飼われている犬なら、ふつうはこうした敗北感を克服できる。文字通り、うまくやっていく方法を学習する。その際には、「支配」の理論が見逃している方法を使う。観察していると、互いの関係は「支配」関係に見えるかもしれないし、いくつもの行動を組み合わせれば「階層」があるように見えることもあるだろう。ぼくがフレンチブルドッグを研究したときには、一匹の雌犬にほかの雌が(いつもではなかったが)たいてい従っていたので、その一匹が「支配」していると表現することもできた。けれども、犬が自分たちでそう思っているという確証は得られなかった。むしろ、ほかの三匹の雌(娘と、血縁のない年上の雌が二匹)は、エサが出てくるたびに一匹が機嫌を悪くすることを、それぞれに覚えているという様子だった。飼い主はちゃんと十分なエサを用意してくれたので、それを思いだしても別に不安になる必要はなく、譲歩するものも何もない――事実、譲歩などしていなかった。

このように、犬どうしが互いにどのように触れ合うかは、全体的な「支配」のモデルを使わなくても、特に動物園のオオカミの群れを例にとらなくても、説明することができる。いっしょに暮らしている犬の集団でさえ階層構造のように見えてしまうのは、イヌ科が築く関係への先入観のせいにちがいない。すべての犬が周囲より上の「地位」をねらっているという考えの裏づけは、どこにもない。たしかに競争心が旺盛に見える犬もいる。でもそういう犬は十中八九、たまたま大切に思うもの――おもちゃなど――を自分のものにしたいという意欲がほかの犬より強いだけで、それによって人間が（誤解を招くような）「地位」と名づけているものを手に入れようなどと、これっぽっちも思ってはいないのだ。オオカミが地位をねらっていることも確認はできず、オオカミの「階層」も人間にそう見えているだけで、オオカミ自身にとってはそうではないことも大いにあり得る。RHPモデルからわかるように、個々の犬（またはオオカミ）はほかの犬（またはオオカミ）と触れ合うたびに、前の出会いの経験を利用して、どうふるまうかを決めているらしい。これらの「経験則」によって、集団の仲間みんなと気持ちよく共存できる。それぞれが思いだす経験の範囲は、相手にどれだけなじみがあるかによって違ってくるだろうが、初対面の相手でも、生まれたときからいっしょにいる間柄でも、とにかくあるだけの情報を利用して判断し、できる限り安全で効果的な方法を選ぶ。自分の安全を考えれば、どちらにも危険な攻撃は避けることになるだろうし、以前に出会いの経験があれば、相手が問題の資源に興味をもちそうかそうでないかを判断するのに重点を置くだろう。こうして犬どうしの出会いの大半は何ごともなく終わり、当事者たちは一部の専門家が考えているような「地位」が関係しているかどうかなど知らないし、そんなことは気にもしていない。

残念なことに、これまで犬と飼い主との関係を理解する際には、「犬はあらゆることを『地位』という視点から見ている」という考え方が最も強調されてきた。一番広まっているのは、「犬は飼い主を群れの一員とみなし、自分の『地位』をおびやかす存在としてとらえている」という見方だ。「犬はいつかは飼い主を『支配』し、一家のトップとして君臨しようとする」と、飼い主に信じ込ませることによって、「地位の格下げ」のテクニックを推奨し、うまくいかなければ体罰で対応させる。しかし、犬に「地位」の概念がないのなら――ないと信じるだけの理由がある――このテクニックが意図した効果を挙げることはないだろう。少しは(特に体罰を加えれば)犬の行動は変わるだろうが、思った通りの方向に変わるとは限らない。

ドッグトレーナーの多くはまだ、「ほとんどの犬が飼い主の家族を支配しようとする」という考え方を基本にしている。この考え方は、犬は人間を奇妙な二本足ではあっても自分と同じ種だとみなしているにちがいないから、犬の人間に対する行動はオオカミ社会に由来しているはずだとし、「オオカミの群れ」モデルと呼ばれてきた。[7] このモデルには本当の部分もあるだろう。もし完全な誤りで、犬が人間を自分たちとはまったく別の生きものだと考えているのだとしたら、飼いならしの歴史のごく初期の段階で人間に対するまったく新しい一連の行動反応を進化させていたはずだ。でも、犬が人間と触れ合う方法と犬どうしで触れ合う方法には重なる部分が多いのだから、その結論はありそうもない。それでも一部のドッグトレーナーは、「犬は人間を自分たちと同じだと思っている」という考え方を、極端に解釈しすぎている。

多くのドッグトレーナーが採用しているモデルは、「犬はいつも必死になって同じ犬に対して、だから人間にも同じように、自分の支配力を主張しようとしている」とする時代遅れの見方に広く従ってきた[8]。犬を飼っている家庭の大半がたいてい仲良くすごしているのは、なかには人間のほうが自分より頭がいいことに気づくか、単に人間が食べものをくれるから明らかに親の代わりだと思って、群れにいる人間のメンバーの高い地位を自然に「尊重する」犬もいるからだと説明する。ただしほかの犬は、家族のひとりや何人かを支配しようとしていたり、実際に支配したりしていて、群れの「社会的階層」での地位を見せつけるために繰り返し攻撃的な行動に及んでいるというわけだ。この見方によれば、犬が脇目もふらずに飼い主と家族に注意を向けているのは、階層での地位を上げるチャンスを絶えずねらっているからということになる。

おおぜいのドッグトレーナーと犬の行動の専門家が、この考え方をいまだに心から支持し――科学ではほぼ完全に否定されているのだが――犬に家族を支配させないための「ルール」まで考えだしている。こうしたトレーナーによれば、「支配する犬」の気持ちはすぐ態度に表れる。飼い主のひざの上に顎や前足を乗せる犬は、飼い主の行動を指図しているつもりになっているのだから、群れのリーダーを目指している証拠だ。この「支配」を未然に防ぐために、飼い主は四六時中、犬の前足や顎をひざの上からおろし続けなければいけない。ところがなぜか小型犬だけは例外扱いで、飼い主のひざの上にすわるのが習慣になっている犬は、支配していると思っているとは限らない、とする。

さらに犬の「支配」を防ぐ手段として、飼い主は必ず犬より先に立ってドアや門をくぐること、とある。(9) トレーナーによっては、犬が飼い主を支配しないようにする、しつけの「一〇か条」を定めている。一例をあげよう。(10)

(1) 飼い主（群れの最上位）が食事を終わるまでは、犬にエサを与えてはいけない。
(2) 飼い主（群れの最上位）がドアをくぐる前に、犬を家（巣穴）から出してはいけない。
(3) 犬をソファーやベッドに乗せてはいけない（一番居心地のいい場所で休めるのは群れの最上位だけ）。
(4) 犬に階段をのぼらせてはいけない、または階段の上から飼い主を見おろさせてはいけない。
(5) 犬に飼い主の目を見つめさせてはいけない。
(6) 犬を抱きしめたり、やさしくなでたりしてはいけない。

(7) なんらかのしつけをする以外、犬と触れ合ってはいけない。
(8) 仕事や買い物から帰ってきたとき、犬に「ただいま」の挨拶をしてはいけない。
(9) 朝一番に犬に「おはよう」の挨拶をしてはいけない。犬のほうから飼い主（群れの最上位）に挨拶をするべき。
(10) 遊び終わったとき、犬におもちゃをもたせたままにしてはいけない。犬は勝ったと思ってしまう。

これら「一〇か条」の効果はまちまちだろうが、特に建設的なものはひとつもない。実際の話、もし犬に「地位」の概念がないなら、そしてあると実証できないなら、一〇か条の一部は別に害にはならないか、運よく犬と飼い主の関係をよくする働きをするだけだろう（たとえば、犬を二階に上げたくない、またはベッドに入れたくない飼い主も多い。ただしこれらを許すこと自体が、全体的な両者の関係に何か影響を与えると主張する根拠はない）。それでも、犬を抱いたりなでたりしてはいけないとなると、まるで犬を飼う楽しみを奪うのが目的かのようだ。楽しいはずの犬との暮らしが、挑戦の毎日に変わってしまう。

一〇か条のいくつかは科学的に検証されたが、研究によって裏づけられたものはなかった。ある実験では、犬と人が何度もロープのひっぱり合いをして遊び、毎回犬に勝たせてみた。案の定、いつも負けさせた場合より、人と遊びたがるようになった。でも、それによって犬が「支配的」になる様子は見えなかった。別の研究では、遊ぶとき必ず犬に勝たせてやっていると話す飼い主と、いつも自分が勝つことにしている飼い主とで、犬が反抗的かどうかにまったく差はなかった。一方、取っくみ合いのように体を触れ合う遊びが好きな飼い主には、日ごろから距離を置いて生活している飼い主より、犬がよくなつくことがわかった。飼い主がこの一〇か条を守っていない犬は、飼い主の行動を支配していないだけでなく、攻撃的な性格が強いわけでもなかった。もし飼い主がうっかりして犬に家族を支配していいと青信号を出してしまったのなら、そうなっていたはずだが(11)。

支配の理論によるしつけには、もうひとつ問題点があり、それはとても重大なものだ。オオカミには互いを支配する傾向があるにしても、犬がこの支配欲をとどめているとは思えない。たとえ、犬が人間を犬(またはオオカミ)の仲間としてしか認識できないと信じ、イヌ科はイヌ科の仲間を支配する欲望をもっているという疑わしい主張を認めたとしても、ほうっておけば犬は人間を支配したがるとみなす論理的根拠にはならないのだ。飼いならしには、まさにその逆の犬が適していたはずだ。人間にコントロールしてほしいと心から思っている犬こそ、飼いならしに向いていた。初期の段階で、いっしょに暮らした人間の家族を支配しようとする犬がいれば、つまみだされてしまい、もっと従順な犬が代わりに飼われただろう。だから、「群れ」に対するこの仮想の支配欲をもつオオカミがいて、その性格が遺伝によって受け継がれるとしても、その性質をもったオオカミが犬の祖先に大きく貢献したとは、とても思えない。

たくさんの飼い主が、しつけ、育て方、犬との触れ合いの基本にしているモデルは、根本的に間違っていることが明白になってきた。旧来の「オオカミの群れ」モデルは、現在わかっているオオカミの実際の暮らし方とも飼いならしの過程の理屈とも矛盾している。そしてこのモデルは犬どうしの社会的行動をうまく説明できないのだから、犬と飼い主のあいだの関係を説明するのにも役立ちそうにない。それなのにまだこのモデルを提唱しているドッグトレーナーは多く、自分のやり方の論理的根拠として利用している。こうしたトレーナーはいつでも、飼い主は犬の行動の動機をわかっていないと決めつけ、「支配」のモデルが健全な関係を取り戻すただひとつの方法だと主張している。このモデルは、少なくとも、犬を飼う楽しみを奪ってしまう。悪くすれば、しつけに不可欠だとして体罰を正当化することになる。今では、体罰に頼るしつけ法は犬に無用なストレスを与えると考える人が増えた。体罰は一見有効だが、長い目で見ると効き目がないことが多い。その理由は、動物がどのように学習するかを研究している科学者の目には、火を見るより明らかだ。

第4章　アメかムチか？——犬のしつけの科学

今や、犬のしつけはメディアで大人気だ。テレビ番組の視聴率向上にはっきりと貢献でき、『ザ・カリスマ　ドッグトレーナー　～犬の気持ち、わかります～』という番組に出演しているシーザー・ミランや、『イッツ・ミー・オア・ザ・ドッグ』のヴィクトリア・スティルウェルなど、有名ドッグトレーナーの台頭からその人気ぶりがうかがえる。ただし、犬の行動を方向づける最良のアプローチについては、ドッグトレーナーごとに大きく意見が分かれている。

話題のドッグトレーナーや問題行動専門家には、犬は群れを作る動物だから、たいていは「支配」の理論をあてはめて体罰を使わなければコントロールできない、という考えを伝え続けている人たちが多い。たとえばシーザー・ミランは、次のように書いている。「犬には群れの精神が染みついている。あなたが犬に対して断固としたリーダーシップを見せなければ、犬は支配行動や不安定な行動で、それを補おうとするだろう」[1]。また、「ドッグトレーナーのエキスパートで犬の問題行動専門家」の肩書をもつイギリスのコリン・テナントは、「ほとんどの犬は、ボディーランゲージを用い、ときには、唸る、咬む、攻撃していじめるといった行動に出て、出会うすべての犬と人間を支配しようと躍起になる」[2]と書く。

一方、カレン・プライア、パトリシア・マコーネル、ジーン・ドナルドソンなどはこの方法に根本的に反対だ。オオカミの群れになぞらえるのはやめにして、犬もほかの動物たちと同じようにトレーニングするべきだと主張している。さらに、トレーニングは「褒美」を基本にし、むやみに体罰を加えるのは絶対に避けるべきだと力説する。このアプローチの先駆者のひとりであるイアン・ダンバー博士は、従順さという犬のしつけの目標を達成するには、できなければ叱るのではなくできれば褒める「ポジティブトレーニング」が最も効果的だとし、「ルアー・ごほうび」トレーニングを提唱した。獣医師の資格をもち、二五年以上もドッグトレーナーとして活躍してきたダンバーのやり方は、犬の心理学に基づくもので、カリフォルニア大学バークレー校で得た動物行動学の博士号と、一〇年にわたる犬のコミュニケーションおよび行動研究によって裏づけられている。

これらふたつの陣営の論争はときに加熱し、個人的な論戦になることもあった。たとえばダンバーはミランについて、こう話したことがある。「犬を扱う技術はたいしたものですが、科学的かどうかというと、彼の言っていることは……ちょっと変わっています。ほかの人は彼のやり方をけっして真似してはいけません。その多くは、危険なしではすまないからです[3]」。

意見の食い違いは、論争に加わっているドッグトレーナーだけの問題ではなく、犬の幸福に直接影響する。問題行動を起こすようになったことが原因で、毎年たくさんの犬が捨てられ、安楽死させられることさえある。こうした問題行動の多くは、しつけ方が悪いか、しつけ方に一貫性がないせいで起こっている。だからなんとしても、犬が本当はどうやって学習するのか、どのようなしつけの考え方とやり方が一番効果的なのかを知る必要がある。正しいしつけ方でしつけることは、犬の幸福にとっても、飼い主の心の平安にとっても、欠かせないことなのだ。

科学者と獣医師たちが否定し、ドッグトレーナーでもそう考えない人たちが増えているにもかかわらず、犬をひと皮むけばオオカミが現れるという見方は今でも犬のしつけに深く浸透している。この見方から、飼い主が群れのリーダーになる必要があり、そのためには体罰が最も効果的だとする訓練方法が一般に広まった。その原点とされるのはコンラッド・モスト大佐で、大きな反響を呼んだその著書『犬の訓練マニュアル（*Training Dogs: A Manual*）』はドイツで一九一〇年に出版され、一九四四年には人々の要望を受けて英語に翻訳されている。モストが強調したのは、人と犬の関係が階層的だという点（だから、一方だけが「勝者」になる）、そしてその関係は腕力でのみ、つまり実際に闘って人間があっというまに勝ってみせることでのみ、定着するという点だった。人間の体力のほうが絶対的に勝っていることを、犬に思い知らせる必要があった。[4]このアプローチでは、飼い主は家族の群れの頂点に立つ自分の地位を常に保ち、強めなければならない。また、犬がいっしょに暮らしている人間を群れの仲間とみなしているものと考え、犬の問題行動は、飼い主が支配力を保つことに失敗したから起こると解釈する。そこで訓練では、階層構造（上下関係）での犬の地位を下げることを目指すことになる。[5]

三〇年も前から人気の訓練マニュアルを書いてきた「ニュースキートの修道僧たち」は、この考え方を広めるうえで大きな役割を果たしている。オオカミの行動を理解すれば、飼い主が自分の犬を理解するのに役立ち、犬の行動をよく理解したい飼い主は、犬の訓練マニュアルよりオオカミのことを書いた本を読むほうがずっと力になるというのがその主張だ。[6]

修道僧たちは独特の方法で、この原則を実践に移した。たとえば攻撃的な性格の犬に対しては、「アルファロール」という方法を勧める。オオカミのリーダーが群れで問題行動を起こしたメンバーを罰する方法からとったとされ、[7]犬の首のあたりを両手でしっかりつかんで、力ずくであおむけに寝かせる。仔犬なら、「シェイクダウン」がいいとする。母親オオカミがこどもたちをおとなしくさせる方法に似ていると主張[8]し、仔犬の首の皮をつかんで前足が浮くまでもち上げ、左右にゆする。

イアン・ダンバー博士など、「褒美」を与える方法を推奨するドッグトレーナーは、こうした「地位の格下げ」は不必要な苦痛を与えるだけでなく、まったくの誤解に基づくものだとみなしている。基本的に、動物が問題行動を起こすのは高い地位をねらっているからだとする仮定を否定しているためだ。その代わりに、動物の学習行動の科学に基づいてずっと単純に解釈し、動物が行動を起こすのは、たいていその行動で過去に何度も褒美をもらったからだと考える。(9) 褒美の効果は脊椎動物全体にあてはまるので、犬の祖先がオオカミだという説をもちだすことはほとんどない。

支配の概念から導きだしたしつけは、犬に害を及ぼすと見る専門家もいる。一番心配なのは体罰で、「支配の問題」を正そうとして頻繁に用いれば、はじめは行動がおさまるかもしれないが、やがて犬が落ち込んで、内向的になってしまう可能性がある。(10) 地位の格下げがうまく進まなければ、もっとひどいことになるだろう。問題行動が続くと、飼い主は自分の地位がまだちゃんと相手に伝わっていないからだと考え、どんどんエスカレートしていく。最終的には犬が飼い主に恐怖を感じ、自己防衛のために咬みついてしまうこともある。(11)

ぼく個人としては、心地よく感じる方法で犬をしつけられるアプローチが最新の科学によって裏づけられて、うれしく思っている。科学者で、しかも犬が大好きなぼくは、手に入る最もすぐれた証拠をよく検討して、一番理屈に合ったアプローチを採用することに全力を注いでいる。野生のオオカミの群れが、動物園で飼われている群れと同じくらいいつも緊張に満ちていることがわかったとしたら、支配のアプローチの効果に賛同したはずだ。それでもまだ、ぼくが犬を飼うのは仲良くするためだから、しつけの方針を褒美ではなく罰にするのは気が進まない。支配しながら仲良くするのは、ぼくには無理だ。だから犬を飼う身として、オオカミの群れの考えが誤っていることがわかってほっとしている。それなら、犬を日常的に罰するのは不要なばかりか逆効果であると自分で納得できるし、ほかの人にも説明することができる。

犬の正しいしつけ方法をめぐる論争では、どちら側もきちんと科学的根拠があると主張している。犬の飼い主は当然、どっちの言い分が正しいのか、だからどの方法が一番よいのか判断できずに、困惑を隠せない。この点では、犬の行動と祖先であったオオカミの行動がどれだけ似ているかという問題が混乱のもとになっている。しつけをするにあたって最も大切なのは、まさに「犬はどのようにして学習するのか」という疑問だからだ。

第一に、犬は「常に」学習していることを強調しておきたい。しつけようと思って何かを教えているときだけではない。言いかえるなら、飼い主はよく、犬をしつけているとは気づかないうちに、しつけをしている。成長期の犬は特に学習能力が高く、犬どうしや人間とコミュニケーションする「本能的な」方法を変えることができる。仔犬は、しつけ教室で出会うほかの犬や人とうまくつき合っていく方法を学ぶ。仔犬の目から見ると、しつけ教室と毎日の暮らしにたいした違いはない――犬はいつでも学習している。しつけ教室がどんなにすぐれたものであっても、飼い主は自分の犬が「しつけ」という看板がかかった教室のなかだけでなく、四六時中学んでいることを肝に銘じる必要がある。

犬は、人間を含めたほかの哺乳動物とほとんど同じように学習する。ただし種によって、何を覚えるのが最も得意か、どのように学ぶ意欲を起こすか、という点が異なっている。犬が人間社会にこれほど溶け込めている理由のひとつとして、犬が人間との交流に満足感を味わい、逆に人間の仲間から切りはなされると不安を感じるという点があげられる。だから犬は飼い主を喜ばせることにはがぜん意欲を燃やすし、それが何だかわからなければ、少なくとも飼い主の注意をひこうとがんばる。

しかし、もし動物に何かをするようしつけたいなら、その動物が自然にできる行動からはじめるのが一番簡単だ。しつけ全般にしても、特定の行動を教えるにしても、動物によって難易度が異なるのははっきりしている。そのとき意味をもつのは生物学的に身につけているものになる。一方には、ヒツジを集める、猟の獲物を回収するなど、数百万年前にイヌ科の祖先の自然な狩猟行動として進化した行動を利用して教えられることがある。しかしもう一方には、荷車を引くなど、驚いたとき以外は逃げることがない捕食動物の犬に教えるのが難しいこともある。荷車を引く仕事は、ウマのように捕食される側の動物のほうが簡単に覚える。[12] とはいえ、犬の学習の動機がどこにあるかについては、トレーナーのあいだに根本的な意見の食い違いがある。旧式な考えのトレーナーは、慣習によってのみ支えられ、犬は群れのなかの地位を学ぶ必要があると主張する。近代的なトレーナーは、科学的証拠に裏づけられ、犬は飼い主を喜ばせるために学習すると考えている。

それでは、犬が学習するとは、どんな意味だろうか？　ふつうは、特定の状況に対する特定の反応が変化したとき、犬が何かを学んだと言うことができる。空腹のように、体内から生じている短期間の変化は数に入らない。最後の食事から時間がたつにつれて犬はだんだん腹を減らしていくが、食べ終わると同時にエサへの関心は薄れる。それは学習ではない。ただし、戸棚からエサ入れを取りだす音を聞くと急に興奮しはじめ、その行動を毎日繰り返すようになったのなら、その犬は何かを学習したと言うことができる。

最も単純な学習は「慣れ」で、どうでもいいとわかったことには反応しなくなることだ。ほとんどの動物がもっている感覚器官は、自分で対応できる範囲をはるかに超えた量の情報を周囲の世界から集めることができる。犬も例外ではない。そこで時間の無駄をなくすために、本当はたいしたことではないと感覚器官が教えるものには、繰り返し反応するのをやめられるメカニズムが必要になる。それはとても原始的かつ普遍的な能力で、神経系をもたない動物さえこれに似たことができる。

犬がおもちゃにすぐ飽きてしまうのは、慣れで説明できる。好きなおもちゃ——たとえば柔らかいクマの人形——でも、繰り返し遊んでいると、そのうち見向きもしなくなる。ふつうは五、六回目で興味を失う。形は同じでも色や香りが違うなど、ほんの少しだけ異なったおもちゃに取りかえてやれば、最初のときと同じように夢中になって遊ぶ。もちろんそれにも、最初のおもちゃと本質的な変わりはないから、またすぐに飽きる。どうしてこんなにすぐ興味を失うのだろうか？　はっきりはわからないが、犬がもともと狩りをする動物であることに関係しているのではないだろうか。口に入るものや空中に飛んでくるものは、食べものか、少なくとも砕けて食べものが出てこなければ、こだわる価値がない⑬。おもちゃを咬んでバラバラにするのが大好きな犬が多いのは、そのせいだろう。どれだけ咬んでも変わらなければ、かまっていてもしょうがないらしい。

慣れは、予期しない出来事に対する犬の不安を小さくすることができるので、犬にとっても飼い主にとっても役に立つ。テクニックが有効なのは、恐怖の引き金になるもの（花火の音など）によって犬には現実に何も起こらない（苦痛がない）場合だけだ。しつけのテクニックとしては、ストレス要因を犬がわかるくらいの強さで、しかも恐怖を感じさせない程度に与える。市販されている発砲や花火の音の録音は、こうした音への不安を減らすのにとても便利だ。このレベルに慣れたら、音をほんの少しずつ、長い間隔をあけてだんだん大きくしていくことができる。すると犬はその音に慣れ、日常の「ふつうの」音の大きさにも驚かなくなる。

刺激を段階的に強くするときには、犬がわずかでも驚かないようにすることが肝心だ。その限界を超えると、何段階も前に戻ってやりなおさなければならない。

その反対の「鋭敏化」は、怖いものから逃げられないために犬がパニックに陥ることで起こる。いわゆる「花火恐怖症」の一般的な原因になっている。たいていの犬は大きい音で驚く。それでも、はじめて聞いた経験がそれほど強烈でなければ、少しずつ慣れていく犬もいる。運がよかったか、飼い主が先を見越して入念に慣れさせたかの、どちらかだろう。残りは、生まれつき神経質か、はじめての経験が特に強烈なものだったかで、自分では音を消せないとわかると興奮し、それは回を重ねるごとにどんどん激しくなっていく。こうなると、わずかな刺激でも恐怖心に火がつくようになり、慣らすことはほとんど不可能だ。「洪水療法」(恐怖を引き起こす避けられない強烈な刺激に、わざとさらして慣れさせようとする方法) は、人間の場合は不合理な恐怖症の治療に効果を発揮することもあるが、人間ほど合理的に考えられない犬やほかの動物では、恐怖をさらに根深いものにしてしまう可能性のほうがずっと高い。

慣れと鋭敏化は学習のかたちで、どちらも犬の感情が状況に反応する方法を変える。周囲で起こる出来事のさまざまな組み合わせを犬が感じとると、ひとつの感情に結びつく――この場合は恐怖だ。特定の組み合わせが重要な意味をもつらしく、たとえば、家では大きい音に慣れた犬も、車に乗っているときは怖がることがある。その犬は花火の音がまだ好きではないのだが、家にいれば何ごとも起こらないことを学んだのだ。だが車は新しい状況で、そこではまだ花火を聞いたことがないので、恐怖がよみがえってくる。

もっとずっと複雑な学習のかたちを理解するには、状況が果たす役割もとても重要になる。たとえば「連想的学習」は、それまで別々だった出来事が犬の心のなかで結びついたときに起こる。犬は、「飼い主が戸棚からエサ入れを出すと、すぐに食事の時間だ」、「ドアのベルが鳴ると、すぐにドアが開いて人が入ってくる」、「あの森にはウサギがいる」、「飼い主が『すわれ』と言ったら、すわると楽しいことがある」、「リードをくわえれば、飼い主は散歩に連れて行ってくれる」、など、さまざまなことを学習する。これらはまだ、ふたつの情報のあいだの（エサ入れ＝食事、ベル＝人、森＝ウサギ）、または何かをすれば何かを達成できる（すわる＝飼い主に褒められる、リードをくわえる＝散歩に行ける）という、単純な連想だ。

心理学用語では、これらの二種類の連想はそれぞれ「古典的条件づけ」と「オペラント条件づけ」と呼ばれるものによって起こる。古典的条件づけは、一九〇〇年代に行なわれたイワン・パブロフの有名な実験から、パブロフ型条件づけとも呼ばれている。犬がエサを待っているときよだれを垂らすのに気づいたパブロフは、エサの前に必ずベルを鳴らすことを繰り返すうちに、犬はベルの音を聞いただけでよだれを垂らしはじめることを実験で証明することができた。エサのにおいがあたりに漂っていてもいなくても同じだった。パブロフはこうして、犬のような動物は、進化によって対応できていない人為的な合図の意味を、短期間で学ぶことができるという事実を明らかにしたのだった。

その後の研究では、戸棚から取りだされたエサ入れのように食事を確実に予想させるものによって、犬は唾液を出すだけでなく（その量はパブロフが測定した通りだった）、なんらかの食べものの心象を描くことがわかっている（犬のことだから、エサ入れに茶色いものが入った図を想像しているのではなく、においのイメージではないだろうか）。このように、犬が本能的に好きなもの（この場合はエサのにおい）が何かに結びつく。その「何か」は、飼い主が戸棚から何かを取りだす動作のように、それ以外の状況ではたいして意味のないことだ。

古典的条件づけは無意識のもので、何が起こったかを犬がじっくり考えるわけではない。そのため、任意の刺激と、犬が反応するよう条件づけられていることが起こる間隔が、短いときだけ——一秒か二秒——うまく働く。エサ入れが目の前に出てきてから、飼い主が別のことに気をとられていると、犬はそこにエサが入るまでよだれを垂らし続けるだろう。もし何かの理由で飼い主が習慣を変え、エサをやるずっと前にエサ入れを出すことに決めたなら、犬は長いこと欲求不満に陥るだろうが（よだれも垂らし続けるだろうが）、だんだんと関連性を忘れてしまう。この過程は条件づけの「消去」と呼ばれている。それでも、そのエサが犬にとってとても大切なら、同時に起こる別の予想材料に条件づけられることになるだろう。飼い主が戸棚からエサの袋を取りだす動作などだ。

古典的条件づけは、犬が嫌いなものに関連づけると、逆に作用する。犬がトゲを踏んで足を傷めると、すぐにケガをした場所と痛みを関連づけ、しばらくはそこを避けるようになる。このような「嫌悪」はかなり長続きするのがふつうで、その理由のひとつに、そこにしばらく行かなくても犬には不都合がないことがあげられる――生物学的に表現するなら、代替戦略があるということになる。また、犬は電気ショックも嫌いだから、いつショックを受けるかを予想できるなら、すぐにそれを学習する。これが「ペットフエンス」と呼ばれる犬用グッズの背景にある考え方で、犬の首に軽くショックを与える首輪を使う。土に電波を発するワイヤーを埋めておき、そこに犬が近づくと、首輪からショックを感じるしくみだ。ワイヤーが埋まっている場所には、旗などで目印をつけておく。ショックの直前に、首輪からブザーも鳴る。すると犬はすぐ、ブザーに続いてショックを感じることを学習すると同時に、ショックと、前に同じことが起きた場所とを関連づける。そして、ブザーが聞こえたら向きを変えればショックを受けずにすむことを学習する。つまり、代替戦略を与えられる。

古典的条件づけの原則を犬のしつけに応用するにあたっては、犬は人間よりはるかに「今ここで」生きていることを、十分に承知しておかなければならない。そのために、犬は人間が予想もしないようなことを、罰(または褒美)と関連づけてしまうことがある。たとえば、外出から戻って犬が悪さをしていたことを発見した飼い主は、口で叱ったり、体罰を与えたりすることが多い。外出中に何をしたかを犬が思い起こし、罰とその行動を関連づけてくれると仮定してのことだ。ところが前にも書いたように、犬は心のなかで時間をうまくさかのぼれない。そこで犬が実際に関連づけているのは、直前の出来事――飼い主が帰ってきたこと――と、そのすぐあとに受けた小言や体罰だ。つまり、犬はたて続けに起こった出来事を関連づける。めちゃくちゃになった部屋は、飼い主にとっては大問題でも、犬にとっては別にどうということはない。犬には、飼い主が何を怒っているかに思いをめぐらす力はないのだ。「ペットフェンス」と違い、ここでは犬に代替戦略が与えられない。そもそも何が原因で罰せられているかをわかっていないし、もうすぐ罰が下るという警告もなかったから、罰を避ける方法はない。原因がわかっていないのだから、飼い主が帰宅して、どういうときに怒らず、どういうときに怒るのか予測することもできない。ケージのなかのラットがランダムにショックを受けている状態に似ている。研究によれば、ラットが電気ショックを避けられないとしても、起こる前に確実な警告があれば、軽いショックにはかなりよく耐えられるようになるという。ところがまったく同じ電気ショックでも、警告なしで与えていると、ラットはだんだん不安をつのらせ、ストレスを感じるようになる。犬でも同じだ。

犬の学習はほとんどすべて、一秒か二秒だけ間隔を置いた出来事の関連づけだが、ひとつだけ大きな例外がある。それは、「罰」が胃のむかつきを伴う場合だ。経験の浅い仔犬は散歩中に、動物の腐った死骸などを、おいしいものと間違えて拾い食いしてしまうことがある。そうすると一時間ほどしてから胃がむかついてきて、全部吐きだす羽目になる。通常の古典的条件づけが起こるには、ふたつの出来事の時間間隔が離れすぎているように思えるが、そんなものを二度と食べないように学習できれば、仔犬には大いにためになる。そしてまさにそうなる。食べものには特別なルールがあって、最後に食べたものの味やにおいを、苦しい胃と結びつけて考えることができる。ただしこれは食べものに限っていて、そのほかの学習の関連づけにはあてはまらないらしい。こうして必要から生まれたルールの緩和は、思いがけない結果につながることがある。動物（人間も）は、何かを食べて数時間以内に胃腸障害を起こすウイルスにやられると、その食べものが現実には問題の原因ではなくても、それを「嫌い」になってしまう。この取り違えはたぶん、本当に中毒を起こす食べものを避ける学習にとって意味のある代償なのだろう。

これまで見てきたように、犬はまわりで起こっている出来事を常に学習している。飼いならしによって、犬はほかのどの動物よりも人間に気を配るようになったが、一匹ずつが経験する偶発的な出来事すべてにうまく対処できるようになったわけではない。人間が作った環境は進化が追いつかないほどのスピードで変化しているのだから、なおさらだ。飼いならしが犬にもたらしたのは、あらゆる種類の関連づけを学習してまわりの世界を理解する能力だった。そしてそのなかには、前の世代が一度も経験したことがない出来事と感情の関連づけも含まれていた。だから電気掃除機にはじめて出会った犬も、その状況に対応できるよう前適応していたわけではないが、なじみのない音と振動に慣れることができた。

犬にはこうして素直に学習できる力があるから、ほかの動物にはほとんど真似できないやり方で、人間が作った環境にうまく対処できる。それでもまだ、犬がこの環境で暮らす模範市民となるには十分とは言えず、そうなるには人間が期待する通りに行動する必要がある。そしてそれは自然にできるようになるわけではなく、入念なしつけが必要だ。

犬のしつけには、ただの学習ではなく、連想的学習のもうひとつの種類である「オペラント条件づけ」（道具的条件づけとも呼ばれる）を主に利用する。この種の条件づけでは、犬の行動を特定の褒美と結びつける（褒美は、罰を避けられることでもいい）。その行動はふつう、（しつけされるまでは）特に褒美を手に入れるためではなく、犬が別の状況でするようなものだ。たとえば、犬がすわる動作はイヌ科の狩猟と摂食行動には通常含まれていないが、褒美のエサをもらうためにすわるようしつけることができる。自然にはやらない動作をさせるのは、はるかに難しい。たとえば投げた棒きれをもって帰るようしつけるのは、犬のほうがウマよりずっと簡単になる。その原型となっているのは子に食べさせるために獲物を巣穴にもち帰る行動で、イヌ科にとっては不可欠なものでも草食動物には必要がないからだ。犬は生まれつき、さまざまな仕事をする意欲をもっている。どの動物でも同じで、犬にとっても食べものは大切な褒美になるが、犬がほかの動物と違うのは、ほとんどが飼い主との触れ合いそのものを褒美だと思う点だ。種類によっては、探検や狩猟に出かけるチャンスそのものを褒美と考える犬もいる。結果的に手に入る食べものとは別に、行動できることが褒美になる。たとえば犬ぞりを引く犬では、特にこの傾向が強く見られるようだ。また、飼い主との触れ合いに加えて、遊び自体が褒美になることもあり、その性質は麻薬や爆発物の探知犬の訓練で利用されている。

しつけがすべて計画的なものとは限らない。犬が自力で覚えることも多い。試行錯誤で、何かをしてみたらいいことが続いた場合を学習していく。最も単純な気をひく行動も、この方法で身につける。たとえば仔犬は、仔犬どうしや人間の家族と遊んでいるときに、おとなの行動の一部を「試してみる」ことが多い。そのひとつはマウンティングで、性行動ではあるが、遊びのなかでも日常的に見られる。たまたま仔犬が家族の誰かの脚に乗りかかると、部屋にいる人たちはきまり悪く思いながらも大笑いし、犬をそっと離してやる。仔犬は人間の行動を単純に解釈するので、ただの遊びだと思い込み（遊びは褒美になる）、何度も繰り返すようになる。その後は来客にもかまわず試すようになって、飼い主はさらにバツの悪い思いをする。行動が定着すればするほど、やめさせるのは難しい。飼い主が罰のつもりで鼻先をぴしゃりと叩いても、調子に乗った仔犬は、それさえまた別のゲームだと思ってしまうかもしれない。

犬の（飼い主にとっての）問題行動は、自然発生的なものばかりでなく、飼い主が知らず知らずのうちに強化してしまったものもある。そしてここでも、学習の理論が厄介な行動をなくすのに役立つことがある。マウンティングと褒美の関連づけは、起こるたびにただ無視するだけで消去できるが、実際には難しい。犬は褒美をもらおうとしつこく続けるだろうし、どんどん激しさを増すこともあるからだ。そんな場合には、何かで気を散らすテクニック（専門用語では省略訓練）が必要になることが多い。同じように褒美をもらえるが、もっと歓迎される別のことを犬がするよう仕向けるのが目的だ。たとえば自転車に乗っている人を追いかけるクセがある犬には、自転車がやってくるのが目に入ったとたんに飼い主がゲームをして遊ぶという褒美を与える。ただし、犬が自転車に反応する様子が見えたら、すぐにゲームを中止しなければならない。さもないと、ゲームは追いかける行動を奨励しているのだと誤解されてしまうだろう。ジョギングしている人や自転車に乗っている人を追いかける犬がいても、驚くにはあたらない。走り去るものを追うのはごく自然な狩猟行動だ。だからと言って、やめさせるよう犬をしつけない口実にはならないが。

なんと言っても犬は犬だから、同じ状況でも人間と同じ関連づけをしないことも多い。実際のしつけでは、行動をはじめさせる合図をし、行動のあとに褒美を与える。飼い主が「すわれ」と言えば、犬がすわり、飼い主から褒められる。ただし「合図」は、飼い主が考えているほど単純でわかりやすいものではないかもしれない（《「すわれ！」》のコラムを参照）。犬が頭のなかで組み立てている（複合的な）合図には、周囲の状況の一部も含まれていると考えることができる。たとえば、主催者が見ている前で一貫してしつけられる「パピーパーティー」(14)（仔犬を集めて社会化を促す集まり）では従順な仔犬も、パーティーを離れて飼い主の褒美の与え方がまちまちになると、とたんに言うことを聞かなくなってしまう。

古典的条件づけの場合と同様、褒美を与えるタイミングはとても重要だ。犬は、求められた行動をしてから一、二秒以内には、褒美を手にしていなければならない。それより長くなると、学習までの期間が長引くだけでなく、犬が別の関連づけをしてしまう可能性が増える。まだ経験の浅い飼い主が、仔犬に「すわれ」を教えようとしているとしよう。犬がようやくすわったのを見て、飼い主はあまりうれしくなったものだから、何度も何度も褒めてやる——「いい子だ、いい子だ、いい子だ……」。興奮しやすい仔犬は、そうしているあいだに立ち上がり、駆けまわろうとしはじめる。その結果、すわったのを褒めたはずの「いい子だ」が、駆けまわる合図になってしまった。犬にとっては、すわるより駆けまわるほうがずっと楽しいのだからしかたがない。次に「いい子だ」という言葉を耳にすると、犬は教えられているはずの命令などすっかり無視して急に元気よく走りだすから、飼い主は面食らう。

《「すわれ!」》

一九九四年に放映されたイギリスのテレビ番組『ダンバーと犬たち』で、アメリカに住む獣医師で犬の行動の専門家として名高いイアン・ダンバー博士は、おもしろい実験を披露した。犬があることを学習したと飼い主が確信していても、実は別のことを学習していることがある、というものだ。ほとんどの飼い主は、自分の犬が「すわれ」という言葉を知っていると思い込んでいる。そこで博士はカメラの前で何人かの飼い主に、言葉だけで犬をすわらせるよう頼んでみる。飼い主たちは、ボディーランゲージや身ぶりをいっさい使わずに、言葉だけで「すわれ！」と命令した。するとほとんどの犬は、何をしたらいいのかさっぱりわからなかったのだ。犬たちは一番わかりやすい合図を学習していた――それは「すわれ」という言葉ではなく、飼い主がその言葉を言いながらいつも見せていた身ぶりのほうだった。犬は音声信号を聞き分けるのがあまり得意ではなく、似たような発音の言葉と区別しにくいからだ。

この番組を見たぼくは、飼っていたラブラドールのブルーノが「すわれ」のしつけで本当は何を学習していたのか知りたくなって、さっそく実験をしてみた。するとブルーノの場合は言葉を覚えていたことがわかった――ただし、聞きとっていたのは言葉の抑揚と、「シット《すわれ》」の最後のトだけだった。だからぼくが「クリケット・バット」と正しく発音すると、すぐさまピタリとすわった。

犬がすぐそばにいれば褒美をやるのは簡単だが、遠くにいるときはそうはいかない。別の犬のあとを追いかけているときに、「とまれ」の命令を覚えさせたいような場合だ。この問題は水にすむ動物の訓練では特に深刻で、プールの真ん中で芸に成功してから、プールの脇に立っているトレーナーが褒美の魚をやるまでには、長い時間がかかってしまう。だから最初に学習理論に解決策を求めたのは、ドッグトレーナーではなく、イルカのトレーナーだった⑮。イルカの場合、解決策は笛だった。まずプールの端で、笛の音がするとすぐ魚をもらえることをイルカに覚えさせる。次に、イルカがプールのまんなかで特に見事なジャンプを見せると、トレーナーはすかさず、イルカが着水するより前に笛を吹いて、それが求めていた通りのジャンプだったことを知らせる。実際に魚をやるのは、そのあとゆっくりでよかった。ここで笛は「二次強化子」の役割を果たしている。最初は任意の出来事だったものが、その直後に必ず本物の褒美を与えることによって、動物の心のなかでエサと関連づけられると同時に（単純な古典的条件づけ）、なぜかそれ自体が褒美になってくる。

クリッカーを用いるしつけ

笛はすでに一部のドッグトレーナーによって合図として使われていたので、犬には別の任意の音が必要になった。今では「クリッカー」というとても効果的な二次強化子が市販されている。プラスチックのケースのなかに金属製の板ばねが組み込まれていて、すばやく押して放すと「カチッ」という音が鳴る。実のところ、短くてはっきりした音ならどんなものでも使える——音に敏感な犬ならノック式ボールペンの軽いカチッという音でもいいし、耳が聞こえない犬には明るいLED懐中電灯を短く光らせるといい。それ自体に特別なことはない。大事なのは、便利に使え、犬にわかりやすいことだ。「カチッ」という音は、犬の心のなかで褒美と結びついたとき、はじめて意味をもつ。トレーナーはたいてい、最初は褒美として小さいエサを使う。食べものに反応しない犬はほとんどいないからだ。ただし、しつけが進んだら、おもちゃで遊ぶ、かわいがるなど、別の褒美とも音を結びつけておくほうがいいだろう。さもなければ、犬は空腹でないと音に反応しなくなることがある。もちろん、食べもの以外の褒美は効果を判断するのが難しい。犬はおいしいものが大好きで、うれしそうに食べるから、食べものが功を奏しているかどうかはひと目でわかるが、そのほかの褒美の効果は見逃しがちだ。トレーナーは、犬が褒美を心に刻みつけたかどうか知る方法として、しっぽの振り方をよく見る必要がある。

やがてカチッという音だけで犬の注意を引き、それが褒美となるようにする。たとえば、犬が飼い主のもとに戻るようしつける最初の段階では、飼い主の戻れの合図（「来い！」）に対して、犬が正しい方向に動きだして反応したらすぐ、褒美としてカチッという音を使う。音には、犬がまだ遠くにいるあいだに与えられる利点がある。その後、犬が飼い主のもとに到着したとき、時間をあけずに必ず食べものを与える。ここで大事な原則は、カチッという音が褒美になったら、すぐあとに食べものをやらなくてもすむということだ。ただし、食べもの（一次強化子）をまったく与えなくなると、その価値は最後には消えてしまう。

当然、犬が学習するのはカチッという音だけではない。音が聞こえる状況について、いろいろなこともいっしょに学習している。そのことを痛感したのは、レスターシャー州にあるウォルサム・ペット栄養学センターの犬舎で、大規模なクリッカートレーニングをはじめて見学したときだった。そこにいる犬たちはドッグフードの効果を調べる役目を果たしていて、ペットのような世話を受け、よく運動をし、人間ともよく触れ合っている。クリッカーが常時使われていて、ときには複数の犬に同時に鳴らされることもあるが、間違えてほかの犬用のクリッカーに反応する犬はほとんどいない。たまに間違えることがあると、当然ながら褒美はもらえない。犬たちはすぐ、誰のもっているクリッカーで褒美をもらえるかもらえないかを学習する。使われているクリッカーはすべて同じ会社のものなので、犬の耳にも、たぶんすべて同じ音に聞こえるはずだから、どうやら犬たちは「自分の」クリッカーをもっている人を記憶しているらしい。

最終的にすべてを実際の褒美に結びつけられるなら、犬が複数の二次強化子を学習できない理由はない。プロのトレーナーはこの基本的な原則を利用して、複雑な芸や、盲目の飼い主が障害物を避けるのを助けるような仕事を教えており、学習したいくつもの関連づけを組み合わせることによって複雑さを増していく。通常は最後の段階を最初に教えて褒美を与え、それを学習できたら一回にひとつずつ前の段階を追加する――各段階を実行すること自体にやりがいが生まれる。このような「逆行連鎖」のほうが、最初から順に進めていく「順行連鎖」より簡単だ。最終的な褒美がいつも同じ動作と結びつき、新たな要素が加わるごとに最初に覚えた動作をしてから褒美をもらえるまでの時間が延びていくことがないからだ。呼ばれたとき飼い主のところに戻ってくるだけでなく、戻ったらすぐ飼い主の横にすわる犬は、行動の連鎖を覚えたことになる。

もっと高度な訓練に広く使われているテクニックは、行動形成（シェイピング）と呼ばれている。この場合、飼い主が教えたいと思っている行動の一部に似ている動作を犬が自然にしたとき、すかさず褒美を与えるのが第一歩だ。盲導犬なら、障害物を見つけたら向きを変えるだけでいい。このつながりが定着したら、障害物をよけて歩くようになったときだけ褒美を与えるようにする。最終的には、向きを変え、障害物をよけて歩き、またもとの進路に戻ったときだけに褒美をやる。この方法を用いれば、めったに自分からはしない、一回ではしつけるのが難しい一連の行動を、求める結果にだいたい似ている自発的な行動から少しずつ組み立てていくことができる。

行動形成は驚くほど強力なテクニックで、これを用いれば（オオカミの群れ理論を支持するなら）「生まれつき」だとされる犬のボディーランゲージを、完全に変えることができる。捨て犬が家庭になじむペットになれる行動修正をイギリスで採用した草分け的存在は、グエン・ベイリーだ。グエンは攻撃的だったボウという犬を更生させることに成功して、そのころ関わっていた捨て犬の里親探しの慈善事業で、問題行動はなおせることを実証してみせた。ボウは人、犬、猫を咬んだために、飼い主がもてあまし、捨てられてしまったが、グエンはボウの自信を取り戻し、咬みグセの原因になっていた恐怖と不安を取り除くことができたのだ。事実、テレビ会社が（当時としては並外れたその成果を紹介する）ドキュメンタリー番組を作ろうとしたころには、ボウは咬むどころか、誰を見ても飛びつこうともせず、落ちつきすぎるほどの犬になっていた。そこでグエンは標準的な行動形成のテクニックを利用して、特別な合図を送ったときにだけボウが（空中めがけて）咬みつく訓練を開始し、ドキュメンタリー向けに更生前の元気すぎる様子を再現できるようにした。こうしてグエンは、犬が「生まれつき」もっている攻撃性を、あらかじめ決めた合図に対してだけ見せる、意味のない反応に変えることができたのだった。

行動形成はプロのトレーナー専用のテクニックではない。それどころか、犬が、無意識だとしても、自らの行動を自然に「行動形成」しているほどだ。ぼく自身の経験からすると、知らないうちに自分の犬の行動形成をした飼い主はたくさんいる。たとえば、飼い主に遊んでほしいとき、唸ったり飛びついたりする（比較的）無邪気な手段を使う犬に何度か出会ったことがある。たぶん、以前にその犬が何かにイライラして本気で唸るか飛びつくかしたとき、飼い主が大声で笑って犬をかまってやったことがあるのだろう。飼い主は自分では気づかないうちに、犬の行動を強化してしまったことになる。犬は飼い主からかわいがってもらう方法を常に探しているので、チャンスがあれば、行動の「意味」を新しい文脈に変えてしまう。この場合は、唸ることが「遊んで！」の合図になった――警告を意味する元来の意味の、ほとんど逆だ（だからと言って、同じ犬が唸ったり飛びついたりする行動を、本当の攻撃の前ぶれとして使わないわけではない。実はこうした何気ない行動形成によって、特に子どもが近くにいるときに飼い主が状況判断を誤り、不本意に子どもを危険にさらしてしまうことがある）。

褒美をやるという方法で、人間がしてほしいと考えるほとんどのことを犬にさせることができる。とりわけ犬でそのようなテクニックを簡単に使えるのは、食べものを与える、褒めてやる、遊んでやると、いくつもの褒美の種類があるからだ。褒美を使って、してほしくない行動を矯正することもできる。特に、犬にとっては自然なことを人間にとって不都合な状況でする場合には、褒美を有効に利用できる。褒美を基本とした学習の科学から、わかりやすいしつけ方法が考えだされており、そこにはラット、マウス、ハト、さらに犬をはじめとした各種の動物で積み重ねられた無数の実験の成果が活用されている。それらは犬を一度たりとも叩く必要のないしつけ方法だ。ところがあいにく、人間と犬との関わりは学習理論の科学が発達するより何千年も前にはじまったので、歴史の遺産がたくさんあり、しつけるには体罰が一番効果的だという誤った考え方もいまだに残っている。

ここまでは、犬が好きな――食べる、遊ぶ、飼い主から褒めてもらう――ことを基本にしてしつける方法について語ってきた。犬は飼いならされて以来ずっと、こうして学習してきたにちがいない。そしてもちろん現代のしつけ法の大半も、褒美と、飼い主が犬にしてほしいことの関連づけを、おおむねの基本としている。ところが、犬は嫌いなものを避けることも学習する。最近まではこれが犬をしつける中心的な原理とされ、その基本は折にふれた体罰だった。

日常的に使う「罰」という語と、心理学者が使う「罰」の違いから、混乱が生じることがある。罰を基本とする犬のしつけの場合は、日常的な「体を乱暴に扱う」という意味で、苦痛や不快感を伴う動作を表している。たとえば、犬ののどを押さえつける、耳をつまむ、ムチで叩く、電気ショックを与える、などがある。一方、心理学者が「罰」という語を使うときには、これらも指すが、犬が嫌いなそのほかの感情も含んでいる。もちろん、恐怖や不安など、負の感情だ（敏感な犬なら、飼い主が眉をひそめるような、わずかで一瞬の動きでも罰になる）。ただし、犬のしつけに関する賛否の論議は、ほとんどが体罰をめぐって起きている。

体の苦痛や不快感によって起こる学習を、心理学者は「正の罰」に分類する。よく使われる「チョークチェーン」は正の罰を加える一例だ。首をしめつけられる不快感によって、犬がリードをグイグイひっぱろうとする行動が減ることを期待している。犬の首は敏感なので、苦痛を与える格好のターゲットになる。古くからあるチョークチェーンは、チェックチェーンやスリップカラーとも呼ばれ、もっと徹底した「プロングカラー」（内側にトゲのような金具がついているもの）のような変形もあり、犬がリードをひっぱると首に一瞬苦痛を感じる構造になっている。すると正の罰による学習で、犬は苦痛を減らすためにリードをひっぱらなくなる。しかしこの種のしつけは、結局のところは効果がない。そうした首輪をつける必要がある犬のほとんどは、前に進みたい動機が苦痛を忘れさせるほど大きければ、リードをひっぱり続けるからだ。また、首輪の不快感に慣れてしまうこともある。無駄吠えをなくすために、吠えると犬の嫌いなにおいのスプレーが発射される首輪の場合、研究によると効果は一週間ほどしかなかった。その後は犬がにおいに慣れてしまい、二、三週間もすると首輪をつける前と同じくらい吠えるようになったという[16]。

スリップカラーとプロングカラーは、犬がリードにつながれ、飼い主の近くにいるときにだけ使える（つまり飼い主は、正の強化を利用して犬をしつけやすい立場にいるとも言える）。それに対して電気ショックを与える首輪（ショックカラー）は、無線によって遠くからでも苦痛を与えることができる。トレーナーがコントローラーをもち、犬がトレーナーの意に反する行動をしたらすぐショックを与えられるものや（家畜を追う仕事でよく利用される）、犬の行動範囲の境界線にワイヤーを埋めて「目に見えないフェンス」を作り、犬がその「フェンス」に近づくとショックを感じるものがある。

動物心理学には、行動に対する罰の効果を研究するために、弱い電気ショックを用いてきた長い伝統がある。きちんと管理された実験室では、たしかに動物の行動傾向を変える効果があることは間違いない。しかし、犬のしつけは管理された実験室で行なわれるわけではないから、犬が思いがけないことを学習してしまうことも多い。研究によれば、ショックカラーを使って番犬の訓練を受けたジャーマンシェパードは、首輪をつけていないときでも、通常の（褒美と罰を交ぜた方式の）訓練を受けた犬より（「専門の」）訓練士を怖がるようになった。[17] それらの犬は、ショックの原因となった誤った行動だけでなく、訓練士にもショックを関連づけてしまったようだ。

ショックを正しいタイミングで与えないと、犬の恐怖と不安はさらにつのるだろう。犬は「自分のしたことの何が悪かったかがわかる」と思っている飼い主は、犬が好ましくない行動をやめたあとにもショックを与え続けるかもしれない。管理された実験室の状況下でも、予期できない電気ショックは動物の攻撃的な反応を助長する。正しいテクニックを知らずにショックカラーを使えば、逆に犬の攻撃性を定着させることになり、やがては安楽死の運命をたどらせることになるだろう。見えないフェンスから受け続けたショックが原因で、犬が理由なく人間を襲うようになったと思われる例が報告されている。[18]

ショックそのものから受ける苦痛は、犬の幸福に大小さまざまな影響を及ぼす。その大きさは、ショックを適切に使うかどうかによっている。犬は嫌悪刺激に慣れることができるため、ショックカラーの効果を利用するには最初にショックを適切なレベルにセットすることが肝心だ。弱すぎて犬が苦痛に慣れてしまうと、トレーナーは反応を引き起こすためにショックのレベルを上げなければならない。そこで、はじめからショックを最大限にセットしておきたい誘惑にかられる――毛の密度、肌の電気抵抗、毛が濡れているか乾いているかによって、苦痛の感じ方が大きく異なるのを無視してしまう。次にいつ激しい痛みが襲ってくるかを予想できなければ、最悪の場合、犬はすぐ不快になり、それから不安になる。

電気ショックを繰り返し与えられると、犬は深刻な恐怖と不安を感じやすい。ショックが瞬間的な苦痛を引き起こすのは疑いのないことだ。そうでなければ、行動になんの影響も出ないだろう。問題行動をなくすために、正しい瞬間に一回ショックを与えるのは、犬の幸福にとって一過性の影響を及ぼすだけだろうから、繰り返し与えなければならないほかの、もっと効果の薄い罰よりは好ましいのかもしれない。しかし犬が何度もショックを感じ、しかもその理由を判断できないと、心拍数が上がってストレスホルモンの分泌量が急上昇する。どちらも犬の幸福が損なわれたことを表している。利用する原理を十分に理解していない未熟な人が操作すれば、またもっとひどいケースとして、自分の思い通りに行動しない犬に対する怒りのはけ口として使うようなことがあれば、電気ショックは犬を動揺させるばかりか、犬と飼い主との関係を悪化させてしまうだろう。

体罰を別の方法で利用することもできる。その場合、犬は痛みを避けるために何かをすることを学習する。これまでの例のように、痛みを避けるために何かをしないことを

強制持来。犬が「ダミー」の上で思わず口を開くまで、トレーナーは犬の耳をつかみながらムチで叩く。

学習するのとは逆だ。専門的には、これを「負の強化」と呼ぶ。負の強化は、犬がトレーナーから受ける苦痛を避けようとして行動するよう導くしつけ方法の背景になる。そのひとつの例として、若い猟犬に獲物の回収を教える伝統的な方法がある。犬が口を開いて何かをくわえると、痛みがなくなることで、これらを関連づけるようになる。トレーナーは適当なもの——ふつうは布でくるまれた「ダミー」——を犬の鼻先数センチのところに置きながら、同時に犬の両耳をしっかりつかむ。犬は痛さのあまり鳴き、そのとき口を開くので、トレーナーはすかさず開いた犬の口にダミーを入れて、くわえさせることができる。その瞬間につかんでいた耳を放してやると、犬にとっては嫌悪刺激（耳をつかまれた痛み）が急に消える。犬は、ダミーをくわえると痛みがなくなると学習するだろう（これが負の強化の一例だ）。この「強制持来」と呼ばれる方法では、耳をつかみながらムチで叩く場合もある。犬がダミーをくわえたら、両方の痛みが突然消えることになる。

正の罰と負の強化ではどちらも、熟練の技で行なえば短いあいだに高い効果を挙げられることは間違いない——ただし、倫理的な思いやりには目をつぶり、犬と人との結びつきが長いあいだ失われることを無視すればの話だ。ここでも、罰を加える意味が正しく理解されていなければ、さらに悪いことに、飼い主の怒り、失望、困惑のはけ口として罰が加えられるようであれば、犬にとっても飼い主にとっても事態は悪化する。

体罰の一番の問題は、使い方を間違えやすいことだ。ほかの学習と同じく、犬はほとんどいつも、急に感じた痛みや恐怖を直前の出来事に関連づける。「来い！」と命令したのに戻って来るのが遅いと言って、犬を叩いたり叱ったりしている飼い主は多く、見かけない日はないほどだ。たいていはその前に犬が何かみっともないことをしてしまい、飼い主が感情的になっているようにも見えるし、まわりで見ていた人に対して自分は犬の行動には無関係だと言い訳しているようにも見える。そんなとき、犬は何を学習するだろうか？　飼い主のもとに戻るのは、（ときには）悪いことなのだと思ってしまうだろう。その結果、犬の飼い主への愛着は増すだろうか？　減るだろうか？　次に呼ばれたとき、すぐに戻りたいと思うだろうか？　思わないだろうか？　犬は、「少し前に悪いことをしたから、飼い主のところに戻って怒られるのはあたり前だ」なんて思ったりはしない。どちらかと言えば、こんなふうに考えるのだ——「飼い主のところに戻ると、ときには大喜びしてくれる。でもときには叩かれる。よくわからないなあ？」

つまり、犬がどんなふうに学習するかを理解していない飼い主は、罰の使い方をよく間違える。しかし罰を正しいタイミングで加えても、犬がそれを何と関連づけるかを前もって予測するのは難しい。飼い主が思っている通りの出来事と関連づけてくれるのか、それとも罰を加えている人、あるいはその場所と関連づけてしまうのか？　ぼくの同僚は最近、隣の家の小さいテリアが近くの道でウロウロしているのを見つけたそうだ。そこで犬を送り届けることにした。ところが隣の家に近づくと、飼い主がドアから姿を見せ、犬がつけていたショックカラーのコントローラーを何度も何度も押しながら、「悪い子、悪い子」と叫んだと言う。電気ショックを感じるたびに犬は激しくひきつり、恐怖で唸りながら、咬みつくしぐさをした。その日以来、そのテリアは見知らぬ人が近づくたびに唸り声を上げるようになった。知らない人は避けられない苦痛を意味すると、学習したからだった。

罰の程度を適性に保つのも難しい。たいていの場合、飼い主は思い通りの結果になるまで、罰をだんだん厳しくしていく。残念ながら犬のほうはだんだん罰に慣れてしまうので、最終的に効果があるのは（もし効果があるとしての話だが）、最初に正しく加えていればすんでいたはずの何倍も厳しいものになってしまう。しつけで使う褒美と比較してみよう。飼い主が間違えて、褒美を毎回多く与えすぎたとしても、ただ褒美としての価値が少し下がるだけですむ――褒美のエサが大きすぎれば、犬の満腹度がちょっと増すだけだ。ところが罰が必要以上に厳しいと、犬は無用な苦しみを味わうことになる

――逆に（無理もないが、飼い主が用心しすぎるほど用心したために）弱すぎれば、効き目がないためにだんだんエスカレートし、結局は厳しすぎる結果になる。

事実、素人が与える体罰は犬に害を及ぼすと考えられるだけでなく、効果もないとする証拠が増えている。犬の飼い主を対象としたふたつの別々の調査からは、罰でしつけられた犬は褒美でしつけられた犬より忠実さに欠ける一方、おびえる傾向が強いという結果が出た。そのうちイギリスで行なわれた調査[19]は、三六四人の飼い主に、トイレ、「来い！」、「放せ！」、などの基本的な七つのしつけをどのように教えたか尋ねている。回答者のうち六六パーセントが言葉で叱り、一二パーセントが体罰を使った。褒美も一般的で、六〇パーセントが言葉で褒め、五一パーセントが食べものを与えている。褒美を利用した飼い主は、主に罰を利用した飼い主より、犬が従順だと答えている割合がはるかに高いのに対して、主に罰でしつけた飼い主の答えでは、人や犬に吠える、おびえる、分離障害などの問題行動の数が多かった。オーストリアで実施されたもうひとつの調査[20]も、罰を頻繁に使うと、特に小型犬では、攻撃的になる度合いが高いと結論づけている。

ただし犬のしつけでも、罰がすべて体罰とは限らない。しつけには、ほとんどの飼い主がそうとは気づかないほどわずかではあっても、なんらかの罰が含まれるのはほぼ必然的だ。これまで説明してきたような体罰のほかに、心理学者が「負の罰」に分類する罰があり、特定の状況で犬がもらえると期待するようになった褒美を与えないようにする。たとえば、犬がいつも人に飛びつこうとするのをやめさせるには、飛びついたら常に無視するといい。痛みも恐怖も伴わない。ただ、飼い主の気をひく作戦が急に功を奏さなくなり、ちょっと不安になるだろう。イギリスのトレーナーのなかには、この感情の変化さえ倫理に反するとする人たちもいるが、学習は主に負の罰（期待した褒美が手に入らない一瞬の不安）によるのか正の強化（褒美が手に入ったときの喜び）によるのかは、実験心理学者でも判断できないことがあるのだから、犬との毎日のやりとりのなかで負の罰をまったくなくすのは難しい。一番の妥協案を考えるとすれば、負の罰を単独では使わないようにし、使ったら代わりの褒美を与えることだろう。ほかのすべての形式の罰と同じく、その代わりに喜ぶことをしてやる戦略を利用すると、実際に早く効果が出る。たとえば飛びつく行動をやめさせる場合には、おとなしくしているときだけ、相手にして遊んでやるようにすればいい。

負の罰を、二次性の罰に置き換えることもできる。二次強化子に似た発想で、犬のしつけでは任意の聞き分けられる音を使うことができる。ただし、クリッカーの音とは正反対のものでなければならない。この目的で「トレーニングディスク」[21]が市販されているが、はっきり発音する言葉でも同じ効果が得られる。まず、合図（たとえばトレーニングディスクを地面に落とす音）と、少し不快な出来事（たとえば、食事の途中でエサ入れを一時的にとり上げてしまう）との関連づけを定着させる。するとその合図が二次性の罰になり、吠えるのをやめさせるなど、別の状況でも使えるようになる。負の強化をはじめとしたどの罰でも同じように、求める反応――すわったままで吠えないなど――をしたら、褒美を与える必要がある（これは正の強化の一例になる）。

心理学的な意味での罰は、飼い主が犬をしつけるうえで避けることのできない要素だ。現代の最も見識あるトレーナーたちは、少なくともなんらかの負の罰（犬が期待している褒美を与えないでおくなど）を利用しなければ、犬をしつけることはできないという意見に同意している。そして、期待している褒美を遅らせてちょっとでも犬を不快にさせるのは倫理に反すると論じる人は、ほとんどいない（現実的に避けるのはほとんど不可能だろう。飼い主が犬に食べものなどの褒美を与えるごとに、犬のほうは、同じ状況が繰り返されればまた同じ褒美がもらえるという期待を定着させる。同様の状況が起こり、食べものがなければ、犬は理論上、罰せられていることになる）。体罰を使わない多くのトレーナーも、褒美を与えない方法を行動の修正に利用している。褒美を基本としたしつけがいったんはじまったなら、それは犬の注意をひく、とてもすぐれた方法になるはずだ[22]。

議論の余地があるのは体罰の使用だろう。慣習はなかなか消えるものではなく、体罰を基本とする「伝統的」しつけ方法は今でも広く利用されている。アメリカの、ある獣医師の行動クリニックの利用者に尋ねた最近の調査[23]では、多くの飼い主がまだ対決的な訓練方法に頼っていることが明らかになった――「望ましくない行動をした犬を叩くまたは蹴る」（四三パーセント）、「犬が口にくわえたものを力ずくで放させる」（三九パーセント)、「アルファロール(力ずくであおむけに寝かせ、押さえつける)」(三一パーセント)、「にらむ、または犬が目をそらすまで凝視する」(三〇パーセント)、「ドミナンスダウン(力ずくで横向きに寝かせる)」(二九パーセント)、「犬の顎をつかんで左右に振る」(二六パーセント)。これらはすべて、罰を加えた犬の少なくとも四分の一から攻撃的な反応を引きだしていて、どれも安全とはみなせないことを示している。

体罰がまだ広く使われている理由は、調査からははっきりしない。回答者のなかに、ドッグトレーナーからこれらの方法を推奨されたと答えた飼い主は、ほとんどいなかったからだ(ただし犬の首を不意につつく場面は、テレビで頻繁に見ると答えている)。それでも、トレーナーからはリードと首輪を使った罰(プロングカラーや強制的にすわらせるなど)のアドバイスもあったと言い、それらもまた攻撃的な反応を引き起こす。この調査では、体罰を使わないしつけと攻撃性にはつながりが見つからなかった。犬たちの大半は攻撃的な問題行動でクリニックに連れて来られたわけだが、嫌悪刺激のない、おだやかな、褒美を基本にした方法で接すれば、攻撃的な反応はわずかで、体罰によって引き起こされた攻撃性とは著しい対照をなしていた。

それなら、テレビ局が対決と罰を基本にした方法を宣伝したがっているように見えるのはなぜだろう? たぶん、最初の対立の激しさとドラマチックな解決が、感動的な娯楽番組を生みだすからなのだろう。[24] 褒美を基本にしたしつけは、確実ではあっても時間がかかり、ドラマチックとは言いがたい。犬のしつけ番組が単なる娯楽番組として見られているのなら、別にどうということはない。けれども体罰をはじめ、犬の「支配」をやめさせるとされるそのほかのテクニックを一般の飼い主が信用して使うようなことがあれば、問題行動はたやすく悪化するかもしれない。テレビ番組で見たように楽々と効果が挙がらないと、飼い主は犬に伝わっていないと考え、罰をエスカレートさせる危険がある。そうなれば犬は最後の手段として、攻撃に出ることがある。自分の気持ちに気づいてもらうには、それしか方法が見つからないからだ。褒美なら、使い方を間違えても、結果は犬の肥満か甘えグセくらいなものだ。どちらも望ましいとは言えないが、少なくとも、すぐに解決できる。

不利な科学的証拠がこれほど揃っているのに、なぜ体罰のしつけが飼い主のあいだに根強く残っているのかは疑問だ。最大の問題は、犬のしつけが個人の技術から発達したせいで、犬に関する科学の知識をまとめ上げて手法を確立する明確なルートがないことだろう。犬のしつけにも問題行動の治療にも認定された資格はないので、最新の科学の発展に遅れずついていくことも、ましてこの分野で正式な教育を受けることも、法的に必要とされていない。テレビ局も正式な資格には関心がないらしい。たとえばシーザー・ミランとヴィクトリア・スティルウェルは（ふたりのアプローチはまったく異なっているが）、それぞれのウェブサイトで学歴についてまったく触れていない。ただし、欧米ではすべてのレベルで自主規制を導入する動きがある。また、隔年で開催される国際獣医動物行動学会や、『*Journal of Veterinary Behavior*（獣医動物行動学ジャーナル）』

などが、国際的に新しい考えや研究成果を交換できる場になっている。

そうした情報交換の結果、犬がもっているとされる「支配」への意欲は、犬に体罰を続けたい人たちが都合よく使っている神話にすぎないという合意が広まっている。事実、それはオオカミの研究でも犬の研究でも否定されてきた。それでもなお、しつけ法から、そして犬のもつオオカミのイメージから、古い考えはすっかり消えてはいない。[25] うれしいことに、最近になって形勢が少しずつ変わりはじめている。シーザー・ミランがイアン・ダンバー博士に自著への寄稿を依頼したように、[26] 旧式な考えのトレーナーと褒美を基本とするトレーナーの距離も縮まってきたようだ。かわいい見かけの下には恐ろしい魔物が潜んでいるというイメージが一刻も早く消え、飼いならしによって人間社会にすっかり溶け込んだ、ありのままの犬の姿が広く行きわたることを、心から願っている。

第５章　仔犬はどうやって人と友だちになるのか？

犬は生まれつき人間になついているわけではない。ウソだと思うかもしれないが、ウソではない。犬は、人間になつくように生まれついているだけなのだ。そして実際になつくのは、まだ仔犬のころ、やさしい人間に出会ったときに限られる。科学者はもう半世紀も前からこのことを知っていたのに、その考えはまだ広く利用されていないし、広く知られてさえいない。今でもまだ、ペット向けに売ることを目的に、ほとんど刺激のない状況で育てられている仔犬は多い――仔犬の心は恐怖と不安によって傷つき、やがて飼い主に、それどころか出会う誰にも、かわいがられないような行動をとるようになってしまう。だがそれは、やり方を変えれば避けることができる。

飼いならしは、犬を人間の環境に適応させたのではなく、適応できる手段を与えたにすぎない。だから仔犬は、この世界でうまく暮らしていく方法を学びとるために、人と人が作った環境に少しずつ、おだやかに触れていく必要がある。その過程は生後およそ四週間目からはじまって、数か月間続く。この時期に周囲との触れ合いが不十分だったり、適切でなかったりすると、犬は根深い恐怖や不安を抱え、それをあとから拭い去るのはとても難しいことがある。まだこまかいところで科学的に解明されていない点もあるが、このような「社会化」の過程は明らかになっている。それなのにまだ多くの仔犬が日常生活の経験を十分にさせてもらえず、人間とうまくいかなくなってしまうのは、とても悲しいことだ。

一九六一年に、人間と犬とのきずなについての考え方を根本から覆す短い論文が、『サイエンス』誌に掲載された。(1) 仔犬が人間との触れ合いに最も敏感な時期を調べる実験として、生まれたばかりのコッカースパニエルの仔犬のきょうだい五組と、ビーグルのきょうだい三組を、母親といっしょに高いフェンスで囲まれたフィールドに入れて育てたのだ。エサと水はフェンスにあけた穴から与え、人間の姿はいっさい目に入らないようにした。仔犬たちが生後二週間になったとき、一週ずつずらして数匹をフィールドから連れだし、一週間だけ室内で育てる「休暇」を与えた。そのあいだは毎日一時間半、人と密に接する時間を作った。一週間の「社会化」期間が終わると、仔犬たちをまた母親ときょうだいが待つフィールドに戻した。実験は三か月あまりにわたった。

仔犬が人間に接してどう反応するかには、「休暇」のタイミングが非常に重要な意味をもっていた。生後二週間では、まだ幼すぎ、寝てばかりいてあまり触れ合わなかったが、生後三週間で連れだされた仔犬たちは、世話をする人たちにすぐひきつけられた。足先や口でさかんに研究者をつつき、白衣の裾にじゃれついて遊んだ。生後五週間の仔犬たちは、はじめの二、三分は警戒していたが、それからすぐににぎやかに研究者たちと遊びはじめた。生後七週間の仔犬たちは、ようやく遊びはじめるまでに二日間誘い続ける必要があり、生後九週間になるともっと長くかかって、仲良く遊べるようになったのは一週間の休暇の後半になってからだった。

仔犬がはじめて人間と触れ合うタイミングは、犬たちが成長してから人間にどう反応するかに絶対的な影響を及ぼす。実験に協力した犬たちは生後一四週ですべてフィールドから出され、その後はふつうの犬と同じように人間といっしょに暮らしはじめた。実験期間中ずっとフィールドのなかで暮らしていた五匹は、その後数か月ものあいだ集中的に世話をしても、とうとう人間を信頼することを学習できなかった。生後わずか二週間で「休暇」を与えられ、その後の一一週間をフェンスのなかですごした六匹は、もう少しましだった。最初は人間をとても警戒していたが、二週間やさしく世話をすると、少しはなつくようになった。残りの仔犬たちはすべて、一瞬にして人になついた――なかには最後に人間の姿を見てから、生後の時間の半分以上をフェンス内ですごしてきた仔犬もいると思うと、驚くべきことだった。生後一〇週ではじめて人間を見た六匹は、最初はリードにつなぐしつけをいやがったが、そのほかのトレーニングはうまくいった。

研究の結果わかったのは、犬が人間に親しみをもてるようになるには、仔犬のうちに人間となんらかの（適度な量の）触れ合いが必要だということだ。さらに、この触れ合いが功を奏するには、最適なタイミングがあるようにも見える。生後二週間では早すぎるようだ。しかし生後一二週では明らかに遅すぎる。研究で観察した仔犬は、ここまで成長すると、それまでに一度も見たことがないものすべてを怖がるようになっていた。したがって、生後三週間から一〇または一一週間までのあいだが、絶好のチャンスだと言える――科学者はこれを「臨界期」と呼んでいる。

「臨界期」という考え方は、ノーベル賞を受賞した生物学者コンラート・ローレンツによる一九三〇年代の研究に由来している。一部の動物は、本能的に母親がわかるのではなく、母親のアイデンティティを学習する必要があるのではないかと考えたローレンツは、ハイイロガンの卵を人工孵化して育てる実験をした。予想は的中し、生まれてすぐにローレンツを目にしたヒナは、ローレンツのことを「親」だと思い込み、忠実な猟犬のようにどこにでもついてくるようになったのだ。生みの親には目もくれなかった。ローレンツが発見したのは、今では「刷り込み」と呼ばれ、幼い動物が親の特徴を学習する現象だ。[2] ハイイロガンの場合、孵化してから一二時間後から一六時間後までに最初に目に入った、ちょうどよい大きさの動くものを、親とみなす習性がある。自然界ならきっと母親ハイイロガンが目の前にいるから、親を間違えることはめったにない。ヒナが母親の姿を知ることは生き残りに必須だ。さもなければ、巣を出たらすぐ迷ってしまい、命を落とす危険がある。ではなぜ、それを学習する必要があるのだろうか？ 生まれたときから頭のなかに母親のイメージが焼きついているほうが賢明ではないか？ 生物学者はまだ明確な答えを見つけてはいないが、たぶん学習のほうが簡単なのだろう。

三次元のイメージをDNAにコード化するのは難しいにちがいない。事実、幼い鳥はどんなものに注意して探せばよいか、ある程度のガイドラインをもって生まれることが研究で明らかになっている——動いて、鳥らしいにぎやかな音を発し、頭と首があるものを探す（ただしあくまでも目安だ。ヒヨコに親鳥を見せなければ、簡単にぬいぐるみのフェレットを親と思い込ませることができる）。

ローレンツは当初、「臨界期」は厳密に時間の決まった計画表のようなものだと考えていた。ハイイロガンのヒナの場合、孵化してから数時間後には動けるようになるが、一羽だけで長く生き残れる確率は低い。そのため、幼い鳥はこの期間にすばやく母親に寄りそうようになる。ただしその後、この種の学習は、はじめに考えられていたより柔軟性に富んでいることがわかってきた。たとえば、孵化器のなかで孵化したハイイロガンのヒナを三六時間後まで母親から引きはなしておいても、それからすぐ母親とのきずなを結べることが研究で明らかにされた。予定表の時間はローレンツが最初に考えたほど厳密ではない。そこで学習の絶好のチャンスは「臨界期」ではなく、「感受期」と呼ばれることが多くなった。この期間は状況に応じて変化するらしく、脳内の時計の針があるところに来たらピタリと終わる、というものではないようだ。それでもやがて、数日後には、刷り込みの期間が終わりを迎え、二度と復活しない。ヒナの脳は、母親が目の前に現れるまでいつまでも待ってはくれず、成熟するとドアを閉じてしまう。

ヒナが学習を終えたあとでは、母親への愛着を変えさせることはほとんど不可能だ。

そのほかの動物からは、とにかく逃げるようになる。ヒナをつかまえて食べようとする動物がいることを考えれば、実に賢いやり方だと言える。ヒナがうっかり母親を忘れて別のものについていってしまうのを防ぐための、回路の遮断は、「競争的排除」によって説明できる。母親の像がすっかりできあがると、刷り込みの過程は自然に終了し、自分の母親がしばらく見えなくても別のハイイロガンについていくことがない。

この「感受期」という考え方で、さまざまな幼い動物の行動を理解できる。生まれてすぐ母親から引きはなされて人工飼育されたアカゲザルが、実の母ザルより母親代理を好きになるのも同じ原理だ。母親代理がぬいぐるみの動かないダミーでもかまわない。

犬も同じことをする。仔犬は母親を刷り込みによって心に刻み、母親もまた、自分の子を心に刻む。そして犬の場合は最も得意とする感覚——嗅覚——を利用する。ある実験[3]では、研究者が数匹の二歳の犬のベッドに三晩連続で同じ布を置いて、それぞれのにおいを集めた。いずれも生後二週間かもっと早い時期に、母親から別れて育った犬だ。それでも、次にそれらの布を母親たちの前に置くと、母犬はよく似ていて血のつながりのない犬のにおいではなく、自分の子のにおいのついた布にずっと興味を示したと言う。同じく若い犬の行動からも、子が母親のにおいを覚えていることがわかった。また、このとき行なった第二の実験では、二歳の犬は同時に生まれたきょうだいをにおいだけで区別できたが、それは同じきょうだいの別の犬といっしょに暮らしている場合に限られていた。このことから、「家族のにおい」が存在すると考えられ、それによっていっしょに住んでいるきょうだいを記憶にとどめ、まったく別の家に住んでいるきょうだいのにおいも思いだすことができたのだろう。生後四週間から五週間の仔犬を対象にした同様の実験でも、すでにきょうだいのにおいを学習していることが明らかになっている。こうした予期しない能力に出会うと、人間にはまったく区別できないにおいから犬がどれだけたくさんの情報を得ているのか、まだまだわかっていないことは山ほど残されているのだと思い知らされる。

それぞれの種に特有の挨拶行動による、異なる種のあいだの社会的つながり

それでも、「競争的排除」の原則は犬の刷り込みにはあてはまらないようだ。仔犬は「刷り込み」によって、母親ときょうだいだけでなく、人間も心に刻みつける（厳密に言うと、この現象は刷り込みとは少し違う。はじめてのときから、ひとりだけの人間に限定されないように見えるからだ）。実のところ、仔犬の場合は感受期に仲良くできたほかの動物、たとえば猫でも、刷り込みが生じる。同時に複数の種と社会的つながりをもてる犬（と猫）の能力のいいところは、互いに恐怖を感じるのは、おとなになってはじめて会った場合に限られる点だ。ぼくの家にはたいていいつも犬

ヒツジの群れといっしょにいる牧羊犬

と猫が両方いるが、まだ小さいころに注意しながら紹介してやれば、大の仲良しになれる。前ページの絵は、わが家の猫スプロッジが、ラブラドールのブルーノの前でしっぽをピンと立てながら口のまわりをなめ、仲良しのサインを送っているところだ。ブルーノのほうはしっぽを激しく振って挨拶している（どっちも相手の言っていることはよくわかっていないと思う）。

人々は昔からこうした柔軟性を利用して、犬をいろいろな目的で働かせてきた。グレートピレニーズやアナトリアンシープドッグのような牧羊犬は、ヒツジといっしょに育てると、成長するにつれてヒツジの群れを自分の家族のように思って行動する。もちろん動作はヒツジに似ているわけではなく、犬のものだ。つい「もちろん」と言ってしまったのは、複数の種に同時に社会的つながりをもてる犬の能力は、誰の目にも明らかで、みんなあたり前だと思い込んでいるからだ。ところがその能力は、動物界全体から見れば並はずれている。ほとんどの動物は進化によって、自分と同じ種だけについて学習するよう条件づけられているのだ。

ただ、人工飼育された動物はどれも、同じ種の仲間との暮らしになじむのがとても難しいことが多い。かつて動物園の飼育係が、肉食動物の絶滅危惧種、特にヤマネコの一種を繁殖させようとしてそれに気づき、当惑したという。

犬は人間に愛着を抱いても、犬としてのアイデンティティを失っていないように見える。犬はほかの種との触れ合い方を学習するだけでなく、それで仲間の犬との触れ合いに不利が生じている形跡もない。

複数のアイデンティティを採用できる能力は非凡ではあるが、その原点は通常の生物学的プロセスに含まれているにちがいない。と同時に、人間と触れ合える能力はどこからともなく湧いてくるわけではないから、その原形はオオカミの社会的行動にあるにちがいない。ぼくは社会構造に「オオカミの群れ」モデルをあてはめることにはまったく賛成できないが、生物学者としては直観的に、進化が作用する以前から存在していた何かを探してしまう。犬は幼形成熟したオオカミなのだから、その答えは、おとなのオオカミではなく、幼いまたは若いオオカミの行動で探すのが理にかなっている。

オオカミに子が生まれると、別のオオカミの手で育てられる。幼いオオカミは、育ててくれるのは自分の親か、前から手伝いがいる大きい群れならごく近い親戚にちがいないという、とても妥当な前提に基づいて育ててくれるオオカミの特徴を学習する。(4) 一方、仔犬はふつう、母犬と飼い主の両方の手で育てられる。母犬の特徴は「親」のカテゴリーに送り込まれる。母犬はいっしょにいて、面倒を見てくれるからだ。この学習の成果は一生を通じて残り、ひと組の社会的選好の基礎をなす――つまり、自分と同じ種のメンバーを認識する（オオカミでも野犬でも同様のことが起こる）。そして飼い主の特徴は、最初のカテゴリーにはあてはまらないので、第二のカテゴリーに送り込まれる。そのカテゴリーが自然に生まれるのは、飼い主もやっぱりいっしょにいて、面倒を見てくれるからだ。このようにふたつの並行した認識があることはさておき、これら初期の社会的選好に関するそのほかのあらゆることも同じ――親と子の――モデルに基づいていないとみなす理由はない。むしろ、それに代わるモデルがあるとは想像できない。

言いかえれば、犬の通常の血縁識別のメカニズムを、人間が乗っとってしまうかたちだ。同時に複数の種になじめる仔犬のたぐいまれな能力のおかげで、人間が犬の社会環境に入り込めるメカニズムができる。そしてそこでは、野生なら両親が果たす役割を人間が引き受ける。離乳がすむまでのあいだ、仔犬の人間とのつながりは母犬とのつながりより弱いかもしれない。でもそのあとは、飼い主がエサを与え、ゲームをして遊び、しつけでは褒美をやって、毎日休むことなく人間への愛着を強化していく。ペットの犬どうしが互いの愛着を強化するチャンスは、それほど多くない。多頭飼いの家であっても、エサを用意し、犬がいつどこにいるべきかをきめるなど、親の役目をするのは人間だ（意図的にそうならないようにする例も、もちろんいくつかある。群れで飼う猟犬や、犬ぞりを引く犬の場合、一匹の犬のリーダーシップがチームとしての協力に欠かせない）。

これは本当に刷り込みだろうか？　犬はたしかに刷り込みによって母親を覚えるが、最初の飼い主も刷り込みによって覚えているかどうか、科学はまだ判断できていない。最初に世話をしてくれた存在ときずなを結ぶという、狭い意味での刷り込みでは、概して社交的な犬の性質を説明することはできない。もっと具体的に言うなら、飼い主が変わると簡単に忠誠を尽くす相手を変えられる性質を説明できない。ほとんどの哺乳動物はごく幼い時期に、自分の種全体としてのアイデンティティと、周囲にいる個々の存在、特に育ててくれている存在の個別のアイデンティティを、ともに学習する。ふつうは育ててくれた相手に強く愛着を感じるのだが、犬の場合は必ずしもそうではなく、はるかに柔軟に対応できる。おそらく飼いならしの成果だろう。とはいえ、刷り込み、あるいはそれによく似たものが、誰に近づきたくて誰を避けたいかという犬の好みを決める際に、とても大きな役割を果たしているのはたしかだ。これらの好みは犬がまだごく幼いころ、厳密に言えば社会化の期間に、定着してしまう。

犬が「仲良し」のカテゴリーを同時にいくつももてるとはいえ（哺乳動物にはごくまれな能力だ）、個々の犬にはそれぞれの限界がある。子ども嫌いの犬を見ればよくわかるだろう。では、子どもが小さい人間であって、大人の人間と別の種の生きものではないということが、犬にはどうやってわかるのだろうか？　どうやらわかっていないように見える。人間の子どもには、大人とはっきり違う点がいくつもある。動き方も違えば、出す音も違う。そして犬にとって特に大きな違いは、においではないだろうか。幼いころ人間の子どもを見たことがない犬は、成長してからはじめて子どもを見ると、極度に警戒することがある。それでも犬のことだから、しつければ、初対面のときの及び腰を簡単に克服することができる。一方、子どもにはじめて出会ったとき、しっぽや耳をひっぱられてしまった犬は、ほかの子どもを見てもすぐイライラして咬みつくことがある。子ども全体を一般化して、ひとりずつではなく、カテゴリーとして扱っているのだ。仔犬は同じく社会化の期間に、人間の大人も一般化しているにちがいない。仔犬は何人かの人間を個々に見分けられるようになるのは明らかなのだが、見慣れない人たちについては、最初に出会った何人かに似ていることを根拠にして、「仲良し」のカテゴリーに入れているのではないだろうか。

　こうした理由から、仔犬をできるだけ幅広い人々に（やさしく）ひき合わせることが、実に大切になる。（さまざまな衣服を着た）男性にも女性にも、ひげのある人にもない人にも。⑤その過程で、犬の頭のなかにある「大人の人間」というカテゴリーの限界が広がる。感受期のあいだに、犬舎の世話をするひとりかふたりの女性にしか会わないなどで、頭のなかの人間というものの基準が限られてしまった犬は、男性を見ただけで恐怖と不安を感じるだろう。これは、ペットショップなどで買った犬に飼い主がてこずる（いくつかの）原因のひとつだ。仔犬が想定している人間の姿の範囲が狭すぎて、それとは違う二本足の動物に会うたびに無意識でおびえ、避けるようになる。

これまで見てきたように、犬の「社会脳」の構造は、ほかの哺乳動物のものとは違う。仔犬が感受期に出会うそれぞれの種について、その場で独自にいくつもの表現空間を作ることができる。この能力は、人間の子どもが言葉を習得する方法に似ているかもしれない。世界じゅうには、ふたつ以上の言語を聞きながら成長する子どもたちがおおぜいいて、子どもたちの脳はその状況にすんなりと対応する。それぞれの言語が別々の場所に保存されるらしく、子どもはすぐ、ふたつの言語をまぜこぜにしないで文を作れるようになる。犬の社会脳の変化は、飼いならしの産物にちがいない。あるいは、もう今はいない特定のオオカミの、飼いならしへの前適応によるものかもしれない。何はともあれ、生後一四週までにほかの犬だけに囲まれてすごした犬が発達させる表現空間は、ひとつだけ――まわりにきょうだいと母親しかいなかったので、その犬たちを見てできた空間だけ――になる。ただしもう少し大きくなると、すべての種類の犬にまで広がる可能性がある。それに対して人間の家で生まれた犬は、犬用と人間用それぞれに、そのような空間をふたつ発達させると考えられる（この場合もそれぞれ、姿、声、においが飼い主の家族に似ていないほかの種類の犬と人間を加えて、広がる可能性をもっている）。犬と仲良くできる猫もいる人間の家で生まれた犬の場合なら、そのような空間は三つできる。さらに小さい子どももいる家で生まれた犬は、また別の空間を発達させるかもしれない――あるいは、人間の大人と子どもを一般化することを学習し、両方を二本足の動物という、つながったひとつの領域でとらえるようになるかもしれない。

手短に言うなら、犬は非凡な脳をもっているので、同時に複数の社会環境を組み立てることができる。そのせいで、犬は人間にとても役立つ動物になった。たとえば、猟犬は仲間と群れて走り、そり犬はレースで走りながら、どちらも指揮する人間の命令に従うことができる。このように犬は、複数のアイデンティティを発達させる能力をもって生まれついている。ただし、その詳細や前後関係のすべてを、経験によって手に入れなければならない。そしてこの能力と方法があったからこそ、飼いならしは成功できたとも言えるだろう。進化に先見の明はないから、人間がどんなもので、どんなふうに活動するのか、前もって知識を組み込んでおくことはできなかった。自然選択が用意できた最善のものは、この知識を手に入れるしくみだった。一方でほかの犬と仲良くする性質は、飼いならしがはじまる何百万年も前に、この肉食動物の初期の進化で定着したメカニズムに基づいているから、ほかにもいくつかの過程が関わっているのだろう。

こうして犬は、人間をはじめとしたほかの種について学習する必要がある。では、犬とはどうあるべきかも学習しなければならないのだろうか？　この章の冒頭で紹介した一九六一年の実験では、仔犬たちはすべて母親によって育てられたから、ごくふつうの犬どうしの社会的行動を発達させていた。それは野生動物でも、さらに野犬でも、自然な状況だ。生後三週間から九、一〇週までのあいだに人間に触れる状況に応じて変化したのは、犬と人間のあいだの社会的行動のみだった。一部の犬からは人間と交流する能力が欠けてしまったが、それでも犬としては、まったく問題がなかった。

犬が犬になるためにどのくらい学習するかを調べるには、仔犬が生まれた瞬間から、別の犬に少しも会わないようにする必要がある。一九六〇年代に行なわれた一連の実験では、生後八週間以内から人工飼育を開始し、それ以降まったくほかの犬に会わせなかった場合、ほかの犬に対して攻撃的になることが実証されている。同じ種の仲間とのつき合い方を忘れてしまったか、学習しなかったからだろう。(6) それでもこの結果は、特に意外なものではない。各種の動物を人が育てたり機械で育てたりすると、初期の経験が限られるため、さまざまな異常が現れることが知られている（たとえば遊ぶ機会がほとんどないことが、脳の発達にも、身体的協調の発達にも、影響を及ぼす）。

その数年後、驚くほど簡潔だが、洗練された研究が発表された。仔犬をいっしょに生まれたきょうだいから切りはなすことを除いては、できるだけ正常な育て方をして、異常の発生を避けようというものだ。(7) 今度は仔犬を一匹だけで育てるのをやめ、ごく小型の犬なら仔猫といっしょに育てれば比較的正常な暮らしを保てるはずだと考えた。もちろん正常と言っても、実験では同じ犬の仲間と接触する機会を断つとどうなるかを調べるので、その点だけは別だ。研究には四組のチワワのきょうだいを使った。それぞれのきょうだいのうち二匹ずつは、母犬のもとでごくふつうに育つようにし、別の一匹ずつは、「感受期」がはじまる生後三週間半のときに親元から連れだした。そして、仔猫のきょうだいに交ぜて育てたのだ。そのときから生後一六週（感受期が終わったあと）まで、選ばれた仔犬は仔猫だけと遊んですごすことになった。ゆうゆうとした母猫は、ま

猫に育てられるチワワの仔犬

ったく騒ぎたてることもなく仔犬を受け入れていたようだった[8]。

生後一六週になったとき、両方の仔犬の行動を比較してみると、目を見張る違いが生まれていた。まず仔犬たちを鏡の前に立たせてみた。母犬に育てられた仔犬たちにとっては、ワクワク、ドキドキの経験だったようだ。鏡のなかの自分の姿に繰り返し吠えつき、鏡の面に飛びかかり、爪を立て、ひっかき、近くの床を掘ろうとする——反対側にいると思った仔犬のところに近づこうと思ったらしい。一方の猫に育てられた仔犬たちは、鏡に映った姿をまったく無視するか、何か異質なものがあるかのようにふるまい、しっぽをうしろ足のあいだにしっかりしまい込んだまま、用心深く近づいた。目がはっきり見えるようになってから一度も犬を見たことがなかったから、犬の姿の心象をもっていなかったのだろう。犬に育てられたきょうだいと猫に育てられたきょうだいをいっしょにすると、猫に育てられたきょうだいは仔猫と群がり、犬に育てられた仔犬たちとどう遊べばよいのかわからないように見えた。触れ合いと呼べるものがあったとしても、ちょうど鏡のなかの像を前にしたときと同じで、声も立てず、しっぽをしまい込んだままだった。これは仔犬が、犬とはどうあるべきかを学習しなければならないという決定的な証拠だ。基本的な反応の方法は生まれつき知っているものの、それを正しく表現できるようになるには、ほかの犬を知るという経験が必要になる。ただし実験は、人に慣れる社会化の期間が終わろうとしている生後一六週でも、犬は短時間で犬の仲間といっしょに暮らすのに慣れることも実証した。最初の実験のあと、生後一六週ですべての仔犬をいっしょに育てはじめた。すると二週間以内には、猫に育てられた仔犬も犬らしく遊ぶようになっていた――鏡に映った自分の姿にも、ほかの犬がいると思って反応するようになった。

この結果から、仔犬が犬に対しての社会化を学習する「感受期」は、人間に対しての社会化を学習する「感受期」よりも長いことがわかる。ただしぼくの知る限りでは、この研

犬に育てられた仔犬を避ける、猫に育てられた仔犬

究はその後繰り返されたり拡大されたりしていないから、さまざまな別の説明も考えられる。たとえば、チワワが社会的選好を発達させる期間は、その前の実験の対象となったスパニエルとビーグルより長いのかもしれない。犬はみな同じ感受期をもっていて、その期間に出会うほかの種についていっせいに学習すると一般にみなされているが、科学的に検証されたわけではない。だから、犬のタイプによって感受期の長さが違うのかどうかもわかっていない。それでも、生後八週間ならまだ犬と人に対する社会化が完了するには程遠いことは確かで、ほとんどの仔犬はこの時期にペットとして各家庭に飼われることになる。

生後八週間では仔犬の性格がまだまだできあがっていないことを考えれば、仔犬のこの時点の行動で成犬になったときの性格を予測できるとブリーダーが考えているのには、驚くばかりだ。「パピーテスト」は、仔犬がブリーダーの手元を離れる前の生後七週から八週目に実施され、こうした予測の効果があるとしていまだに広く受け入れられている。だがこの時期はまさに、仔犬の行動がまわりの影響を受けて最も大きく変わる時期なのだ。パピーテストについては、いくつもの科学的研究が行なわれたが、有効性は確認されていない。またそうしたテストの大半は、攻撃と「支配」を直接対応させるなど、最初からおそらく間違った性質を予測しようとするものだ。生後七週目以降も変わらずに残るとされる唯一の性格的特徴は、極度の（遺伝的な）恐怖心だが、そのような恐怖心はめったにあるものではない。そしてそれは新しい状況の学習を妨げてしまうので、いつまでたってもその恐怖心は消えることがない。それでもパピーテストでは、ブリーダーが仔犬に対して施した社会化の足りない点がわかるので、これから飼おうとしている人にとっては、どんな対応が必要かを知るうえで役立つかもしれない。たとえば、仔犬が男性と子どもを（それまで見たことがないので）怖がるかどうかを判断できることがある——ブリーダーはそんな目的でこのテストを普及させているわけではないが！

現代のオオカミの感受期は犬よりはるかに短く、飼いならしの前か、飼いならしのごく初期に、根本的な変化が起きたことを示している。オオカミの子はふつう、生後約三週間まで母親といっしょに巣穴にとどまり、それから外に出てはじめて群れの仲間に会う。そしてわずか数日のうちに、新しく出会うすべての動物を怖がるようになる。この「恐怖反応」は感受期が終わったしるしだ。この時期、犬ではまさに感受期がはじまったばかりで、それから一〇週間ほど続く。このように社会化の「期間」がのびたのは、飼いならしによる成果にちがいない。進んで飼いならされたオオカミでは、現在まで生き残っている野生のオオカミより社会化の期間が長かったために、オオカミから原始の犬への初期の移行が順調に進んだ可能性がある。さらに原始の犬では、社会化の期間が長いほど、人間の環境で繁栄しやすかっただろう。こうして時がたつにつれ、どんどん社会化期間の長いものが選択されていき、それ以上長くなっても特に利点がない段階で固定された。

現代の野生オオカミも人間になつくことがあるが、その範囲は犬にくらべて極端に狭い。オオカミも犬と同じように、巣穴にいるあいだに「家族のにおい」を学習しているらしく、穴から明るい場所に出れば群れのメンバーとの結びつきを保ちながら、その姿と声を学習することもできる。この期間に人間が長時間世話をすると、オオカミは世話係になつくが、その対象はじかに世話をしてくれた人に限られていることが多く、犬のように似ている人すべてに一般化することはない。また、人間とどんなによく知り合っても、人間といっしょにいるよりオオカミといっしょにいるほうが好きだ。つまり、オオカミの場合の刷り込みは、犬の社会化より、鳥の刷り込みのほうに近い。

それでも今の犬に見られるものは、たぶんオオカミの刷り込みから進化してきたものだ。そこで最も重要な変化は、(a)「恐怖反応」のはじまりの遅れと、(b)身近な「家族」(血縁のあるなしにかかわらず)の特徴についての学習をそのほかの類似した存在まで拡大できる能力だっただろう。犬と現代のオオカミのこうした相違点は、すでに共通の祖先にあって、飼いならしに役立ってきた可能性は大いにある。何度も繰り返したが、この共通の祖先がどんな行動をしていたかは、想像に頼る以外に道はない。この祖先が現代のオオカミのように社会化しにくい性質をもっていたなら、飼いならしは難しかったにちがいないから、当時の(一部の)オオカミは現代のオオカミにくらべて恐怖反応のはじまりが遅かったと考えればしっくりくる。

犬の一生のなかで、最初の三、四か月が最も大切な時期だと言える。犬は生まれつき、まわりの世界のことを学習する意欲にあふれ、どんな環境に生まれついても――パンジャブ地方の村の裏通りでも、ニューヨークの高層住宅の一室でも――この期間にうまく適応してしまう。ほとんどの動物と同様、犬の場合も見知らぬものへの自然な反応は恐怖だ。ただし、ほかのほとんどの動物とは違い、犬の恐怖反応は適切な経験によって簡単に消すことができる。その経験がすんなり受け入れられるには、それ自体が恐怖を引き起こさないようにしなければならない。予測のつかない混沌とした環境で育った仔犬は、情報攻めにあってそのすべてをうまく消化しきれず、心配性になってしまうことが多い。刺激が多すぎるのは、少なすぎるのと同じくらい有害だ。それでも日常の生活を振り返ってみれば、ほとんどの犬はごくふつうの人間の家庭で育つだけで、ほどよい程度の経験をしていることがわかる――そしてその環境に合わせて、犬はこれまで進化してきたのだと言える。

感受期は、犬が人間についての学習を開始する時期であり、学習が終了する時期ではない。その逆に、感受期が終わると同時に第二段階がはじまる。第一段階の「社会化期」に、仔犬は誰を信頼できるかを学ぶ。ところが生後一二週ころになると、それまで一度も見たことのない動物や人間のタイプを避けるようになり、拒絶することさえある。個々の犬との結びつきも、一一週から一二週ごろには見えはじめる《きょうだい》のコラム参照)。社会化期がすぎても、若い犬たちは何週間にもわたり、仲間や環境について情報を意欲的に集め続ける。そのときの指針になるのは、社会化期に定着した「友だち、もしかしたら敵」のカテゴリーだ。

《きょうだい》

ほとんどの仔犬は、生後八週間あまりできょうだいと別れる。それぞれが新しい家に移っていく標準的な時期だ。ただしこれまでに集まった証拠によれば、生後八週間は、仔犬たちはようやく互いを個別に認識しはじめたばかりで（「支配による階層構造」は、おとなの集団よりさらにありそうもないから）、それぞれの「個性」もまだ完全にはできあがっていない。ぼくが担当していたふたりの学生が、二組の仔犬のきょうだいの発達を追って、このことを確かめている。研究の対象となったのは、フレンチブルドッグの仔犬とボーダーコリーの仔犬だ。まず、きょうだいのなかから一度に二匹ずつを選んで、一分間、ロープのひっぱり合いで遊ばせた。またきょうだい全員が遊んでいるところを観察して、けんかごっこでどの仔犬が「勝ち」に見えるかを記録した。生後六週間では、二匹でも全員でも「勝ち」は毎日入れ替わり、仔犬たちは前に競い合った記憶などないかのように、いつも新たな気持ちで相手に向かっていくように見えた。この段階では、特有の「きょうだいのにおい」によって自分のきょうだいかそうでないかを区別することができたものの、きょうだいのなかで誰が誰かはまだわかっていないようだった。八週間になると、誰が「勝ち」かがパターン化しはじめた。そして競い合いの前と途中に、相手を吟味する様子が見えた。前に遊んだどの相手か、判断しようとしているようだった。ただしその段階でもまだ、仔犬たちのあいだに「支配による階層構造」らしきものはまったく見えなかった。おもちゃの取り合いで「勝ち」になっても、けんかごっこでは、同じ相手にさえ勝ち負けは五分五分だった。このころ、仔犬の個性はまだできつつあるところで、みんなが遊びを通して、考えつく限りの個性を試しているらしかった――降参する、いったん引いてから飛びかかる、ほかの仔犬を相手かまわずたて続けに押しのける……。その一部始終を母犬が油断なく見張っていたので、誰も本気で痛がるほどのことはなかった。仔犬たちはこの段階で、「やられた」側（人間も犬も）の悲鳴を聞いて、咬まないことを学習しはじめる。

互いの関係に一貫性が見えてきたのは、仔犬たちが生後一一週ごろになってからで、小柄でおとなしい仔犬が、大柄で元気なきょうだいに譲るようになった。そうなってもまだ、きょうだいのあいだに「地位」という考えがある様子は、まったく見えなかった。ただ、前に出会ったときの記憶をたどり、どう対応するのが一番かの判断に役立てはじめただけだ。

恐怖反応のはじまりから約一歳で性成熟するまでの、この「若齢期」のあいだ、若い犬の性格はまだ柔軟に変わる。そしてこの時期の経験は、一生もち続けることになる個性に、大きな影響を及ぼすことがある。事実、社会化期の直後の一か月ほどのあいだ、つまり生後一二週から一六週までは、おとなとしての個性の発達にとって社会化期とほとんど同じくらい重要だ。それなのに、この時期の犬の行動に対する環境の影響は、ほとんど研究されていない。たとえば「パピーパーティー」の効果を調べた研究はほとんどない。パピーパーティーは、第4章で触れたように、若齢期の仔犬を集めて社会化を促す集まりだ（《パピーパーティー》のコラムを参照）。わずかに行なわれた研究では、たとえば犬の服従心などに及ぼす効果は小さいという報告があるが、仔犬に定期的に社会化の機会を与えてやることは、飼い主にとって不可欠だと考えられている。

感受期とは対照的に、若齢期の仔犬が周囲に合わせて行動を変えていく過程に特別なことは見あたらない。これは標準的な学習の過程で説明できるだろう。犬が成長するにつれて自分のやり方を身につけていき、変化に応じて変わる力はだんだんに失われていく。

若齢期に行なわれる学習も、ゆるやかな意味で「社会化」と呼ばれることが多いが、この言葉は感受期の学習だけに使うべきだろう。若齢期には、予防接種もすんで外出できるようになった若い犬が、世の中のいろいろなことに出会い、世の中とはどんなものか、どう対応すればいいのか、予想しなかった出来事にはどんな戦略が最も効果的かについて、より多くのことを学んでいくと考えられる。世の中についての情報は、犬の頭のなかで、認識してきちんと対応できる項目の一覧に加えられるし、とっさの出来事への戦略は、いつもの経験則が通用しないときに利用する「道具箱」に加えられていく。たとえば、社会化期または若齢期の最初の数週間のうちに花火の音を聞くと、仔犬は大きい衝撃音を怖がらなくなるという研究結果がある。もっと成長するまで大きい音を聞いたことがない仔犬は、騒音恐怖症になる可能性が高くなる。概して、知識と対処法の両方をうまく身につけることができなかった犬は、漠然とした不安に打ち勝つことができず、よく知らない、自分には対応できないと感じることに出会うと、回避または攻撃の戦略を選ぶ傾向がある。

《パピーパーティー》

近代的な暮らし方と核家族が増えたために、ひと昔前にくらべ、若い犬がほかの犬や飼い主以外の人たちと会う機会が減ってしまった。「パピーパーティー」はこの不足を補い、おとなの犬としてきちんと暮らせるよう、仔犬に必要な幅広い経験をさせる場だ。パーティーと聞くと、ただ自由に遊ばせる印象を受けるかもしれないが、集まりが効果を挙げるためには、専門家が主催する総合的に構成されたものでなければならない。犬のしつけは生後六か月からという従来の考え方に反し、今ではもっと早い時期から基本的な命令を教えられることがわかっている。だから、パピーパーティーには短いしつけの時間が組み込まれ、その際には必ず褒美を使う。罰を利用すれば、仔犬はすぐ人や犬と接することを避けるようになるから、けっして使用してはいけない。見守りながらほかの仔犬たちと遊ばせてやれば、いっしょに生まれたきょうだいたちのなかではじめた過程の続きになり、仔犬は自分の行動をコントロールして、衝動を抑えることを学ぶ。飼い主以外の人にやさしく扱われた仔犬は、いっしょにいて楽しい人間の概念を広げるだろう。

「問題行動」をする犬――飼い主が本気で助けを求めるほどの問題を抱えた犬――は、仔犬のころの経験の大切さを物語る。ぼくは一〇年前に動物クリニックの記録を分析し、犬が恐怖を感じて、攻撃や回避行動を起こすようになる要因を探った。(9) 具体的には、犬舎で生まれてからずっとそこですごし、どこかの家庭で人に慣れる経験をしないまま、まっすぐ飼い主の家にひきとられ、飼い主以外の人にほとんど接する機会がなかった犬の記録を探した。そのような犬は幼いころの経験が乏しいために、平均的な犬より、新しい経験に対応するのがとても難しい。もちろん「野生」のものはなく、すべて、「感受期」に人間とのなんらかの接触があった。さもなければ、ペットになったはずもないだろう。

それらの犬は、ある意味では、ごくふつうの犬だった。平均的な犬より飼い主に対して反抗的には見えず、飼い主とごくふつうの関係を築いていた。家庭ではなく犬舎で繁殖した犬がどれも、ほかの犬に攻撃的になるわけでもなかった――犬舎にいるあいだ、犬どうしで遊ぶ機会はちゃんと確保されていた。それらの犬はただ一点だけ、大事なところが平均的な犬とは違っていた。見知らぬ人に向かってすぐ攻撃的になるか、見知らぬ人に会うと、必死で避けようとしたのだ。ただ予想した通り、生まれた犬舎を標準的な生後八週間ではなく生後七週間で離れた、行った先がたまたまにぎやかな都会の家庭だった犬たちは、少数ではあったが例外だった。十分に幼いうちに犬舎を離れた仔犬は、初期の経験不足を補うことができるように思われた。

これらの犬の大半は生後八週間のとき、それぞれの家庭にひきとられている。そのころ仔犬は完全に離乳できるので、標準的な時期だ。ただしそれは社会化の「感受期」のまっさいちゅうでもあるから、生後八週間で環境が劇的に変わるのは、仔犬にとって特に大きなストレスになるという報告もある。この考え方を検証できる同じような研究はほかにほとんどなく、家庭にひきとる時期を計画的に変えた研究はひとつもない。だから、犬が世の中の経験を積む時期はいつが最適なのか、まだ確証が得られていないのが現状だ。ただし最も高い効果を挙げるには、生後七週間より前にはじまって、その後数か月は続く必要がある。その一方で、仔犬を生後八週間より前にきょうだいから引きはなすと、ほかの犬を怖がるようになる兆候もあるので、生後八週まではきょうだいをみんないっしょにしておき、それと同時進行で、さまざまに異なった人間と会わせはじめるのが理想だろう。

犬と飼い主のきずなを築く過程は、仔犬が生後三週間のときからはじまるわけだ。感受期のあいだに定着した行動戦略は、その後の仔犬の行動を導き、ひとりひとりの人間と親密な関係を作り上げていくための基本原則となる。人間の世界での経験がほとんどない仔犬は、出会ったときに適応できないだろう。飼い主とは健全な関係を築けても、そのほかの人たちには恐怖を感じるかもしれない。バラエティーに富んだ人間に出会った経験が乏しいからだ。見知らぬものを前にすれば、ただ逃げるしか手はない。バランスのとれた犬ならそんなときごく自然に、用心深く、好奇心を発揮するだろう。

これまでの話はすべて、犬の成長期の経験が生後三週間からはじまることを前提としてきた。けれどもそのとき本当は、犬がこの世に存在するようになってからすでに一二週間がすぎている。母犬のお腹のなかで九週間、見たところは無力な赤ちゃんとして三週間をすごしてきたからだ。犬の感受期の研究がはじまったのは、今から五〇年か六〇年も前のことで、当時は、胎児と生まれたての赤ちゃんはほとんど学習能力がなく、何ごともなければあらかじめきまった通りの道をたどって育つものだとされていた。その考えをあと押ししたのは、生まれたばかりの赤ちゃんは目が見えず耳も聞こえず、環境のことなどほとんど学習できないとする人間中心の見方だった。嗅覚は、ほとんど忘れられていたことになる。しかし今では、仔犬は生まれてすぐの三週間だけでなく、生まれる前から、においを嗅ぎ分けられることがわかっている。つまりこの研究では、受胎からの一二週間に外界で起こった出来事が、その犬の世の中に対する反応に影響を与える可能性を見すごしていたことになる。

受胎から誕生までの期間の外界からの影響について、犬ではまだ研究がはじまっていないが、科学者はこの期間が行動の発達にとって特に重要だろうと考えている。人間をはじめとしたほかの動物の研究からは、母親が経験した環境が、子の性格に計り知れないほどの影響を及ぼすことがあるとわかってきた。ラット、マウス、サル、ヒトを対象にした研究の結果、妊娠期間中の母親の経験が胎児の脳の発達に大きな影響を与えるとみなされている。同じことが犬にあてはまらないと考える理由はない。胎児の脳の発達に関する研究のほとんどは、母親が受ける厳しいストレスに注目してきた。人間の場合、妊娠中の母親のストレスが、慢性不安、注意欠陥多動性障害（ADHD）、不適切な社会的行動など、子どものあらゆる精神疾患に結びつくことがあるという見方が定着しつつある。知的技能や言語能力の低下、感情制御の欠如、統合失調症という、長期的な問題まで引き起こす可能性がある。ラットの研究では、これらの問題はほぼ確実に母親のストレスホルモンの影響によって生じ、ストレスホルモンは胎盤を通して胎児に伝わることが明らかになった。胎児に伝わったホルモンは脳の発達過程を変えてしまうため、誕生後に子の神経ホルモン（たとえばドーパミンやセロトニン）の活動が低下し、ストレス応答システムの活動が過剰になるという。詳細は、妊娠中のストレスがかかった時期によって少しずつ異なるが、生まれた子にはその後、学習の障害、遊ぶ技能の不足、難題に対処する能力の低下が現れることがある。

これらの欠点は、さいわい、誕生後に母親が赤ちゃんをより手厚く世話することによってもとに戻せるらしい[10]。ところが逆に、未熟なうちに赤ちゃんを母親から引きはなしたり母親の力が足りなかったりすると、悪化することもある。人間が飼っている動物でこうした現象を調べれば、どんなふうに世話をするのが一番よいかを学べる可能性があるのに、注目度はまだ驚くほど低い。それでも家畜の雌ブタの研究では、不安定な社会集団での飼育が雌ブタにストレスを感じさせるだけでなく、その雌ブタから生まれた雌の子は、自分の子に対して通常より攻撃的になることが明らかになっていて、脳の発達に及ぼす長くて大きい影響を感じさせる。(11)

このような影響はすべて病気なのだろうか、それともなかには、変化する世界に子が対応できるよう準備を整えているものもあるのだろうか？　研究の多くは、人間の精神疾患に影響する要因を立証することを目的としてきたので、母親が感じたストレスがこれほど深い影響を子に与えることを進化が許してきた理由について、あまり考察されることがなかった。事実、一般的には、これらは自然選択の範囲を超えた病気だと仮定されている。それでもモルモット（および鳥）の研究では、このようにあらかじめ条件づけられることは、ときには子に役立つことがわかっている。混雑しすぎた社会集団のなかで出産する雌のモルモットからは、ふつうより攻撃的に行動する雌の子が生まれる傾向がある。それに対して雄の子は「幼児化」する——たとえば、通常の雄なら別の雄と本気で争っている年齢になっても、けんかごっこで遊ぶ。これらの変化は、若いモルモットがこれから暮らすことになる環境に合わせ、子の準備を整えている表れかもしれない。混雑したなかで食べものを見つけ、繁殖するスペースを確保するには、雌は厚かましくなる必要があるのに対し、若い雄は一番経験豊かな雄に勝てるほど大きく強くなるまで、自然な負けず嫌いの性質を抑えておく必要がある。

こうして、母親のストレスによって引き起こされる脳の変化の一部は、少なくともある程度は、適応のためのものだ――不確かな世界に向けて、子の準備を整えるという意味で。ただしこれは、犬のように人間に飼われている動物より、野生動物のほうによくあてはまる。野生の祖先であるオオカミで進化したストレスへの反応が、人間が作った現在の環境にまだ適応できるとは考えにくい。

このような研究結果は、犬のブリーダーが繁殖用の雌の心のケアに、十分に注意しなければならないことを教えてくれる。長いあいだ一匹だけにして分離のストレスを引き起こすことがないように、またほかの犬から脅されることがないように、よく見守る必要がある。家庭以外の環境で生まれた犬で見つかった欠点の一部は、生後八週間までの経験不足と同じくらい、母親が受けたストレスが原因で生じた可能性がある（治療のために犬をクリニックに連れて来た飼い主は、自分の犬が生まれた環境について、この種の詳しい情報を説明することはできなかった）。仔犬を買おうとする人は、ブリーダーのもとで仔犬たちがどんな環境を経験しているかだけでなく、母犬が置かれた状況もよく調べたほうがいい。もちろん飼い主にも、新しくやってきた仔犬に最初の数か月で適切な経験をさせる責務がある。しかし、それがどんなにすぐれていたとしても、慢性的にストレスを受けていた母犬や、最初の八週間の貧しい環境によって生じた影響を、完全に覆すことはできないかもしれない。

全体として、母親の胎内に宿ってから生後およそ四か月までの仔犬の経験が、その性格に決定的な影響を与えることは疑う余地がない。スタートを誤ると、恐怖や不安が大きすぎる犬に育つことがある。もちろん生きものには生まれつき、早い段階での挫折を補い、バランスのとれた発達の軌道に戻す力がある程度は備わっているから、必ずしもそうなるとは限らない。それでも、問題行動をする犬とそうでない犬がいる理由には、まだわからないことがたくさんある。

たとえば、一匹だけで留守番をしてもなんともない犬もいるのに、耐えられない犬がたくさんいるのは、なぜだろうか。今のところ、その理由はあまりよくわかっていない。ただしひとつの可能性として、人間に強い愛着を感じるよう徹底して選択されてきたために、「すべて」の犬が分離苦悩の問題を起こす潜在性を秘めていることが考えられる——それでも幸運な犬は、偶然にせよ知識があってにせよ、自分だけで留守番をするのは一大事ではないことを教えられる飼い主のもとで暮らすようになった。

ほとんどの犬にとっては、ほかの犬と別れるより飼い主と別れるほうがつらいようだ。そこで疑問が浮かぶ。犬はほかの犬より人間のほうが好きなのだろうか？　これは特に科学的な種類の質問には聞こえず、犬がどれだけ家庭になじんでいるかどうかの問題にすぎないかもしれない。この疑問に答える価値があると考えた科学者はこれまでほとんどいなかったのだが、犬は実際にほかの犬より人間に対し、より強い愛着をもっていることを示した研究がひとつある。[12]その研究の対象となったのは、年齢が七歳から九歳までの八匹の雑種の犬だ。生後八週間のときからずっと、それぞれきょうだいとペアになって犬舎で暮らしていた。いずれも人間にすっかり慣れており、ひとりの世話係がずっと面倒を見てきたので、犬から見ればその人物が「飼い主」と考えてよかった。実験を開始した時点から過去二年間には一分たりとも、また生涯を通してもほとんど、それらのペアは離れてすごしたことがなかった。それでも、各ペアの一方を小屋から連れだして、四時間にわたって声の届かない場所に移したとき、残されたペアの片割れは別に変わった行動を見せなかった。仔犬の場合、きょうだいから離されるとふつうは戻ってくるまでキャンキャン鳴き続けるが、これらの成犬はほとんど吠えることもなかった。そのうえ血中のストレスホルモン、コルチゾールの量も、住みなれた小屋にいる限り、きょうだいと離されても変化しなかった。そのため全体として、どの犬にも動揺した様子はまったく見られなかったと言える——生まれてこのかたほとんど一匹だけですごしたことがなかったのだから、数時間後には相棒が戻ってくると確信できたわけではなかったはずだ。

それとは対照的に、犬たちを知らない犬舎に移すと、今度はうろたえた。見るからに動揺して、ストレスホルモンの量は五〇パーセント以上も増えた。意外なことに、犬が一匹だけでいても犬舎の相棒といっしょでも同じだった。二匹がいっしょのときには、いつものように頻繁に接触することがなかった。二匹のあいだのきずながどんなものだったにしても、住みなれたテリトリーを離れた新しい場所でも平気なほど、十分な慰めも信頼ももたらさなかった。ところが新しい犬舎でいつもの世話係がそっと近くにすわると、犬はすぐそばから動かず、しつこく触れ合いを求めた（世話係は短くなでてやった）。これで犬のストレスはすっかり消えたようだった。世話係がそこにいれば、コルチゾールの量は正常値に近いままだったからだ。[13]

これらの犬は、生まれてからずっと犬どうしでいっしょに暮らしてきたにもかかわらず、きょうだいより世話係に強い愛着をもっているかのように行動した。家庭で飼われているペットとまったく同じ生活をしてきたわけではないが、日常の経験から、ペットでもおそらく同じだろうと推測できる。犬には、住みなれた場所にいると一番落ち着くという意味でのテリトリーがあるが、オオカミと同様、「群れ」といっしょなら新しい場所でも安心していられる――ここでオオカミと違っているのは、「群れ」の主要メンバーがほとんどいつも人間（飼い主）で、同じ犬の仲間ではないことだ。多くの犬にとって飼い主は、社会化期のなかごろからずっと暮らしに欠かすことのできない主役だ。それでも状況の変化により、生涯に何度か、一番の愛着の相手をいやおうなしに変えられることがある。このように犬は、飼いならしを通し、人間と犬の両方を社会的パートナーとして受け入れられる能力に加えて、ほとんどいつでも新しい「家族の」結びつきを作れる社会的柔軟性を手にしている。

犬が愛着を寄せる人間を求める気持ちは並はずれて強いように思われるので、飼い主に捨てられて里親探しセンターに送られた犬は、さぞかし大きいショックを受けているにちがいない。研究によれば、ひとりの人から二日続けて、たった数分だけやさしくしてもらうだけで、その人といっしょにいたくてたまらなくなる捨て犬がいる。その人がいなくなると遠吠えをし、出て行ったドアに爪を立てたり、窓に向かってジャンプして行き先を確かめたりする。このように人間に愛着を寄せる気持ちが一生涯続く犬は多い。そしてさいわいその多くの願望は、ひとりまたはひとつの家族によって、生後八週間から何年にもわたって、最期まで満たされる。この強い望みはたしかに、たくさんの犬がある時期に分離障害をつのらせる理由を説明してくれるようだ。

このような短時間で生まれる強い愛着は、飼い主と離れて悲しんでいる犬の行動から明らかになることが多いが、その愛着の強さから見てペットの自然な行動にも表れているにちがいない。だがあいにく、ペットと飼い主家族との日常的なやりとりを研究した生物学者はほとんどいない。そんな研究は時間の無駄だ、得られるデータが複雑で分析には向かない、観察する人がいるだけで家族がペットに見せる行動が変わってしまうなど、理由はさまざまだろう。データが「公開」されると思っただけで硬くなってしまう人もいる。しかしそうした研究は、たとえば犬の認識活動の組織的調査に対応するものとして、とても有用だ。

少し古いが今でも異彩を放っている、ふだんの生活環境でのフィールドワークを通した研究から、ほとんどのペットがいかに人間中心の行動をとっているかがわかる。フィラデルフィアの郊外に住む、犬を飼っている中流の一〇家族を、子どもたちが家にいる午後遅くから夕方を中心に合計二〇時間から三〇時間観察した記録だ。研究者は、家族が犬に注目しているより、犬が家族に注目している度合いの方がずっと強いことに気づいた。犬は家族の誰かを見つめ、近づき、あとを追う。休んでいるあいだも、同じ部屋か隣の部屋にいる家族に顔を向けていることが多い。たまたま窓の外など、どこかほかを見ているあいだも、明らかに家族がどこにいるかを気にかけていて、すぐそっちに向かって近づいていく。ところがその逆に家族のほうは、犬が別の部屋にいても、自分のしていることを中断して犬の居場所を確かめることはまずなかった。[14]

それでも一途な犬の側の寝ずの番は、家族みんなに均等なものではなかった。犬は家族のなかで誰が一番自分を好きなのか、ちゃんと感じとっている。夫が犬にあまり関心がないか犬好きではない三つの家庭では、犬がその姿を追ったり、あとに従ったりすることはめったになかった。だから犬の行動を見ていると、過去に一番多く犬の相手をしたのが誰か、犬がきちんと気づいていることがわかった。犬は愛着を寄せる人をいったん決めると、気まぐれにほかの誰でも好きになることはなく、人間と接した過去の経験をもとに、どう反応するのが一番いいかを判断しているようだ。

誤りの多い「オオカミの群れ」や「群れ」モデルにも、ひとつ正しい点がある——犬の人間に対する行動は一定のルールと行動パターンに従っており、それらはまぎれもなくオオカミと、もっと古いイヌ科の祖先のルールと行動パターンから導かれたものだ。だがそれは、「支配するか支配されるか、やるかやられるか」のルールではない。家族のルールであり、「育ててくれる人は、一生自分をかわいがってくれる可能性が最も高い」というルールなのだ。ペットの犬の行動を見ると、犬が人間に愛着を寄せる気持ちは、親子という枠組みに基づいていることが明らかになる。飼い主が友人に、「わたしはフィドのお母さんなのよ」と言うのは、まさにあたらずといえども遠からずだろう。犬がほかのすべての動物と根本的に違うのはこの点だ。リードをつけずに運動させても、しつけをしておけば、褒美目あてというよりいっしょにいることがうれしくて飼い主のもとに戻ってくるだろう。そこに関わっている過程は、本質的に発達上のものだ。犬は飼いならしによって、この独特の社会行動をする能力を身につけはしたが、人間が与える学習環境を通らなければ、人間に対してどのように行動するべきかを理解するようにはならない。

第6章　犬は飼い主のことが大好きか？

犬が飼い主に愛着をもっているのは一目瞭然だ——犬の行動を見る限り、そして犬が飼い主のあとを追うという意味では。でも本当に、犬は飼い主のことが大好きなのだろうか？「もちろん！　家に帰るといつも喜んで出迎えてくれるから、すぐわかる」という声が聞こえてくる。犬は「ただの」家族のペットかもしれないが、ほとんどの飼い主は、自分が犬を大好きで犬も自分が大好きだと、はっきり言い切れて当然だ。もしそうでないなら、犬と飼い主の結びつきはピンチに陥っている。

科学の立場から「感情」を明らかにするのは簡単ではない。ぼくはひとりの科学者として、飼い主が自分の犬をどれだけ好きかを研究できるし、ひとりの人間として、世の犬好きが「大好き」と表現しているのは、ぼくがぼくの犬に対してもっている感情とほとんど同じだと十分に確信できる。こうはっきり言えるのは、第一に人はみな同じ種に属しているから感情のレパートリーは似たようなものだと思うし、第二に、何を感じているか言葉を使って伝え合うことができるからだ。

　でも、犬から飼い主への「大好き」という反対方向の気持ちの場合、はっきり突きとめるのは、はるかに難しい。第一に、犬は自分がどう思っているかを言葉で伝えられないので、こっちはその行動で判断するしかない。これをいつも正しくできている自信はあるだろうか？　第二に、犬と人間は属している種が違うから、犬が人と同じ感情のレパートリーを経験しているとは簡単に仮定できない。むしろ、そんなふうに仮定すること自体、倫理に反するとさえ言える。科学者は、イヌ科の実際の感情について、知っている限りのことを伝える責任を負っている。そうすれば飼い主は、自分の犬が感じられることと感じられないことを正しく理解できるようになるだろう。

　犬の感情生活を正しく理解することは、ただ学問的な意味があるだけでなく、犬の幸福と、犬と人とのつながりに現実的な関わりがあると、ぼくは確信している。ところが、犬の感情が研究の主題としてふさわしいかという点でさえ、すべての科学者の意見が一致しているわけではない。行動科学者の一部には、人間以外の種の行動を、いっさいの感情を抜きにして説明するよう全力を尽くすべきだという考えもある[1]。感情は、結局のところ主観的なもので、科学的な探究の対象にならないからだと言う。また一部は、人間に一番近い親戚――たぶん類人猿だけ、あるいは高等霊長類――には感情があると認めてもいいと考えながら、人間と近い関係にない犬のような種の行動となると、機構的な説明に限定してしまう。もちろんペットを飼っている人の大半は、こんな懐疑的な議論などバカバカしくて相手にしないだろう――ペットは感情をもって暮らしていると、固く信じているのだ。このようにそれぞれの見方は大きくずれているから、科学者の多くは、犬の飼い主はなんて思い込みが激しいんだろうと考えるようになる。一方、犬の飼い主のほうでは、科学者は犬を飼うってことの現実をまったくわかってないだけさと、切り捨ててしまうことが多い。

でも実際には、人間は高い知性をもっているから、両方の見方を同時に理解することができる。感情の主観的見方と客観的見方は、ひとりの人のなかでさえ隣り合わせに共存できる。気楽なおしゃべりなら、飼っているペットが複雑な感情をもっているかのように話してしまう科学者も、では実際に動物がその感情を経験している直接的な証拠はあるのかと尋ねられれば、ほとんどないと答えるしかないだろう[2]。くつろいでいるときは空想の世界にいて、動物が感情をもっている「かのように」行動してしまう罠にかかっているが、仕事では客観的現実に戻って、そんな感情の存在を全面否定するのだろうか? 奇妙な矛盾のように見えるかもしれないが、ぼくはそうは思わない。人間の思考と意識の複雑さが、ごく自然に外に現れているだけだと思う。

人の心はあらゆるものに、特に思いのままにならないものに、感情と意図があると考えたがる。擬人化は人間性の本質的な部分で、天気などの現象から山のように動きのないものまで、人間以外に人間の特徴をあてはめようとする[3]。動物の特徴を用いて人間を描こうする動物形象や、トーテム信仰も同じだ。犬を「うちの子」と呼び、人間を「犬」と言う(その意味は文化によっても、ときには性別によっても違うが!)。それは人々が犬と人間の違いを——外見の違いも心の違いも——わかっていないという意味だろうか？　いやそうではない。ときには境界があいまいになることはあっても、ほとんどは隠喩であって、そのことをわかってやっている。

人間は、状況から一歩身を引き、感情的な部分を切り離して、次に何をすべきかを論理的にきめることができる。親は子どもへの感情的な結びつきを感じながら、同時に子どもの非行と、その背後にある動機を客観的に分析できる。子どもがやってしまったことに対して自然にわき上がってきた感情から距離を置いて、最も効果的な対応を考えるとき、どうでもよくなっているわけでも、感情がしずまっているわけでもない。また動物好きは、想像の産物だとわかっていながら擬人化した表現をしている。そうした行動に——心理学者が言うところの——不協和などまったくない。

感情的なつながりがなければ、ペットなどいないだろう。ところがこのつながりが、ときには犬と人間の両方に問題を生む。飼い主とペットとの感情的なつながりはたいてい、おそらく常に、擬人化した考え方と深く結びついている。[4]動物を無意識のうちに小さい人間のように扱う人は多い。それでもペットの飼い主のほとんどは、飼っている動物の行動を論理的にも考えることができるし、その動物の健康と安全に関係することを決めなければならないときはなおさらだ。感情的な気持ちをそっくりそのままにして、動物が「他者」であると論理的に把握することは、完璧に可能なのだ。そしてこのふたつのアプローチの境界がぼやけるとき、関係に問題が生まれ、やがては壊れていく運命にある。たとえば自分の犬をまるで人間だと思っている飼い主は、犬が気づかないことにも、ましてきちんと対応する能力などないことにも、責任を負わせようとする。その結果、犬が何か悪いことをしたとき、「自分がしたことをわかっている」と誤解して、罰してもいいと考えてしまうことがある。

犬をとても良識的に扱っている飼い主でも、犬が感じていることについて、犬自身が本当にわかっているより、よくわかっていると思い込んでしまうことがある。スイスで行なわれた研究⑸では、スイス人の犬の飼い主六四人と、犬を飼った経験がほとんど、またはまったくない、無作為に選ばれた人六四人に、犬どうしや犬と人とのあいだのやりとりを示した写真とビデオクリップを見せた。どちらのグループも、それぞれの犬の顔の表情から、恐怖や好奇心などのはっきりした気持ちや行動の状況を正しく判断することができた。しかし、怒りや嫉妬など、ほかの感情は判断できなかった。さらに、犬の飼い主のほうがそうでない人たちより擬人的な表現を多く用いる傾向があった。身近な関係が明らかに判断に影響を与えていた。

犬の飼い主たちは犬の言いたいことがわかると思っているのかもしれないが、実際には擬人的な見方に振りまわされていることが多い。同じ研究のふたつ目の実験で犬の飼い主に見せたのは、次のような筋書きのあるビデオクリップだ——ひとりの飼い主が犬を散歩に連れて行く準備をし、服を着せてリードをつけるが、それからすぐリードをはずし、服を脱がせて、何分間か犬を無視する。犬は飼い主のあとを追ってドアまで行くが、それから服を置いてあるところまで戻り、最後にはすわって待ち、ほかのことに気をとられている飼い主をじっと見つめる。このストーリーを最初から最後まで見たグループは、ほとんど全員が、無視されているあいだの犬の感情を「がっかりしている」と判断した。ところが、飼い主が姿を消した最後の場面だけを見たグループでは、犬の感情をこう判断した人はほとんどいなかった。前のグループはどう見ても、もし自分が同じ状況になれば感じると思う感情を、犬のボディーランゲージにあてはめている。犬の実際の行動は関係ないとすら言える。どうやら、最も偏見のない良識的な飼い主でさえ、犬の心の動きについて、自分が思っているよりずっと少ししかわかっていないらしい。飼っている犬を「小さい人間」とみなす飼い主ならなおさら知らず知らずのうちに、犬のボディーランゲージを読みとろうとせず、犬が感じていると自分自身が推測した内容に従って犬の行動を説明しがちになるだろう。

飼い主が犬の感情をきちんと把握できれば、ペットとの間柄はよりよくなるはずだ。正しい情報に基づく筋の通ったやり方で、犬の行動に対応できるようになる。ひいては、心のつながりを深めることができる。飼い主のなかには、自分の犬を「小さい人間」として扱い、本当はもっていない知力や感情があるものとみなしている人たちがいる。それは単に、犬の行動の理由を判断する、もっと筋の通った根拠があることを、教えられたことがないからだ。筋の通った見方ができるようになれば、もし問題が起きても、合理的に対応できるようになる。

犬の感情生活を理解するには、まず、実際にどんな感情が「ある」のかを把握しなければならない。あいにく心理学者はまだ、感情がどのような要素でできているかを明確にできていないし、どう議論したらよいのかさえよくわかっていない。大事な問題のひとつは、行動を導くうえで感情が果たす役割だ。一部の哲学者は、人間の場合でも脳が行動を直接コントロールしているのであり、人々が感情として経験しているものは、まわりで起こっていることを解説する意識にすぎないとする。この見方に従うと、感情が存在するためには、完全な意識が必要だ。犬には人間と同じような意識があるようには見えないから、そうなると、犬は感情を経験できないか、少なくとも人間がはっきり理解できるようなかたちでは経験できないことになる。

だが、もうそんな抽象的なやり方で感情を考察する必要はない。神経科学の分野で新しい技術が発達し、感情がどのように生まれるかを詳しく理解できるようになってきたのだ。具体的には、ホルモン、脳、その他の神経系のあいだの相互作用を通して理解する。たとえばMRIスキャンを利用すれば、完全に意識のある人間の脳で（近いうちにはきっと犬の脳でも）何が起こっているかを見られ、感情が生まれている脳の位置を特定することができる。

現在では一般に、人が感情として経験しているものは、日常生活を送ることを可能にしているしくみの大切な部分だとみなされている。意識に伴う、ただの副次的な作用などではない。感情は、なくてはならないフィルターの役割を果たしているようだ。感情があるからこそ、人はいいタイミングで適切な判断を下すことができ、脳が行動のあらゆる選択肢を考えて理屈で一番いいものを選ぼうとするのを待たずにすんでいる。この考え方によれば、感情が存在する目的は、自分がいるべき場所にくらべて現在はどこにいるか、即席のサインを出すことにある。暗がりの道で夜遅くに近づいてくる人影が見えたら、恐怖を感じてすぐ反対方向に体が動く。家にいるときに誰かが侵入してきたら、怒りのあまり、けんか腰で侵入者に迫っていくだろう。恐怖のほうは、今でも一〇万年前の狩猟採集時代でも、同じように役立つように思える。一方の怒りのほうは、一〇万年前より今のほうがずっと有効だ。ただし、法が許す範囲の力の行使で侵入者を防ぎたいなら、怒りを抑える必要がある。それでも怒りのおかげで、脳を即座に脅威（侵入者）への対応に向けることができ、あとで考えればすむ不急のことで時間を無駄にせずにすむ（壊されたドアの鍵をどうやって修理するか、保険の代理店の電話番号はどこに書いてあるかは、あとで考えればいい）。

感情が本当に生き残りのためのメカニズムだとしたら、明確な機能を果たすために進化してきたはずだ。そしてそれらの機能——危険を避ける、脅威に対抗する、子孫の生き残りを増やすペアを作る——は人間だけのものではないはずだ。人間の祖先と同じくらいに、オオカミにもあてはまる。実のところ、オオカミと人間は同じ哺乳類で、脳とホルモンのしくみは同じ生物学的パターンに基づいているので、どちらの感情のしくみも哺乳動物の共通の祖先から進化してきた可能性は高い。そうした理由から、人間の感情生活と犬の感情生活がよく似ているとみなすのは、理にかなっている。それでも何百万年ものあいだ別々の進化の道を歩んできたのだから、まったく同じではないことも確かだろう。

人間と犬の感情の似ているところと違うところをもっと詳しく探るために、感情は人間だけが味わえる贅沢などではなく、行動を規定する生物学的なしくみの基本だという見方に沿って話を進めていく。また、ほかの生物学的なしくみと同様、感情は進化の過程で選択され、磨きをかけられてきたものと考える。ここで採用するのは、感情を三つの構成要素に分けるモデルだ。⑥ 最も原始的なレベルは、無意識の（自分では気づかないうちに体の各部を休みなく動かし続けている）神経系の反応に関わるもので、覚醒、恐怖、緊張、愛情などに関連するホルモンと歩調を合わせて動く――次ページの図の「感情Ⅰ」。人間はこれらの無意識の反応にいつも気づくわけではないが（ときには、恐怖のあまり心臓の鼓動が高鳴り、掌が汗ばんでくることに気づく）、心理学の発達のおかげですべて測定し、把握することができる。「感情Ⅱ」は、それに対応する行動で、姿勢、ふるまい、合図などとなって表れる（犬の場合、人間には気づかないにおいの合図もある）。そして「感情Ⅲ」は、ここで一番興味深いもの――人間として主観的に経験している感情だ。日常生活では気持ちや気分として表現し、「ちょっと気がかり」、「きょうは幸せな気分」、そして「犬が大好き」などと感じる。

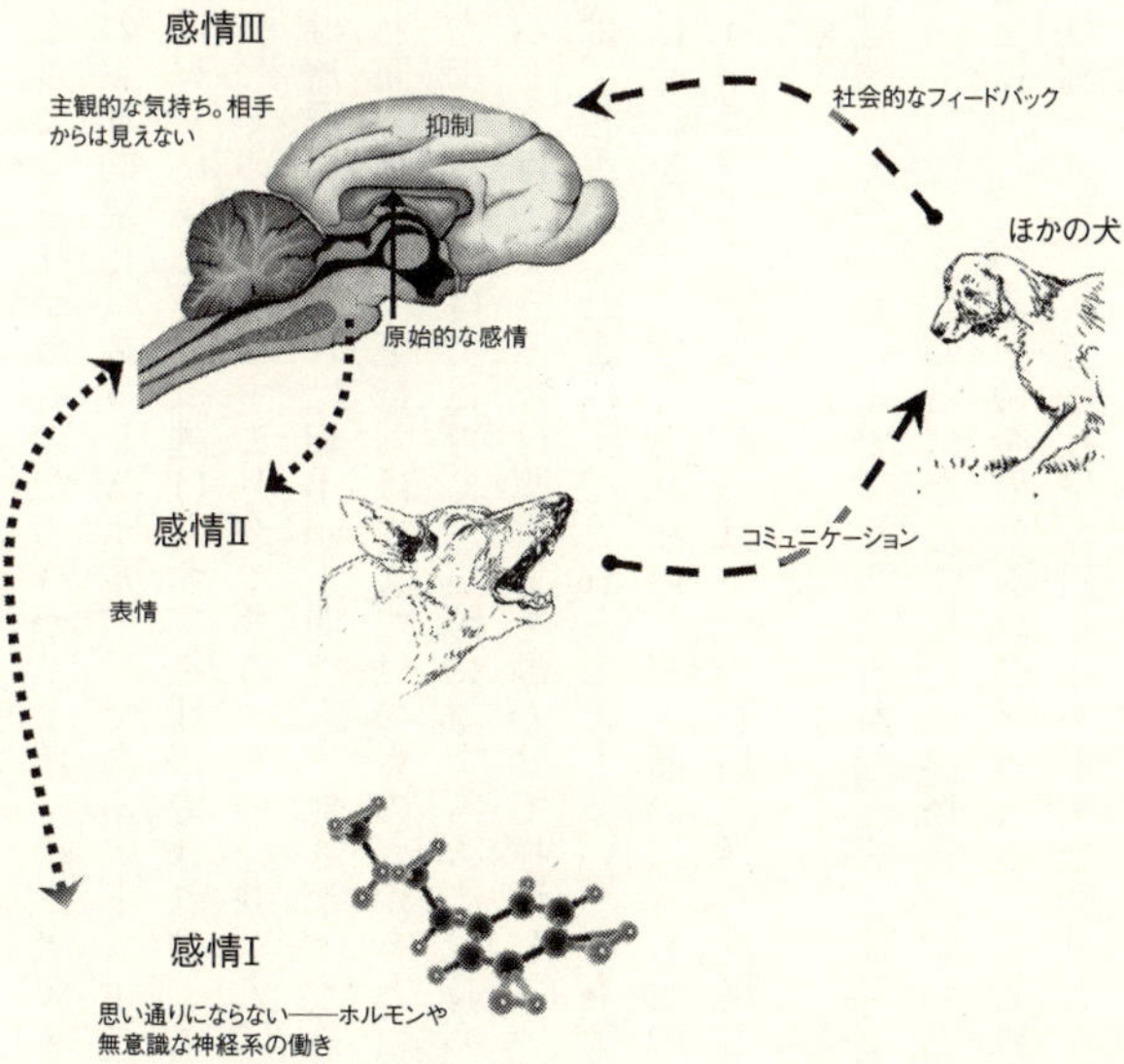

感情の３つの構成要素。感情Ⅰは、ホルモンのレベルと神経系の変化の集合。感情Ⅱは表面的な感情の表現で、たとえばボディーランゲージや声など。これらはほかの犬（または人）によって感知され、その相手の反応から、その後の気持ちや相手に対する反応が変わることがある。感情Ⅲは、感情の主観的な経験で、たとえば「恐怖」など。矢印は相互のやりとりを示している。

では、背景にある生理とそれに関連する行動の両方を「感情」と呼ぶことに、どのような重要な意味があるのだろうか？　第一に、犬をよりよく理解するという点では、背景の生理的変化（ストレスホルモンであるアドレナリンの急な増加など）を測定すると同時に対応する行動（逃げだす）を観察できれば、犬がそれに一致する感情（恐怖）を経験しているとみなすことができる。その経験が犬にとってどんなものかを正確に知るのは無理だが、それは相手が人間でも、他人がどう感じているかを正確にはわからないのと同じことだ。気持ちは本人だけのものだからと言って、それをまわりで汲みとることができないわけではなく、実際に誰でも人の気持ちを汲みとっている。ほかの人と接するときは、できるだけ想像力を働かせて推測していき、もし最初の推測が間違っていれば、相手がそれを伝えてくれることも多い。でも犬の場合、こっちが判断を誤れば、犬はそれをうまく伝えられないし、人間のほうも犬の合図を解読できるほど賢くないだろう。はっきりしているのは、犬の感情生活を理解しようと最大限の努力をする大切さだ。

感情を三つのレベルで考えると有益だと思える第二の理由は、これなら感情が動物にとって「役立つ」ことになるからだ。感情は、学習と認知（これに対して人間は記号言語を追加している）の全般的なシステムと並び、特殊な目的をもった情報処理システムの役割を果たす。感情は生き残りに不可欠な助けとなり、もし犬が「下位の」ふたつのレベルをもっているなら（もっているのは間違いないが）、第三のレベルである感情的な反応も経験しないと主張するのは難しい。

第三の理由は、このとらえ方をすれば進化の連続が浮き彫りになることにある。人間の感情は、ある面では固有かもしれないが、そもそも哺乳類から進化し、それはその前に爬虫類から進化したとみなすことができる。どんな感情の経験にも人間と同じ意識と自己認識が絶対不可欠だという見方に立つ場合を除いて、犬は少なくともなんらかのかたちの感情を経験しているに違いないことを――一見して無味乾燥な、純粋に科学的な視点からさえ――否定するのはとても難しい。

このモデルにはこうして数多くの利点があるとはいえ、大きい欠点がひとつある。主観的な感情（感情Ⅲ）が必ず明らかな行動（感情Ⅱ）として表れると、暗黙のうちに仮定していることだ。人間の場合、ほとんどの感情は顔の表情とつながっていて、それは文化が違ってもだいたい同じだから、感情を表現するほぼ共通の言語となっている。それでも、感情を隠そうとする場合や、実際に感じていない感情を表現する場合があるのは、誰でも思いつくだろう。犬も、感じていることの（すべてではないにしても）多くを外に見せる顔――と体――の表情をもっている。

犬が顔の表情をもつように進化した理由を、少しだけ考えてみよう。猫は黙って悩むほうだ。[7] 猫はとても大きい恐怖や怒りは表現するが、不安や喜びはどうだろう？　猫と犬のこの驚くほどの差は、進化の歴史によって生まれた。イエネコは、「自分のことは自分で」の文化が徹底した孤独なハンターの血を引いている。二匹の雄（または雌）猫は、次世代に自分の遺伝子を伝えるという意味で、本質的に一生競争相手として暮らす。猫が狩猟に大成功して戻ったばかりのとき、見るからに大喜びの表情を浮かべるような遺伝子は、やがて消えていく。その表情は、自分ではなくライバルが次に獲物を見つけるのに役立ってしまうからだ。コミュニケーション（モデルの感情Ⅱ）と、感情の生理学的要素および主観的要素（感情Ⅰと感情Ⅲ）とのあいだにつながりがないほうが、このように動物の利益にかなうこともある。

事実、動物界全体を見わたしてみると、感情を正直に外に出すほうが有利なのは特定の状況に限られる。協力が望まれるときだ。人間は、現存している種のなかでも特に助け合う性質が顕著だから、特殊な要因の多くがあてはまる。拡大家族の集団を作って進化してきた人間は、血縁選択の理論に従って、互いに正直な傾向を生んできた。また、同じ人間を個別に見分け、前に出会ったことを思いだすのがとても得意だ。だから、見慣れた人のごまかしを見抜く認識作用が高度に発達している。つまり、ほとんどの人は、知り合いが自分の本当の気持ちを隠しているのによく気づける。

ここでちょっとまわり道をし、人間のボディーランゲージの進化に目を向けてみる。人間の場合、顔の表情と（一部の）感情のあいだのつながりが、これほどはっきりわかる理由を考えてみよう。そのあとで、同じことが犬にも言えるかどうかを探ることにする。

人間の顔はとびきり豊かな表情をもっている。そして、恐怖、喜び、怒りのように素朴な感情の表情は、世界じゅうで共通しているようだ。人間の表情は明らかに種に固有のもので、進化に伴って発達した特徴だと言える。この考え方を最初に提唱したのはチャールズ・ダーウィンで、ダーウィンは同じ原則を犬にもあてはめようとした（《ダーウィンの犬》のコラムを参照）。最近の研究では実際に、これらの特定の表情を生みだすのに使われる顔の筋肉は人類全体に共通しているが、そのほかの顔の筋肉は人種や個人ごとに大きく異なることがわかっている。人間という種は、顔の表情なくしては社会的な生活を送ることができない。顔がピクリとも動かなければ、ほぼ例外なく孤独か絶望に陥ることになるだろう。

人の顔の表情は、感情とじかに結びついている。電話で友だちとしゃべっている誰かの顔を観察してみるといい。電話の相手が自分の顔を見ているかのように、ほほえんだり、眉をひそめたりしているだろう。顔の表情の働きのひとつは、話し相手に自分の気持ちを伝えることにあり、おそらくそれが一番大切な働きだろうと思う。そのような状況では、自分が感じるべきだと思った感情を表現するのがふつうで、ときにはそれが実際に経験している感情と違うこともある。そんなことをするのは、話し手にきちんと注目していることを伝えると同時に、相手の感情の波長に同調していることも知らせたいからだ。全体的に見て、人間は無意識の顔の表情によって、自分が信頼できることを周囲に伝えて安心させようとする傾向がある。

それと同時に、ほかの人の行動を自分に有利に変えようとして、これと同じ顔の表情を意識的に利用したり隠したりすることも多い。感情Ⅲ（気持ち）と感情Ⅱ（顔の表情）のあいだには直接のつながりがあるが、少なくともある程度は意識的にコントロールできる。むしろ表情を利用して周囲を巧みに操ろうとする。ドギマギしたとき顔が赤くなるような感情の表現となると、無理に作ったり抑えたりするのはほとんど不可能と言えるけれど、なかには心から笑っている表情を意識的にできる人もいる（たいていはなんとか作り笑いをできるくらいで、口元は笑うが目は笑っていない）。また、社会的に好都合だと思えば、感情を隠そうとする。たとえば賞をもらったばかりの人は、あまり得意げにならないよう、顔の筋肉を硬くしたり両手で顔を覆ったりして自然に浮かぶ笑顔を見せまいとする。ただほとんどの人は、理由をこまかく説明できなくても、相手が感情を偽って無理やり作っている表情を見抜くことができる。感情を完璧に隠すにはかなりの練習が必要なことは、「ポーカーフェイス」の達人が少ないことでもわかるだろう。進化はどうやらかなり正確なウソ検知システムを人間に発達させたらしく、やはり狩猟採集生活が成功するには必要だったためと思われる。

《ダーウィンの犬》

ダーウィンはその著書『人及び動物の表情について』で、動物の姿勢と表情を理解する自分の考えを説明するために、犬をよく利用している。この本の中心的な教えのひとつに「反対の原理」がある。正反対の感情からは、やはり正反対の姿勢が現れるというもので、

ダーウィンの「服従している」犬

ダーウィンの「攻撃している」犬

その姿勢が動物の気持ちと意図を示す正確な情報を伝えるとした。例として比較したのは、「攻撃している」犬と「よくなついて服従している」犬だ。「攻撃している」犬は、堂々と立ち、背中の毛を逆立て、尾を高く上げながら前のめりになり、歯をむいて唸るが、「服従している」犬は地面近くまで身をかがめ、尾を下げる。ダーウィンの「反対の原理」は、現在ではほとんど取り上げられないが、犬の感情の理解は今でも正しいとみなされている。

犬も同じように相手を巧みに操れるのだろうか？　犬どうしはときに「ウソ」をついているように見えることがあり、特に利害の衝突がある場合に多い。ただぼくの知る限りでは、これを計画的に調べた研究はまだない。ぼくが飼っていたラブラドールレトリバーのブルーノは、人間のことを大好きだったが、ほかの犬には警戒心が強く、特に雄犬はだめだった。初対面の人に出会うと、くねくねと歩きながら近づき、半分かがみ込んで、しっぽをまるで調子の狂ったヘリコプターみたいにグルグルまわし続けた。ところが雄犬を目にすると、できるだけ大きく見えるようにまっすぐ立ち、背中の毛を逆立てた。どちらの場合にも、ブルーノは出会いを自分の思い通りに運ぼうとしていたのだ。相手が人であれば必ず仲良くなりたいから、オオカミのこどもの挨拶を利用した。それは自分を実際より小さく見せる方法だった（太り気味のラブラドールだったから、それは報われない努力だったが）。別の雄犬が相手となると、その反対で、自分を実際より大きく見せようとした。本当は強いふりをしていただけで――あまり勇敢とは言えなかったから――相手が退散しないときには、しっぽを巻いて自分のほうが退散した。つまり、ブルーノは相手の犬をだまそうとしていたように見えた。はじめから自分で意識して、わざとだまそうとしたという意味ではない。犬にそれほどの知性があるかどうかは疑わしい。そうではなく、ライバルになるかもしれない相手に自分を印象づけようとするとき、けんかしてケガをする危険をおかすことなく相手を怖がらせ、追い払ってしまおうと、ほとんどの犬は実際より体を大きく見せようとするのだ。ただしこの作戦が毎回うまくいくには、相手がこの見えすいた脅しを真に受ける間抜けな犬でなければならない。そしてそれはありそうにない。

ならばなぜ、両方の犬が闘う意志がないという合図を出すだけですまさないのだろうか？　実際のところ、犬にはそのような譲り合いの交渉をする方法はないらしい。最初に背中の毛を逆立てる作戦を試みた犬は、たぶんライバルに真に受けてもらえ、うまくいったにちがいない。この習慣をほとんどの犬が採用するようになると、ライバルもそうすることが予想できる。そこで毛を逆立てない犬は実際より小さいと見られ、攻撃される確率が高まることになる。こうしてこの行動はレパートリーとして固定した。ほぼ例外なく、どの犬も折にふれてこの行動を見せ、ほとんどまたはまったく闘う意志などなくても同じだ。ただし、犬のボディーランゲージは強いふりをしているだけに見えても、犬自身がこのごまかしを自覚している証拠はないことに注意しなければならない。犬たちはただ、求める結果を出すために進化と経験の指示に従っているだけだ。

むきだした歯──闘いも辞さないという正直な合図

この過程がさらに複雑になったものが、毛を逆立てた次の段階として多くの犬が採用する「歯をむきだしにする」合図だろう。科学者は、実際に咬みつく前に、ほおの皮が邪魔にならないよう後方に引いておく必要があったから、この動作をするようになったという仮説を立てている。歯をむきだしにする合図は、相手にとっても役に立つ。実際に咬まれる前に、一瞬の警告をもらえるからだ。警告だけで闘いを未然に防げることも多いだろう。攻撃側は咬む前に余裕をもって歯を見せることで、経験の浅い相手をひるませ、闘いのリスクを避けられるかもしれない。でもこれは本当に賢明な威嚇だろうか？　攻撃される側は、咬まれるずっと前に敵の歯を見ることができる。歯が欠けていたり抜けていたりすれば、咬まれてもあまり痛くないだろうと確信できる。だからこの合図には双方に利点がある。攻撃側は咬むかもしれないぞと態度で示し、攻撃される側は実際に咬まれたらどのくらい痛手があるかを前もってチェックできる。だから、この合図もレパートリーとして定着した。進化の点で見ると、威嚇の要素をもちながら核心は正直な気持ちを表しているので、このような合図は特に安定している。攻撃側は「実際に」咬もうとしていて、攻撃される側は咬まれるとどう感じるかのイメージを「実際に」手に入れられる。

二匹の動物が対立する際に、ある程度威嚇するほうが進化の点で有利になるのは、動物の感情の状態はときとして読みとりにくいからだろう。けれども犬はとても社会的な動物だから、ほかの多くの種より明らかに率直なコミュニケーションをする。もし初期の犬（とオオカミ）が本当にいつも支配権を握るために必死に努力していたなら、不正直な合図を出して感情を完璧に隠せるほうが進化では有利になったはずだ——飼いならしには向かない性質だ。その反対に、犬の世界でも人間の世界でも、協力には透明性のほうが役に立つ。祖先であるオオカミにとって、家族の集まりを維持するのは生き残りにとって絶対不可欠だから、全員にとってほかのみんなの気持ちを知っているほうが有利に働く。この原則は狩猟採集時代の人間の祖先にも同じようにあてはまった。だからホモサピエンスもタイリクオオカミもそれぞれの感情を率直に表す。ただしオオカミ

（と犬）は、顔だけでなく全身を使って気持ちを伝えようとする。この運のよい偶然の一致が、飼いならしを順調に進める要素のひとつとなり、互いに相手の心を読む方法を学習することができた。

長い飼いならしの過程で、人間は何を考えているのかわからない犬よりボディーランゲージを「読み」やすい犬を好んだので、感情のさらなる透明性の選択が進んだだろう（ただし、珍しい特徴や「ベビーフェイス」を好む風潮が生まれると、選択は逆の方向に向かった）。つまり、時間をかけて合図を学習する心構えのある飼い主は、ペットの気持ちがとても読みとりやすいことに気づくはずだ。

犬の行動と生理的状態を観察すれば、犬の感情についてのヒントが得られるとは言え、生理と感情とのつながりにははっきりしない部分がある。犬のボディーランゲージと、もっと詳しく言えば何かを伝えようとする努力は、ある瞬間に感じていることについて一連の情報を提供する（感情Ⅱ）。もう一方の情報は、ホルモンと脳の活動から生まれる（感情Ⅰ）。では犬は「心のなかで」、ストレスを感じたり、元気づけられたり、期待したりしているのだろうか？　これらの生理的変化は飼い主の目には見えず、まだ科学的には、少なくとも犬ではよく研究されていない。しかもこれまでわかっていることによれば、そうした変化は特定の行動やひとつの感情と一対一で対応していない。たとえばアドレナリンやコルチゾールのようなストレスホルモンは、犬が不快だと感じる状況だけでなく、交尾できるかもしれない相手に近づくときにも分泌される。これらのホルモンは体の活動に備えているだけで、特定の感情をそのまま反映しているわけではない。同様に、個々の感情が脳内のひとつの化学物質と単純に関連づけられているわけでもない。神経化学物質のオピオイドが感情の状態と関連しているのがわかるのは、それに類似したヘロインなどの麻薬がもたらす感情への影響からだ。しかし麻薬は、痛みを感じさせなくする働きももっているから（モルヒネは鎮痛剤として利用される）、その効果は実際には感情に関するものだけではない。天然のオピオイド――エンドルフィン――は、遊びや体の触れ合いなどの社会的結びつきの活動中に哺乳類の脳で分泌されるが、動物が社会的分離で悲しんでいると分泌レベルが特に下がるため、いくつかの異なる感情の状態と関連していると考えられる。

これらの関係が複雑なのは、哺乳類の感情のレパートリーが大昔の爬虫類のものから断片的に進化してきたせいだろう――爬虫類の感情は、はるかに単純なものだった（または一部の科学者が論じているように、まったくなかった）。また、ひとつずつの感情が哺乳類の脳のきまった場所にしまわれているわけではない。ほとんどの感情は中脳の各部で起こるが、中脳は後脳を通して脊椎につながり、哺乳類ではもっと大きい前脳（脳の「考える」部分）にすっぽり包まれている。中脳のなかでさまざまな感情を引き起こす重要な部分は、視床下部と扁桃体のふたつだが、これらはまた空腹、渇き、睡眠と覚醒のサイクル、学習など、ほかの機能にもたずさわっている。

こうした複雑さはあるものの、感情は脳内で起こり、全身をめぐるホルモンの変化に関連していることは確かだ。つまり予測できる身体的な表れがある。それならば、前に取り上げた生理学的要素（感情Ⅰ）と行動的要素（感情Ⅱ）のふたつのアプローチを組み合わせて使えば、犬がどの感情をほぼ確実にもち、どの感情をほぼ確実にもたないか、調べることができる。

感情は、最も原始的なもの（脊椎動物の進化の過程で最初に現れたと考えられるもの）から最も複雑なものまで、おおよその階層順に並べることができる。犬は人間と同じ哺乳類であっても、脳は人間ほど複雑ではない。そこで、犬と人間はどちらかと言うと単純な感情を共有しながら、人間が感じる最も複雑な感情は人間だけのものとみなすのが妥当だろう。

空腹、渇き、痛み、性的衝動などの最も基本的な感情は、「感情」というより「感じ」や「気持ち」と呼ぶほうがしっくりくる。それらは脳の最も原始的な部分——脳幹、中脳、視床下部——で主に処理されている。視床下部は賞罰に関する情報も処理しているから、犬が学習する方法にとってはとても大事な部分だ。

本当の感情のなかで最も単純なもの——恐怖、怒り、不安、喜び——は、学習する必要がないという点で「本能的」なものだ。驚く気持ちは、学ばなくてもただわき上がる。これらはまた、哺乳類の脳のなかで最も原始的な部分と言える辺縁系で生じるという意味では、「基本的」なものだ。辺縁系は脊椎動物の進化のごく初期の、おそらく今から五億年も前に出現している。だから犬がこれらの感情をもっていないことは、ほとんどあり得ない。ただし、犬が主観的にどんなふうに経験しているかを正確に知るのは難しい。

恐怖、怒り、不安、喜びはすべて、大きな脅威やチャンスに対処する方法として進化したものだ。対応の「近道」のもとになると見ることもできる。たとえば動物が何かの脅威に出会ったとき、いちいち過去の記憶から同じ経験をたどって、対応を考えている暇はない。それより感情的な反応（恐怖）に促されてすぐに逃げ、安全なだけ遠のいてから、じっくりと本当はどんな脅威だったかを判断する。もちろん経験の積み重ねに基づいて、より正確に脅威を分類するうえで、学習の出る幕がないわけではない。それでも背景にある感情は、何度経験しても、ほとんどいつも同じままだ。

恐怖は、なかでも最も原始的なものかもしれない。そのほかの単純な感情と同様、驚いた出来事の記憶を形成してあとから取りだすのにも、それに対する反応を生みだすのにも、扁桃体が中心的な役割を果たす。扁桃体は、脳の中心部の奥深くに隠れた、アーモンド型をした一対の構造だ。視床下部のうしろ部分もまた別の重要な構造で、脳と、そのほかのホルモン分泌構造とのあいだの情報を中継している。ホルモンを出す構造には、戦うか逃げるかを決めるホルモンのアドレナリンを分泌する副腎などがある。

犬が恐怖を感じると、そのあとの動作は明らかに人間の場合と似ている。犬は急に警戒態勢に入って動きをとめ、扁桃体が大脳皮質に激しく信号を送っているあいだ、立ちすくんでしまう。大脳皮質は脳の「考える」部分で、その状況に適した反応を考えだす。それまでのあいだ、犬は張り詰めた様子でじっと動かず、見てわかるほど震えていることもあり、危険に対する一般的な準備として目を見開き、歯をむく。体内では心拍数も呼吸も増えている。

それがはじめて出会う状況なら、記憶の倉庫は役に立たないだろう。だから、もっと論理的に考えられる人間の目には突拍子もなく映る行動をとることがある。たとえば一度も見たことのなかった段ボール箱を前にした犬は、動かない無害な物体だと判断できず、本格的な恐怖反応を示すことがある。[8] 恐怖は出来事を分類する近道で、「怖い」のカテゴリーに何が入るかは、その犬がそれまでに経験してきたことと、特に生後六か月のあいだに経験しなかったことで決まる。「怖い」のカテゴリーは、その犬を過去に怖がらせたものと、なんであれ過去にまったく経験のないものの、二種類で構成されているのだ。

怖いと感じた状況への犬の反応は、過去に一番効果的だと知ったことに応じて異なってくる。ほとんどいつも固まってしまう犬もいれば、たいてい逃げてしまう犬もいる。以前に逃げ道を断たれた経験があれば、間髪を容れずに攻撃に出る犬もいる。多くの獣医師が言うように、攻撃の大半を引き起こしているのは恐怖で、怒りや「支配」欲ではない。多くの問題行動の中心にあるのは恐怖だ。

恐怖は学習の強力なきっかけとなる。段ボール箱のような見知らぬ何かで急に驚いた犬は、その後も似たような箱にビクビクし続けるだけでなく、最初に驚いた場所にもう一度行くと、明らかに不安そうな様子を見せることがある。そこにはもう前に驚いたものがなくても、関係ない。人間から見ると「わけのわからない」恐怖を、犬が抱くようになる原因のひとつがこれだ。犬は自分が「明らかに」知らない刺激だけでなく、出来事全体を思いだしているのだから、犬にとっては完全に筋が通っているわけだ。

不安は恐怖と混同されることがある。同じ動作になって表れる部分があるからだろう。だが、不安は恐怖の予感だ——本質的に怖い実際のものや出来事によってではなく、いつとはわからないが将来起こりそうな怖いことの前兆によって引き起こされる。ぼくが最初に飼ったアレクシスとアイヴァンは、どちらもラブラドールとテリア（それぞれジャックラッセルとエアデール）のミックスだったが、ほとんど不安を感じたことがないんじゃないかと思うほど自信満々の犬だった。でも三匹目の、純粋なラブラドールのブルーノは、感情的にぜんぜん自立できていなかった。すぐ怖がるわけではなかったが、まわりの人間にとても頼っていたのだ。三〇年ほど前、仔犬だったブルーノが生後八週間でわが家にやってくるまで、ぼくは「分離不安」という言葉を聞いたことがなかった。かかりつけの獣医さんをはじめとして獣医師の多くも同じだった。その一五年後にぼくがはじめた研究プログラムでは、イギリスの若いラブラドールの半数が、一匹だけで残されるのをいやがることが明らかになった。でもそのころは、それが問題だなどと、誰も考えていなかったと思う。

ブルーノは、家の人たちが出かけようとしているのに気づくと、見るからに不安な様子になった。車のキーをもって、上着をはおり、家のあちこちにいる子どもたちを呼び寄せる――こうした動作を見ただけで、顔はなんとも悲しそうな表情になり、一番安全だと感じるベッドの奥にコソコソと身を隠した。当時の「専門家」は、家の人たちを行かせまいとするゲームで遊んでいるだけだと言い、猟犬は犬舎に何時間もぶっ続けではうっておけるよう作られた犬種で、犬のほうもそうするのが大好きなのだと説明した。家族が出かけてしまえば落ち着いて、みんなが戻ってくるまで寝ているはずだとも言われた。でも違った。ブルーノがずっと不安をもち続けていたのは明らかだったからだ。家族が家に戻ると、ベッドや家具ばかりか、壁紙まで、いたるところ噛み跡だらけだった。

それらはすべて不安のしるしだ。レトリバーは口に意識を集中させるので、緊張を和らげるのに噛むのが大好きなようだ。ブルーノがほかの犬種だったら、吠える、ウロウロ歩きまわる、爪で壁をひっかく、床におしっこやウンチをする、などの行動に出たのかもしれない。犬舎に預けると、そこには噛むものがあまりないので、代わりに遠吠えを続けた――何時間でもあきらめずに。家族はついに、ブルーノは甘えん坊の犬なんだと認め、いつも誰か知っている人が家で留守番をすることに決めた。ブルーノは、家族が出かけてしまうのが怖かったわけではない。自分だけ取り残されるのが嫌いだから、もうすぐほかに誰もいなくなるとわかるだけで不安になっていたのだ。もう家族が戻って来ないかもしれないという不安もあったのだろう。犬の時間の認識については、まだよくわかっていないが、人間のものより精度に欠けるらしい。だから犬が将来のはっきりしないときに起こるかもしれないこと、起こらないかもしれないことを、どれだけ予測できるか知るのは難しい。

怒りは恐怖と同じではない。どちらも攻撃につながることがあるので、これらの感情は混同されやすい。でも実際には、犬のボディーランゲージから簡単に見分けられる。恐怖は、自分の手に負えない不利な状況に陥る可能性を、犬の脳が察知したときに起こる。怒りは、世の中に対する犬の期待がおびやかされたときに起こる。たとえば、自分のテリトリーだとみなしているものに愛着をもっている犬は、別の（特に同性の）犬がそのテリトリーに侵入すると、怒りを感じる。怒っている犬は、恐怖を感じている犬と同じように唸ったり、歯をむいたりするかもしれないが、それは主に意図を伝える合図であり、感情の二次的表現にすぎない。怖がっている犬と怒っている犬を見分けるのは簡単だ。怖がっている犬は見るからに逃げ腰で、耳から口角まで、すべてが後方に向かってひかれ、チャンスさえあれば実際に逃げだすにちがいない。怒っている犬は体をこわばらせ、恐怖の反対に前に進む態勢を整えている。

怒りは、ほかの感情と同じく生き残りのメカニズムとして進化したが、飼いならしによって大きく変わりもした。食べものや居場所をほかのオオカミから守れないオオカミは、野生ではそう長く生きてはいられない。ところが犬の場合、怒りを感じて表現する能力はそこまで貴重なものではなく、その生き残りは犬どうしの競争より飼い主の善意にかかっている。事実、飼いならしは犬が怒りを感じる限界を引き上げ、今では犬はほとんど怒らない。

犬の行動の主なきっかけが支配だと今でも思っているドッグトレーナーは、攻撃的な行動のもとが怒りだと説明しがちだ。具体的には、家庭での「地位」がおびやかされたと感じて、犬が怒るのだとする。こうした見方はたいてい、ほとんどの犬が実際にはどんな動機に動かされているかを誤解しているために生まれている。それでも、犬は絶対に怒らないとか、犬はほかの犬に対して我を張らない、自分が大切に思っていることを拒絶しようとしていると感じた人間に食ってかかったりしないとするのは、無責任だろう。たとえばテリトリーの意識がとても強い犬もいて、テリトリーを侵されると吠えることで侵入者に怒りを示す。野生の動物なら、その脅しが無視されると本物の攻撃へと移っていくが、飼いならしとしつけの複合効果によって、犬ではそこまで進むことはめったにない。

犬はオオカミほど敏感ではなくなっているとはいえ、人間やほかの犬といっしょに平和に共存できるよう、感情のコントロールを教える必要がある。野生の場合、母親が子にしつけるとても大事な教えは、咬み方を抑えることだ。仔犬の歯はそれほど相手を傷つけないが、咬む力の加減をコントロールして、遊んでいてきょうだいにケガをさせない方法を覚えなければならない。さもなければ本格的な闘いになる。おとなの歯になったとき抑えをきかせずに咬めば、大ケガになる。怒りの表現である咬む動作のコントロールを学ぶことができるように、犬は怒りそのものをコントロールすることも学習できる。怒りを表現してしまったらどうなるかを教わったことがない犬は、社会にとってもその犬自身にとっても、よくて迷惑、悪ければ危険な存在になる可能性がある。犬は限界を教わる必要がある。それは肉体的な限界というより感情の限界だ。犬の好きなようにさせて甘やかすのは、けっして思いやりとは言えない。自然界では、好き勝手な行動などすれば、すぐ攻撃されるか仲間はずれにされ、社会的な種ではどちらも生き残りに不利になる。人間社会でなら、そんな試行錯誤は許されるわけもなく、監禁か安楽死の運命が待ち受ける。

ほんのわずかだが、ときどき恐怖や怒りの合図をまったく見せずに攻撃する犬がいる。そのような犬が、感情に異常のある「精神病質」なのか、心のなかを相手に悟られたくなくて通常の合図を抑えられるのかは、はっきりしないことが多い。そのような犬は、主に犬を武器として利用する狭い社会では珍重されるが、それ以外は人間といっしょに暮らすには向かない。「闘犬」がすべて精神病質なわけではない。多くは命令ひとつで即座に攻撃的になれるよう訓練された犬で、また命令すれば攻撃をやめさせることができる。

このように予告なしで攻撃する傾向を、捕食行動に不可欠なオオカミの「攻撃」と混同してはならない。ヒツジを殺す犬を何気なく「攻撃的」と表現することがあるが、犬がヒツジを怖がったとも、ヒツジをライバルとみなしたとも思えない。そうではなくてただ、許されることではないが、狩猟本能に従っただけなのだ。捕食が動機の「攻撃性」は、怒りや恐怖によって生まれる攻撃性とは大きく異なり――たとえば視床下部のまったく違う部分でコントロールされており――もし感情的な要素があるとすれば、否定的なものではなく肯定的なものだろう（捕食動物は狩りを「楽しい」と思ってやる気を出しているはずだ。だからこそ続けられる）。

犬の否定的な感情のほとんどの部分が不安と恐怖で、怒りは散発的なものだ。これらの感情をどのくらい強く感じるか、またまわりのどんな出来事がきっかけで感じるかについてはさらに、犬ごとに大きな開きがある。どの感情も、特に恐怖は、強い学習効果をもっているので、一度ある状況によって特定の感情が生まれると、同じ状況が繰り返されればまた同じ感情が生まれる可能性が高くなる。恐怖と不安ははっきりしたボディーランゲージに結びついているが、こまかい表れ方は犬によって異なる。不快な感情を減らす一番の方法は、原因から遠ざかることだと学習した犬もいれば、過去の経験で問題に正面から立ち向かう以外に選択肢がほとんどなかった犬もいるだろう。このように攻撃性（攻撃的な行動）は、恐怖か不安に結びついていると思われる――さもなければ、まったく感情を伴わない捕食者の「攻撃行動」だ。

肯定的な感情の生理学的な背景は、恐怖、不安、怒りにくらべると、まだあまりよくわかっていない（人間の医学にとっては、多くの精神疾患に関連している否定的な感情を明らかにして治療するほうが、はるかに重要な意味をもっているせいだ）。それでも研究の成果として、扁桃体と視床下部を含む辺縁系がその中心的な部分で、神経ホルモンのドーパミンも大きな関わりをもつとされている。肯定的な感情にとって特に大切な脳の部分は、「快楽中枢」とも呼ばれている側坐核で、これは扁桃体のすぐそばにある。

幸福感――喜び――は、ほとんどの犬から、ほとんどいつも発散しているように思える。幸せな犬は、おだやかで素直な顔つきをして、肩からうしろの体全体を――もちろんしっぽも――小刻みに揺らしている（ただし、犬は自信がないときや闘っているときにもしっぽを振るので、注意が必要だ）。皮肉屋は、犬は人間をだましているだけだと言うかもしれない――不機嫌な犬より楽しく見える犬のほうがかわいがってもらえるから、犬は幸せそうにふるまっているだけだと。けれども科学者たちは、犬などの哺乳類は幸福感を経験できると固く信じている。

有益な行動を調節したり刺激したりする役割として幸福感が存在するのは、進化の面から見ても妥当だ。最も基本のレベルでは、行動が繰り返されるためには必ず見返りが必要だという学習理論の前提がある。犬は空腹を感じると食べものを探す。食べものが見つかって食べると、内臓から分泌されたホルモンがその行動を強化して、犬がまたその食べものを探して食べるようにする。だが食べものが傷んでいて、具合が悪くなると、別のホルモン系統が嫌悪感を引き起こす。するとその犬は長いことそれと同じ食べものを口にしなくなるばかりか、その食べものを見つけた場所まで避けるようになる。(9)

これらの単純な例では、学習を促すための報酬や罰がすぐに示されるものと仮定する。けれども、同じように重要な行動の一部には、明らかな報酬がまったく関連づけられていない。それなら、動物は気分がよくなるから、言いかえれば幸福になるからその行動をするはずだ。秋になると、リスは木の実を食べずに土のなかに埋め、冬のあいだの食糧にする。生まれてはじめて秋を迎えるリスが、（a）これから気候の悪い季節がやってくる、（b）そのあいだは食糧があまり手に入らない、（c）今のうちに豊富にある食べものを埋めておけば、数か月間はまだ栄養分を保っているはずだ、という将来の見通しを立てているとは思えない。それよりも、食べものを埋めてその場所を覚えておくことで満足感を味わえるよう、進化によってリスの行動が決まってきたのだろう。つまり、この行動はリスを幸せにする。

同じように、科学者は以前、遊ぶという行動の動機は何かを理解できなかった。野生動物では、遊びが生き残りを助けることは間違いない。さもなければ進化はその行動を選択しなかっただろう——外で遊んでいるこどもは、巣穴で眠っているこどもより捕食者の目につく。けれども遊びの利点がはっきりわかるのは、ふつう数か月後になってからだ。そのころになると遊びの成果が出て、社会的な結びつきが強まったり、狩りの技術が高まったりしている。だからまだ幼いときには、遊びそのもので満足感が味わえるとするのが最も自然な説明だ。つまり、楽しい！　しかも見ているだけの楽しみではない――遊びは参加することで幸福感を生みだす。たしかに、犬では遊びと喜びには切っても切れないつながりがあって、犬は成長しきれなかったオオカミだという考えに一致する。大切に育てられている犬を喜ばせるのは簡単だ。好きなおもちゃを見せるだけで、自分から遊びはじめる。その前に同じおもちゃで遊んだときの楽しかった気持ちを思いだして、即座に体が動く。そして犬は飼い主といっしょにいるときも幸福だろう。ただしその場合、一番大きい感情は愛情だ。

愛情（love）――生物学者は誤解のないよう細心の注意を払い愛着（attachment）と呼ぶ――は、犬と飼い主のきずなの源だ。若いオオカミにとって、両親への強い愛着は生き残りに欠かせない。親は子を守り育てるために必要な能力をすべて備えている。子は成長する過程で、その能力を自然に身につけることができるが、ひとつずつ試行錯誤で学習するのではなく、ただ見よう見真似で覚えていく。家族の集団を早く離れすぎれば、自分が親になるまで生き残れる確率は大幅に減ってしまう。基本となる生理的なしくみを考えれば、それほど強く不可欠な愛着の根源に感情がないとみなすのは無理だろう。犬の典型的な行動の大半は、その起源を若いオオカミのレパートリーにたどれるとするなら、感情の起源も同じようにたどれると考えるのが理屈に合っている。簡単に言えば、犬は人間のことを好きに見えるだけではなく、実際に人間を大好きだとみなすだけの正当な生物学的根拠がある。

生理学的レベルで、愛情がそのほかの肯定的感情と異なるのは、オキシトシンというホルモンの明らかな関与がある点だ。このホルモンははじめ、母親が生まれたばかりの赤ん坊をかわいがる行動（慈しみ行動）を促す働きだけをもつと考えられていたが、今ではあらゆる種類の愛着に関わっているとされるようになった。犬が人間と仲良く触れ合っているとき、実際にオキシトシンの分泌が急増する。人間にとっては、犬との触れ合いはすぐれたストレス解消法になると広く認められている。その逆もまた真実にちがいない。ある研究では、人が犬をなでたり、人と犬で軽く遊んだりして、互いに親しく交流する実験を行なった[10]。すると遊んでいるあいだに、予想通り、犬の血圧が少し下がり、いくつかのホルモンの血中濃度が大幅に上がったのだ（具体的に見ると、オキシトシンが五倍、エンドルフィンとドーパミンが二倍だった）。人間でも、増加の幅は犬ほど大きくはなかったが、同様の変化が起きた。

この強力な生理学的反応がめざましいのは、ホモサピエンスという、異なる種との触れ合いで起きている点だ。すでに述べた通り、犬の人間に対する愛着は、犬の仲間に対するものより強いことが多い。飼い主が出かけると動揺してしまう犬は、ほかの犬がいっしょにいても気が休まることはめったにない。飼い主にしかなつかない「ワンマンドッグ」はオキシトシンが不足しているのかと思いたくなるが、まだ誰もその可能性を追究してはいないようだ。ただし科学者は、すべての犬は飼いならしによって、人間に強い感情的反応をするよう条件づけられてきたことを知っている。多くの飼い主が自分の犬に見出して大事にしている「無条件の愛」は、ここから生まれたものだ。その強い気持ちが簡単には消えないことは、一匹だけ置いていかれるのが大嫌いな犬が多い（ぼくの調査では五匹に一匹の割合でいる）ことでも裏づけられている。

犬は飼い主から離されると、本気で飼い主を恋しがる。多くの犬はそうなると気持ちが萎えてしまうようにも見える。たとえば花火の音のような突然の衝撃に、ふつうよりずっと否定的に反応する。犬はその愛情の深さゆえに、人間にとってかけがえのない相棒になれるわけだが、その反面、人間なしではやっていけないと思ってしまうらしい。犬にこんな弱さを身につけさせたのは人間なのだから、その結果として犬が苦しまなくてすむようにしてやる責任がある。

愛情なしでは、犬と飼い主のきずなは生まれない。それでも犬の感情があまりにも強いために、飼い主がいなくなりそうだとわかると不安になり、戻ってくるまでずっと不安を抱き続ける犬が多い。その不安から生じた行動は、飼い主にとっては許しがたいものばかりだ。以前は、こうした問題行動もたいてい犬の「悪ふざけ」で片づけられていたが、実際には愛情と不安に深く根ざした行動だということが、今では明らかになっている。

犬はよく、飼い主に置いていかれるのをいやがる合図をはっきり見せるが、飼い主のほうは犬が自分に抱いている愛着を軽く見て、その合図を誤解してしまうことがある。獣医師は、犬がとり残されたときに起こす問題行動を「分離不安」と呼ぶことが多いが、その原因となる感情がいつも不安かどうかははっきりしないので（一部は、外で起こった出来事に驚いてパニックを起こすことが原因だ）、この症状をぼくは「分離苦悩」と呼んでいる。

分離苦悩

分離苦悩は、犬種や犬の個性により、さまざまなかたちで現れる。破壊（家具などを噛み跡だらけにする、噛みちぎる、ひっかくなどで、飼い主が最後に出て行った場所や、飼い主のにおいがついたものをねらうことが多い)、声(吠える、クンクン鳴く、遠吠えするなど)、排泄物(おしっこ、ウンチ、嘔吐など)などが表現手段になる。数は少ないが、自傷行為や絶え間なく歩き続けるなど、根深く耐えがたいストレスを示す合図もある。

分離によって起こる問題行動の研究にぼくが着手したのは、もう一五年以上も前のことで、[11]ある準備不足の研究を目にしたのがきっかけだった。その研究は、一度捨てられて施設に収容された犬が新しい家にもらわれると、分離苦悩になる確率がとても高いという結果を示そうとしていた。その結論は、分離の問題の責任をすべて、里親探しの慈善事業に押しつけるものだった。しかも、里親にひきとられるすべての犬に抗不安薬を投与して、新しい家に慣れるまでの最初の数週間を乗り切れるようすべきだという提案までしていた。この主張を支持する研究は当時ほとんどなかったが、雑種のほうが純血種より、分離による問題行動を起こしやすいという調査結果はあった。里親探しの施設が扱う犬は、純血種より雑種のほうがはるかに多いのだから、問題行動は施設の責任にちがいないというわけだ! その後のぼくの研究では、たしかに里親にひきとられた犬では分離苦悩になる割合がわずかに高かったものの、留守番できないことが原因で最初の飼い主が手放した犬が多かったことを考えれば、その説明はつくだろう。

もちろん、純血種の犬が分離苦悩にならないなどということはけっしてなく、それはぼくの最初の長期研究でも明らかになっている。[12]同僚と協力して、ラブラドールレトリバーの仔犬のきょうだい七組とボーダーコリーの仔犬のきょうだい五組——あわせて四〇匹——の成長を、生後八週間（まだブリーダーのもとにいた時点）から一八か月まで追跡した研究だ。当初、ひとりぼっちになるのを嫌う犬が数匹はいるだろうと予想を立てていた。ところが驚いたことに、なんらかの分離苦悩を一か月以上示した犬が、ラブラドールでは半分よりはるかに多く、コリーではおよそ半分にのぼったのだ。ピークは生後一年ごろだった。

この結果は問題の大きさを物語っていた。六七六回にのぼる飼い主への面接調査によって、一七パーセントの犬が面接の時点で分離に伴う苦悩を示しており、それより多い一八パーセントが過去にそうした苦悩を示したが、改善されていたことがわかった。その多くは、特に専門家の助けを借りなくてもなおっていた。ところが、飼い主が気づいていないだけで、実際には分離苦悩に陥っている犬も多い。別の研究では、仕事に出かけているあいだ、犬は一匹で楽しく留守番していると確信している二〇人の飼い主に協力してもらい、出かけたあとの犬の様子を撮影した⑬。すると三匹が分離苦悩の症状（歩きまわる、あえぐ、クンクン鳴く）を示していることがわかり、飼い主はそのことにまったく気づいていなかった。そのうち一匹はあまりにも重症だったので、すぐクリニックに相談するよう勧めたほどだ。分離苦悩はそもそも誰もいないときに起こるのだから、よく考えてみれば、飼い主が気づくのはもっとあからさまな行動——家具を噛む、排泄、吠える、近所の人に聞こえるほどの遠吠え——がある場合だけなのは当然だろう。この研究で調べたサンプル数はわずかだが、飼い主の自己申告に基づいた研究では、問題の範囲はかなり過小評価されているのは明らかだった。

約二〇パーセントの犬が分離苦悩にさいなまれていると仮定すると、飼い犬の総数に乗じれば、信じられないほどの数になる。イギリスには約八〇〇万匹の犬がいるから、計算では常に一五〇万匹以上がこの症状を示しているはずだ⑭。アメリカなら七〇〇〇万匹を超える犬のうち、一〇〇〇万匹をゆうに上回る数が分離苦悩を経験しているだろう⑮。これが今、この瞬間にも起こっていることだ。この数字は犬にとって進行中の危機的状況であり、しかもそれは完全に防ぐことができる。分離苦悩は、仔犬をわずかな時間でも一匹で留守番させる前に、人がいなくなっても必ず戻ってくると予想できるようしつけておけば、ほとんどなくすことができる（《ホームアローン――犬を留守番できるようしつけられるか?》のコラムを参照）。いったん症状が定着してしまうと、なおすのはずっと難しくなる。

《ホームアローン――犬を留守番できるようしつけられるか?》

この本はしつけのマニュアルではないが、留守番できない犬の数がとんでもないほど多く、それを防ぐのはとても簡単なので、犬が留守番できるように教える方法の要点をここで紹介することにした。英国王立動物虐待防止協会（ＲＳＰＣＡ）で活動しているブリストル大学の同僚たちが書いた詳しいアドバイスは、ＲＳＰＣＡのウェブサイトにある

(http://www.rspca.org.uk/allaboutanimals/pets/dogs/company)。

たいていの飼い主は、しつけは服従させること——すわれ、待て、などの命令に従わせること——だと思っている。でもこれはペットの飼い主が責任を負うしつけのうちの、ひとつの役割にすぎない。犬はあらゆる種類のつながりをごく自然に学習するので、ときにはそれを犬自身の幸せのために利用する必要がある。飼い主が車のキーを手にもつと、しばらく寂しい時間が続くと学習している犬は多い。ここで秘訣は、犬がそのヒントをとり残されるという悪い結果と結びつけるより前に、楽しい結果——愛着、飼い主が戻ってくること——と結びつけてしまうことだ。手順は次のように進む。キーをもつ、犬を褒める（食べものでやる気を出す犬なら、おやつを与える）。キーをもつ、ドアまで歩く、犬を褒める。キーをもつ、ドアから外に出る、すぐなかに戻る、犬を褒める。キーをもつ、外に出る、数秒待つ（その後は、一分、数分、と時間をのばしていく）、なかに戻る、犬を褒める。途中で少しでも犬に不安な様子が見えたら、褒めるのをやめて、一段階前に戻る。こうするうちに犬は、別れ（悪い結果）ではなく、飼い主が戻ってくること（楽しい結果）を期待するよう学習する。最終的には、飼い主がドアから外に出て行っても、犬は不安を感じなくなる。

飼い主がいなくても平気な犬が、長いこと留守番しているうちに飽きて、ただ何かしたいという理由だけで大事なものを壊してしまうことも多い。そういう犬、特に口を使うのが好きな犬の場合は、肉のにおいがついた「ガム」や、好物のエサが入ったパズルがあれば、気がまぎれる。

犬はまわりのにおいに敏感なので、飼い主のにおいがついた布を部屋に置いていってやると、気分が落ち着くことがある。

最後に、家に帰ってきてみたら犬がやってほしくないことをやっていたとしても、罰してはいけない。罰することで不安はさらに増す。減ることは絶対にない。

以上のヒントは問題行動を防ぐうえで役立つだけでなく、留守番をさせると不安を感じはじめたばかりの犬の気持ちを、平静に戻せることもある。ただし一、二週間試しても効果がないようであれば、信頼できる問題行動対応の専門家に相談することをお勧めしたい。

なぜこれほどまでにたくさんの犬が、同じ問題を起こしやすいのだろうか？　ぼくはこれを「障害」とは見ていない。まったく自然な行動だ。人間の場合、母親を追って泣く子を「分離障害」とは呼ばないだろう。犬が人を頼って生きるよう選択してきたのは人間で、だからこそ簡単に人に従わせ、役に立つ仕事をさせることができる。一匹でいるのが嫌いなのは、別に驚くべきことではない。

どれだけ多様な分離障害があるかは、まだ議論の的だが、すでに確認されているカテゴリーがふたつある。そのひとつは、たとえ隣の部屋でも飼い主から離れてドアを閉じられると我慢できない、過度の愛着をもった犬のカテゴリーだ[16]。こうした犬が破壊的になると、飼い主が出て行ったばかりのドアの周辺が破壊のターゲットになる。

第二のカテゴリーは、ふだんはとても自信ありげに落ち着いている犬が、たまたま安心させてくれる飼い主がいないとき、(たいていは大きい音などの) 恐怖症でパニックに陥る場合だ。このような犬は通常、留守番するたびに分離苦悩を見せるということはない。引き金となる出来事が、それがなんであれ、飼い主の留守中にいつも起こるとは限らないからだ。ただ、頭を隠そうとして噛みちぎったクッションなど、ときどきパニックのてがかりを残すことがある。

すでに述べた通り、分離障害が一度定着してしまうと、なおすのは難しい。なる前に防止する場合の簡単さとは正反対だ。分離障害は、問題行動専門家が取りあつかう件数の三分の一を占めているが、飼い主が専門家に相談するのはよくよくのことが多い。何年も犬の行動に悩まされた揚句、なんらかの状況の変化で相談に追い込まれる。しかしそのころには、行動はもはや習慣となってしまい、もともとの原因とも関係なくなって(退屈な狭い檻に閉じ込められた動物が見せる典型的な動作に似ている――たとえばトラやヒョウは同じ歩調で歩き続け、クマは体を左右にゆらしながら進む)、原因がとっくに取りのぞかれているのに続くことが多い。

頻繁に見かけるのは分離苦悩だが、世間の大きな注目を浴びる問題行動は、もちろん攻撃だ。ただしこれらの行動には、原因となる感情が誤解されやすいという共通点がある。飼い主がいないあいだに家のあちこちを噛みちぎる行動は、「いたずら」と呼ばれる。咬みつく行動は「支配的」または「攻撃的」と呼ばれ、動機は怒りだとみなされる。どちらの呼び方も正しくないし、その診断は思いやりのある解決には役立たない。

犬の攻撃行動は、分離苦悩よりはるかに少ないとは言っても、珍しいものではない。ペットの犬が、ほかの犬や人間の命を奪うようなことは非常にまれだ（もしあれば、マスコミが大騒ぎをする）。しかしペットの犬が飼い主やその家族に咬みつく事態は、とても頻繁に起こっている。最近の予想によれば、アメリカでは年間四五〇万人の人が咬みつかれている。その大半は軽い傷ですんでいるが、一〇〇万人が医師の治療を必要とし、大人より子どものほうが危険性が高い。咬みつく犬、特に子どもを咬む犬は、社会的に受け入れられず、問題行動専門家への相談件数の最も多くを占めている。咬みついたことで安楽死に至ることも多い。なぜ咬みつくのかもっとよくわかれば、さらに重要なのは、咬みつく段階に至る前に人間に対する攻撃をやめさせる方法がわかれば、膨大な数の犬の幸福につながるはずだ。

二〇年前には、解決方法ははっきりしているように思われた。犬は、家庭での自分の地位をおびやかされそうだと感じたとき咬みつくとみなされていたから、（見知らぬ人ではなく）飼い主や家族が咬みつかれた場合のほとんどは、「支配性攻撃」によるものだと説明がついた。だが今では、犬の問題行動専門家の大半が、この言葉を使っていたことを後悔している。ではなぜ最近になって、専門家のほとんどが心変わりしたのだろうか？

ある論評が、この質問に三つの答えを示している。[17] 第一に、攻撃前後の犬の行動を説明する飼い主の証言は、犬が「地位」を主張しようとしたという考えと一致しない。むしろ恐怖と不安を表す姿勢をとっていて、かすかに怒りを感じる程度だった。たとえば、咬みつく直前に身ぶるいしたのを目撃した人が多かった。また咬みついた直後には、身をかがめる、しっぽを下げて足のあいだに隠す、口のまわりをなめるなど、融和または「親和行動」と呼ばれる動作をする犬が多かった。第二に、咬みつく犬のほとんどは一歳になる前から咬むようになり、理屈のうえで「群れを引き継ぐ」には、まだまだ若すぎる。第三に、これが最も有力そうだが、ほかの犬といっしょに暮らしていた犬はそのなかで特に自信に満ちていたわけではなく、「支配する犬」がとるような行動は確実になかった。

状況はそれぞれに異なるものの、咬みつく犬の典型を筋道を立てて説明すると、次のようになる。犬はこどものころ、脅威だと感じた状況に対応する戦略をいろいろ試してみる。言いかえれば、恐怖への対処の仕方を学ぶ。たとえば、白い小型犬というようなきまった種類の犬を見ると、挑発されもしないのに見さかいなく飛びかかっていく犬がいるとしよう。この犬が精神病質だとは思えない。ただ過去に白い小型犬から攻撃されたことがあるために、同じような犬を見ただけで恐怖に襲われるようになった。何度か出会っているうちに、恐怖を抑えるには先制攻撃の姿勢を見せるのが一番だと思いつく。そしてその戦略が成功すればするほど、同じ行動を繰り返すようになる。正しくしつけされていない犬なら、こうなる可能性がなお高い。飼い主は命令によってこの行動を止めることができず、ただひっぱってその場を離れるだけだから、歩き出すころにはもう攻撃的な戦略が強化されている。

同じように、仔犬は遊びながら、よく飼い主を軽く咬む動作をする。このとき、咬めばほしいものが手に入ると覚えてしまい、飼い主の体に触れずにいろいろな合図を送ってコミュニケーションを求めてもことごとく無視されてしまうと、驚けば何も考えずに咬んだり、ときには経験のない状況に立たされただけで咬んだりするようになる。

ほかの何より咬みつくことで効果が挙がるなら、犬はだんだんと攻撃することに自信を強めてしまう。最初に学習した状況だけでなく、とにかく脅威を感じただけで、いつも攻撃を利用するようになる。犬を極端に擬人化した扱いで接している人ほど、よく咬まれることが知られているが、おそらく犬のボディーランゲージをそのときの気分でまちまちに読みとっているせいだろう（小さい犬ほど擬人化されやすいから、飼い主を咬むのは小型犬が最も多いことの説明にもなる）。さらに、社会化期に重い病気にかかった仔犬は、困難な状況に立ち向かう方法を試すチャンスが限られてしまうので、恐怖反応が定着してしまう前に十分な学習のチャンスを与えられた犬より、成長後に咬みつく割合が高くなる。

ここでひと言、大切なことを書いておきたい。体罰を利用して攻撃を抑えるしつけ方法は、その場では成功したように見えることが多いが、根底に潜む問題の解決にはほとんど役立たない。叩かれる恐怖によって、犬は対立を解決するのに（許されなくても）よく用いる方法を、一時的にはあきらめるだろう。ところがその後、攻撃のあとに罰が待っていると学んだ事例に一致しない――たとえば最初に叩いたトレーナーが近くにいない――状況に出会うと、意表をつくほど激しさを増した攻撃に出ることがある。あるいは惨めな気持ちのはけ口として、自分のしっぽを追いかけてクルクルまわる「尾追い行動」など、いわゆる強迫神経症の症状を見せることもある[18]。

テリトリー性攻撃とも呼ばれる、見知らぬ人を威嚇する行動も、その背景にある感情は恐怖だ。家の前を誰かが通るのを見ただけで、一見自信ありげに吠えたり歯をむいたりする犬は、その人が門の前で立ちどまると、あいまいな態度になってしまうことが多い。相手が実際に敷地に足を踏み入れたら、大声で吠えたてながらも、体は縮こまってしまうだろう。「よく吠えるがめったに咬みつかない――口ほど悪くない」という表現そのものだ。その犬は、よくわからない人を近づけないためには吠えるのが一番だと学習している。攻撃という手段に訴えるのは、窮地に追いつめられたときだけだ。

体罰を使ったしつけによって侵入者を攻撃するよう訓練された犬でも、やはり攻撃の裏にあるのは恐怖になる。この場合、訓練士によって叩かれた記憶によって恐怖がよみがえり、その恐怖を和らげようとして侵入者を攻撃する。手に負えないペットの犬なら、飼い主が与えた脅威ではなく、見知らぬ人からの想像上の脅威が恐怖を呼び起こす。犬からすれば似たようなものだ。恐怖という負の感情を避けることができると学習した通りに、一連の行動をとっているにすぎない。

わかっている範囲では、犬は人間と同じ種類の基本的感情を、肯定的なものも否定的なものも含めて経験している。犬の行動は、人間の立場から言うと喜ばしいものもそうでないものも、喜び、愛情、恐怖、不安、怒りという感情によって導かれている。動物はロボットのようなもので、何も感じずに行動しているという考え方は、犬には明らかにあてはまらない（とすると、ほかの動物にもあてはまりそうもない）。ただ犬はほかの動物より表情が豊かだから、抱いている感情が人間の目にもよく見える。感情は、犬の行動を調節しながら導いている生物学的なしくみの一部であり、学習する能力にとってなくてはならないものだ。そしてその学習能力があるからこそ、今、この世界に適応できている。

ただし、こうした基本的な感情をどのように経験しているかとなると、犬と人間では少し違っているらしい。人間の行動は、恐怖、悲しさ、怒りなどの明らかな負の感情を、積極的に求め、楽しんでいるように見えるという矛盾をはらんでいる。そうでなければ、恐怖映画、推理小説、見えすいたお涙ちょうだいの物語が人気を博す理由を説明できない。犬にその兆候はまったくないから、人間の場合は意識によって感情を評価したうえで、自分自身をそこから遠ざける能力があるように思える。その逆に犬は、恐怖、怒り、喜び、愛情を人間よりずっと激しく、微妙な差異を感じながら経験しているのかもしれない。犬は理屈をつけて気持ちを整理し、気を落ち着かせるのがずっと苦手だからだ。ふたつの種の知性の違いが、主観的な世界の違いに反映されているのだろう。人間と犬では、感情の経験が基本的に似ていることをきちんと認識する反面、自分が考えている感情を犬にあてはめるときには、細心の注意が必要になる。

第7章　犬の知力

「犬は人間と同じくらい賢い動物だ」と思っている人もいれば、「犬なんて頭の回転の悪い子どもみたいなものさ」と思っている人もいる。本当は、そのどちらでもない！犬は、犬として必要なだけの知性をもっている——つまり、犬の知性は人間の知性とは別物だ。イヌ科の動物は人類が生まれてきたものとは異なる環境で進化してきたのだから、人間とまったく同じように考えないというのも、ごくごく当然と言える。とは言うものの、似ているところもある。たとえば、連想的学習能力とそれを促す感情は、一般的な哺乳類のパターンをたどるので、犬も人間も同じことになる。犬は人間と同じように過去に怖かった状況を避けようとし、心地よいと感じた経験を繰り返す。ただし、犬がもつもっと複雑な認識力は、質の点で人間とは異なっている。これらはイヌ科のライフスタイルに合うように選択されてきたからだ。[1] たとえば盲導犬が役立つのは、イヌ科特有の頭を使って「独創的な視点でものを見る目」をもっているからで、飼い主のまわりの常に変化している環境で次に何が起きるかを予想することができる。[2] これは追っている獲物の動きの一手先を読む野生のイヌ科の能力から受け継がれた技だろう。科学者たちは近年、犬が「考える」方法を詳しく調べはじめている。これまで何十年も無視されてきたテーマだ。生物学者と心理学者が犬の知性に関心を寄せ、犬の脳がどこまで複雑なことをできるのか、というより何ができないらしいかを、研究している。その結果、飼いならしが犬の知性に与えてきた影響と、犬と人間の知性がよくかみ合う理由が明らかになってきた。霊長類学者は最近になって、ある特定の分野では、犬のほうがチンパンジーよりすぐれた能力をもつと気づくようになった（ただし全体的な「知性」という点では、知性の定義がなんであれ、チンパンジーのほうが上であることはほとんど疑いの余地がないようだ）。この分野には、犬は動物界でほかに類のない独特の知性をもっていて、それは飼いならしの過程のなかで人間と「共進化」したと主張している研究者もいる[3]。

さらに、犬の認識力と人間の認識力を直接比較している科学者もいるが、それが必ずしも役に立つわけではない。たとえばある研究では、犬の「単語学習」能力は人間の二歳児に匹敵し、「目標指向」行動の理解力は三か月から一二か月までの赤ちゃんに匹敵する、などとされている。このように犬の能力を人間の発達段階に対応させる方法は、なんらかの意味はあるかもしれないが、完全に人間中心の考え方だから、犬の能力をしょせんは犬だからと過小評価することにもなる。犬がにおいだけで爆弾を見つける能力を、人間の年齢と対応させることができるだろうか？　子どもはもちろん、大人だって道具を使わなければ無理だ。いずれにせよこの方法では、犬が人間をどうとらえているかが、はっきりしない。犬の知性について、「犬は飼い主のことを、人間の三歳児が自分の親のことを考えているのと同じように考えている」などという単純な言い方でまとめることはできそうもないだろう。犬はそれよりずっと複雑で、その独特の知性は、（まだオオカミだったころの）進化と飼いならしの両方で形成されてきたものだ。しかも、犬の知性を子どもの知性と比較するのは、犬を（四足ではあるが）子どもとみなし、実際の犬ではなく「小さい人間」として扱うのと、あまり変わりないように思える。

犬の知性を分析するのは容易ではない。犬の感情の内なる世界をはっきりさせることができないのと同じく、犬が人間と同じように考えているかどうかを確かめることはできないだろう。科学ではまだ、犬にどんな自我の認識があるかを明らかにできていないし、まして犬に人間の意識的な思考のようなものがあるかどうかなど、ほとんどわかっていない。科学者も哲学者も、動物どころか人間の意識が何でできているかについてさえ意見の一致をみていないのだから、これはそれほど驚くにあたらない。それでも、犬がさまざまなことをできるかできないかを科学的に調べたうえで、犬がもっているとみなせる思考を推しはかることは可能だ。そのとき、犬にとっての優先順位は、犬の立場から、同じ状況で人間（またはほかの動物）が考える優先順位と同じではないかもしれないことを、肝に銘じておかなければならない。

多くの飼い主や、一部の科学者までもが、犬の能力は人間の能力よりわずかに劣っているくらいだろうとしか考えていないのだから、犬の実際の知的能力を掘り下げて考えてみるだけの理由はある。犬の論理的思考能力を過大評価するようなことがあれば、実際には何をやっているか気づいていない状況で、犬が行動に責任をもてるはずだと思い込んでしまうことになる。飼い主が家に帰ってきたとき、ボロボロになったスリッパを見てどう思っているか、犬が本当に理解できるなら、その「罪」に対する罰は功を奏するだろう。それなら犬は、ドアが開いた瞬間にたまたま自分がしていたことではなく、しばらく前にやったことで罰せられているのだと論理的に考えられるはずだ。人が犬を、犬としてではなく「小さい人間」として扱うようになると、犬にとってはわけのわからない、誤った接し方をしてしまう。もちろん、犬にとって人間がどう接するかは重大問題で（犬の認識力に関するほとんどの研究で確認されている）、犬は人間のすることを理解できないと、混乱し、どうしたらよいかわからなくなってしまう。

単純な学習によって、犬はまわりのことを理解し、人間の思う通りに行動するようになる。けれども犬は犬で、きちんと考えることもできる――まわりの世界のことを感じる「気持ち」をもっているだけでなく、独自のやり方で、物理的環境と近くにいるほかの動物（もちろん人間も含めて）についての「知識」ももっているのだ。

犬の知性に関する本格的な研究は、古くはエドワード・ソーンダイクによる二〇世紀初頭の研究にまでさかのぼることができる。ソーンダイクは動物がどのように学習する

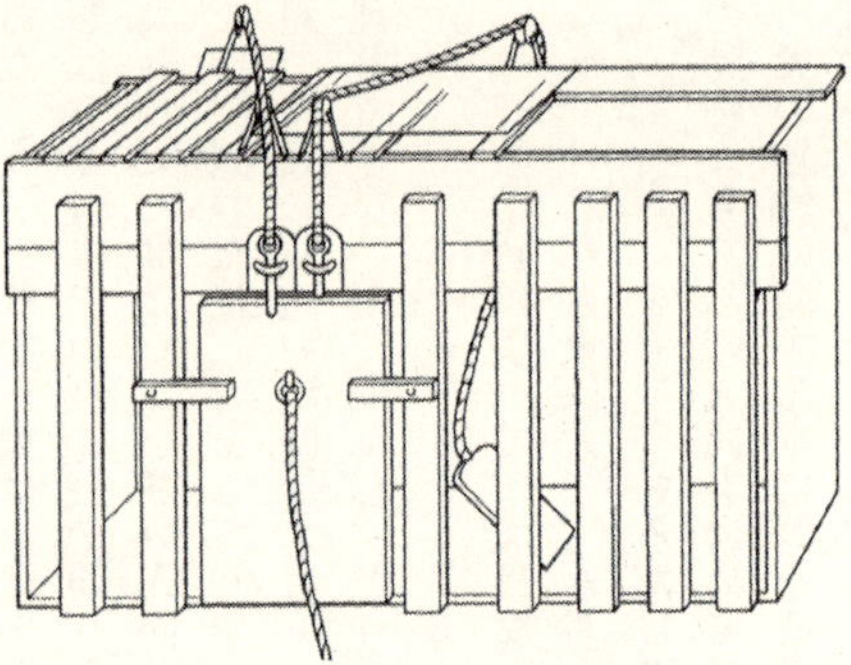

ソーンダイクの問題箱

かを、パブロフとは違うやり方で探った。ソーンダイクが関心を抱いたのは、動物が問題を解決する方法だった。そして動物（通常は犬や仔猫）を、独自に考えだした「問題箱」に入れる実験を数多く行なっている。この箱には、なかにいる動物が何かの行動をとると、扉が開くしかけがしてある。問題箱の絵を見るとわかるように、扉につながったひもの先に重りがついていて、犬が留め具をはずせば重りが働き、扉が開くようになっている。ドアの両側についた留め具なら、箱のすきまから犬が足を出して根元をひっかき、垂直にすればはずれる。ドアの上部についたボルトの留め具の場合は、箱の天井からぶら下がったひもを、犬がくわえてひっぱればはずれるようになっている。床の中央にペダルをつけ、犬が足でペダルを踏むと扉が開くしかけのこともある。

ソーンダイクは、犬が箱の外に出るという問題をどうやって解決するのか、また前にやった方法を記憶しているかどうかに興味があった。当時一般には、猫や犬などの動物はかなりの洞察力をもっていると――いわば、椅子にすわってものごとを考えるようなことができるとみなされていたのだが、もっと単純な説明で十分ではないかと思ったのだ。

ソーンダイクは、単純な連想的学習と、犬が本来もっている知的好奇心の組み合わせによって、外からは知的に見える行動も実際に説明がつくのではないかと考えた。実験をしてみると、犬はまず箱じゅうをひっかきまわし、偶然しかけに触れたときだけ外に出られた。そこで、外に出たら褒美にエサを与え、またすぐ箱のなかに戻して、今度はもっと急いで外に出たがるかどうかを試した。それまでの経験を理解する洞察力があるなら、前に触れたとき外に出られたレバーやペダルのところに、一直線に戻るはずだ。でも実際には、そんなことをする犬はほとんどいなかった。ところが、同じ箱を使って何度も同じことを繰り返すうち、外に出るまでの時間がどんどん短くなり、最後には、留め具をはずすしかけに一直線に向かうようになったのだった。

主にこれらの実験を土台として、ソーンダイクは「試行錯誤」学習の概念を打ち立てた。解決しなければならない問題に直面した動物は、ふだん同じような状況で（この場合は閉じ込められたとき）使う方法を、手あたり次第に試してみる。そのひとつがたまたま効果を挙げると、褒美が手に入る（この場合は外に出てエサをもらえる）。その動物が次に同じような状況に陥ると、前回外に出られた行動をとるか、前回扉が開いたときにいた場所に徹底して注目することが多い。どちらも単純な「オペラント条件づけ」によって説明することができる。前回逃げる前にした行動を繰り返すか、扉が開く直前にいた場所に行く（または両方をする）。このために、犬には洞察力――問題解決能力――はいらない。科学者たちはソーンダイクの実験や類似したほかの実験をもとに、今では、犬の理論的思考能力は限られていて、チンパンジーより（一部の鳥より）劣るとみなしている。

もちろん、ここで大切なのは、犬がバカだなどということではない。犬に独特の知性は、霊長類の知性とは異なっているということだ。ソーンダイクの犬は問題解決能力があることをほとんど見せなかったものの、箱から出る正しい方法を思いだすという見事な仕事をやってのけた。事実、これらの犬はそのあと問題箱に入らなくても、数か月間はこの記憶を保っていた（犬は一度覚えた仕事をいつまでも続けるのはとても得意だが、ただ見ただけのことは、ほんの数秒間でも記憶するのが苦手だ）。

自分自身が行動した記憶にくらべ、目にした出来事の記憶は、イヌ科の動物にとってさほど大切ではないのだろう――というより、まぎらわしいのかもしれない。イヌ科の動物、特にキツネは、食べものを埋めた位置を数日後まで、ときには数週間後まで覚えていることで知られている。このように食べものを回収できる能力は明らかに適応性があるので、食べものを埋めた位置を思いだせる力を進化させたのだと考えられている。その逆に、イヌ科の動物は追いかけている獲物が急に見えなくなったとき、たいていはすぐ次に何をすべきかに頭を切りかえる。そんなことを長く記憶しておいても役に立たない。獲物がなんの形跡も残さず同じ位置に長くとどまることなど、あり得ないからだ。

の姿を消したところに見あたらず、そのにおいがすぐ消えてしまっているなら、とっくの昔にどこかに行ってしまったにちがいない。相手が今しがた追いかけられたところにひょっこり舞い戻ってくるのを期待してその場にとどまるより、さっさと別の狩りの場に移動したほうが得策なのだ。だから進化は、そのような情報を数秒以上記憶しておく能力を選択しなかったらしい。

犬の短期記憶は、実験によって研究されてきた。科学者たちが用いたのは「視覚移動」と呼ばれる方法で、何かが消えた位置を犬はどのくらい長く覚えていられるかをテストする(4)。まず、四つのまったく同じ箱のひとつの背後に、好きなおもちゃを隠したことを犬に教える。それには、まず犬から見えるところで実験者がおもちゃを隠し、それからすぐおもちゃを取りに行かせる。犬が全部の箱を手あたり次第に探すのではなく、おもちゃが背後に置かれて見えなくなった箱に直行するようになれば、その位置をどれだけ長く記憶しているかをテストできることになる。実験の第二段階では、おもちゃを隠したらすぐ箱と犬のあいだについたてを置く――これで犬には、どの箱のうしろにおもちゃがあるかの記憶が必要になる。その後、ついたてがなくなったとき、正しい箱に直行するには記憶に頼るしかない。記憶がなければ、またすべての箱を手あたり次第に探すようになるだろう。実験の結果、ついたてを置く時間が二、三秒であれば、ほとんどの犬が正しい箱に直行できることがわかっている。つまり犬は、短い時間であれば実際に記憶することも、位置を思いだすこともできる。ところがたった三〇秒でも、記憶があやふやになるには十分な時間だ（ついたてを一分置いたままにすると間違いはさらに増えるが、四分にしてもそれほど変わらず、その時点でもまだ多くの犬が五分五分よりは高い確率でおもちゃを見つけた）。その後の実験で、犬は自分との位置関係（「自分の左」など）より、何かの目印との位置関係（「両側に箱がある箱の下」など）によって、どこに消えたかを記憶するほうが得意なことも明らかになった。全体として、多くの犬のひとつの項目に対する短期記憶は、あまりあてにならないように見える。犬は、数分前に起こったことをこまかく思いだすより、今ここで人間が自分に何を求めているかを判断するほうに、ずっと興味をひかれるからだろう。それでも、身のまわりにあるあまり変わらない特徴に、まったく注意を払っていないわけではない。もしそうなら、犬（またはその進化上の祖先）はすぐに滅びてしまっただろう。

ペットの犬の大半にとっては、自分が暮らしている環境の特徴を記憶する必要がない（行ける場所と行けない場所を常に人間が決めている）とは言っても、自由に歩きまわる野生の祖先の能力をまだ失っていないから、必要があればそれを繰りだすことができる。実際の話、場所に関する犬の記憶力はとてもすぐれている。獲物を探し求めて広い範囲を歩きまわった動物の子孫なのだから、当然だろう。犬はこの目的のためにさまざまな認識方法を自由に利用でき、目印を記憶するだけでなく、それらの目印がどう配置されているか、頭のなかで地図を描くという複雑な能力ももっている。目印の記憶に複雑な脳は必要ないが――昆虫が自由に動きまわるのに利用している方法だ――とても役に立ち、もっと複雑な能力にとって、まさに不可欠な部分になる。犬も人間と同じように、自分の周囲の特徴をいつも何気なしに頭に入れている。ただし犬の場合は、人間とは違って、においを頼りに記憶する。人間なら、濃い緑の木立を左に曲がると覚える場所を、犬なら、かすかに草の香りがただよう、オレンジのにおいの木立と覚えるだろう。このような違いはあるが、犬は最近出会った環境の特徴についての情報を、いつも蓄積している（たぶん、その後、少しずつ忘れていく）。

犬がもっている目印を記憶するクセは、実はしつけの邪魔になることがある。仔犬は特に場所を覚えるのが得意なので、何かをするようにという合図の一部として、無意識にまわりの状況もいっしょに記憶してしまうことが多い。たとえば、しつけ教室で「すわれ」という言葉の命令を教わった仔犬が、家に帰ったとたんに命令を忘れることがある。それは、命令だけでなく教室の特徴も合図の一部として自然に覚えてしまったために、まわりの景色が変わると命令を認識しないからだ。

そこでドッグトレーナーはしつけの練習をいろいろな場所で行なって、そのようなつながりを断ち、教えたい命令（ここでは言葉の命令だけ）を分離することが多い。

獲物を求めて遠くまで歩いたハンターの子孫である犬は、単なる目印の記憶以上の高度なナビゲーション能力をもっているはずで、実際に、頭のなかで地図を描く力をもっている。心象地図を調査するには、動物が近道を見つけられるかどうかを確かめるのが

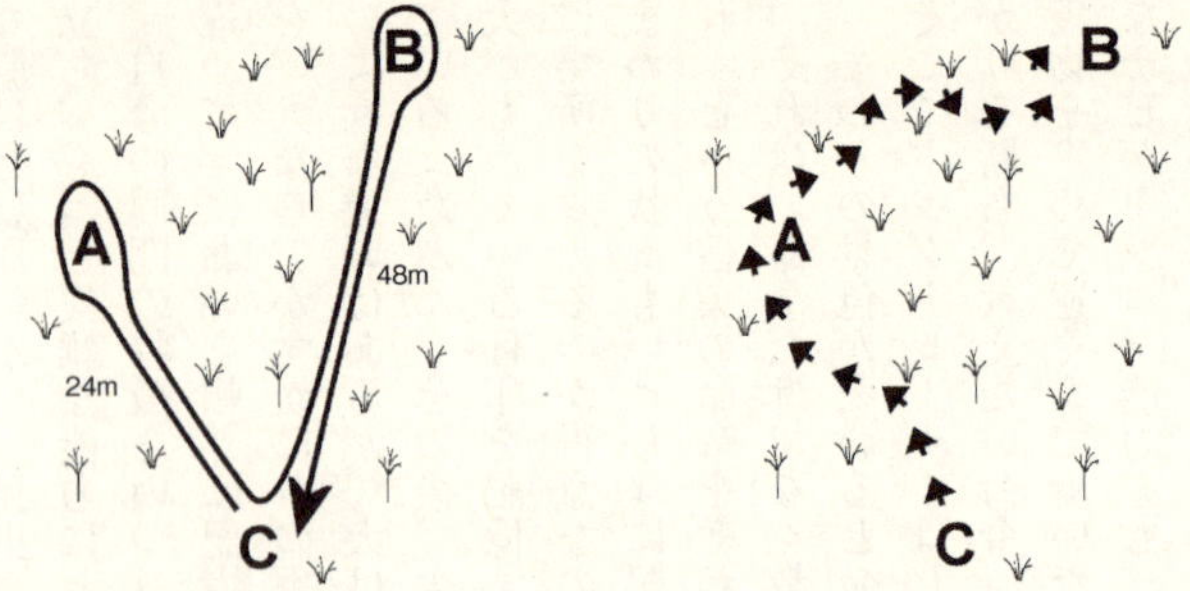

犬が近道できる能力をもっていることを示す実験の鳥瞰図。左：犬をまずC地点からA地点に連れて行き、隠された食べものを見つけさせてから、C地点に戻る。そこからB地点に連れて行って、同じように食べものを見つけさせてから、またC地点に戻る。A、B、C地点のあいだの視線は、草木によってさえぎられている。右：C地点で放されて自由になった犬がたどる、代表的な道筋。

一般的だ。ある実験では、動物心理学者が若いジャーマンシェパードを対象に、地図を描く能力を調べた[5]。まず、一面生い茂った広い原っぱで、二か所の草のなかに食べものを隠し、それをシェパードに見せる（年長の犬は過去に同じような状況で何かを学んでいる可能性があり、ここでは犬の生まれつきの能力を調べたいので、若い犬を選んだ）。それには、実験者が犬を連れてC地点を出発し、最初の隠し場所であるA地点まで歩いてから、一度C地点に戻り、今度はまた二番目の隠し場所であるB地点まで歩いて、C地点に戻る。次に、まだリードにつながれたままの犬が、どこにでも好きなところに実験者を連れて行けるようにする。もし犬が目印を使って食べものを見つけるのなら、前に通った道筋をそのままたどって歩くはずだ。だが実際には、どの犬も近道を通った。A地点からB地点にまっすぐ歩くことが多かったが、いつもとは限らず、ときには先にB地点に行ってから、近道でA地点に戻った。つまり一部の犬は、特に若い犬なら、最初に問題を解決した方法がうまくいった場合に、新しい解決方法を自分から探すことがある。そして新しい方法が前のものよりよくなっていないとわかれば、もとの解決方法に戻ることができる。

　犬によって心象地図を柔軟に使いこなせる程度が違うらしいという事実は、この能力が犬の認識力の限界に近いことを意味する。具体的に言うなら、年老いた犬や長期にわたってストレスを受けた犬は、正しい方向を判断する力が鈍ることがあるようだ。ぼくが同僚といっしょに行なったある実験[6]では、一六個のバケツを一メートル二〇センチの間隔をあけて格子状に配置し、猟犬に食べものを探させた。一六個のうち数個のバケツにはいつも実際に食べものが入っていて、それを見つけた犬は食べることができる。ただしほとんどのバケツには食べもののにおいだけがついている（こうすれば、においだけで目標のバケツを見つけることはできなくなる）。バケツをひと通り探すチャンスを与えると、次回から犬は二種類の間違いをする可能性がある。一度なかを見て食べものがなかったバケツにもう一度向かう間違いと、自分がすでに食べてしまい、空なのがわかっているはずのバケツに向かう間違いだ。さらに実験の第二段階はもう少し難しくし、スタート地点をそれまでのスタート地点と反対側の隅に変えてみた。これでどのバケツに食べものが入っているかを判断するには、頭のなかにある地図を逆さまにしなければならないはずだ。若い犬ほど早く課題を学習し、反対の隅からスタートしても、ほとんど間違えなかった。それに対し、年老いた犬と、ホルモンの量から長期にわたってストレスを受けたことがわかっている犬は、最も多く間違えた。特にスタート地点が変わると混乱し、空間記憶の一部が損なわれていることを示していた。

広い範囲を移動するハンターという進化上の過去から予想できる通り、犬はまわりをいつも何気なしに記憶しているだけでなく、異なる記憶を相互に参照し、効率よく行き先を決められる「地図」を頭のなかに描けるようだ。ただし見慣れた目印でも、予期しない方向から見た場合は、方向を置きなおして考えるのはあまり得意ではないらしい。「地図」そのものは十分に正確なようだが、足りないのは地図について考える力だろう。

犬は自由に歩きまわるとき、人間のように見えるものに頼るより、おそらく正確な嗅覚を優先して用いている。記憶も、見えるものと同じくらい、またはそれ以上、においに基づいているにちがいない。犬は何年ものあいだ、たぶん一〇年ほどは、特定のにおいを記憶できる。前の飼い主のにおいや、前にいっしょに暮らしていた犬のにおいなどだ。

科学者さえもときには犬がにおいに集中することを見落とし、単にすぐれた嗅覚の証拠でしかないことを、犬の複雑な能力の表れだと誤解してしまうこともある。ある実験では、犬に目隠しをし、耳もふさいで散歩に連れ出した。それでも自分が歩いた道順をもう一度たどることができたという。科学者たちはこれを、犬がすべての曲がり角、右に行ったか左に行ったか、さらに角から角まで歩いた歩数まで記憶していたからだと考えた。人間が同じ状況に置かれたら、きっとそうするだろう。だが大切なのは、研究をした科学者たちが犬の鋭敏な嗅覚を考えに入れなかった点だ。簡単に言えば、犬が自分の足跡のにおいを追うか、視覚と聴覚が妨げられているあいだに記憶した嗅覚の「目印」を使って、道順をたどることができた可能性を考えに入れなかった。

犬がわずかなにおいの差を嗅ぎ分けられることを実証する実験が、もうひとつある。これもまた別の目的で計画された実験で、「名前」を聞いておもちゃをもってくるよう訓練された、リコというボーダーコリーを対象にしていた。その犬に関する限り、おもちゃの名前は文字通りの名前ではなく、おもちゃごとに決まった命令だったにちがいない（この犬の心のなかでは、「くつした」は靴下の抽象的なラベルではなく、「靴下を取って来い」という意味の命令だったのだ）。実験者はリコのおもちゃをいくつか並べたうえ、その家にあるどのおもちゃとも違う、新しいおもちゃをひとつもち込んで、そこに加えた。リコの飼い主が、それまでリコが一度も聞いたことのない言葉を叫ぶと、リコは新しいおもちゃを取ってきた。実験者はこれを見て、リコには言語能力がある証拠で、[7] ひいては犬一般に言語能力があることになると主張した。しかし簡単に説明すると、リコが新しいおもちゃを取って来たのは、その家にあったほかのどれとも違うにおいがして（その家の飼い主が一度も触れていなかった）、魅力的だと思ったからにすぎない。つまりこの犬はおもちゃを、「自分のもの」と「自分のではないもの」に分類することができたわけで、それ自体は興味深い認識力だ。それを別にすれば、リコの行動は単純な連想的学習によって説明できるものだった。

要約すると、犬が自由に歩きまわるのに使っている能力の組み合わせには、人間との共通点もあるし、相違点もある。犬は場所についてすぐれた記憶力をもち、その記憶を頭のなかで「地図」に組み立てる力ももっている。だから行き先を知る直観力は、きっと人間のものとよく似ている。人間と同様、犬でも老齢や慢性的なストレスがそれらの働きを鈍らせ、ついにはいつも基準にしていることを見失って、困惑したように見えることがある。ただし犬の認識上の「地図」にのっている特徴は、少なくとも視覚と同じくらい嗅覚に頼っている。人間が頭のなかで描く環境は、ほとんどすべて視覚的なものだ。

犬が心象地図を描けるなら、物理的な世界でさまざまなものがどうつながり合っているかを理解しているように思えるが、実験によって、そうではないことがわかっている。ものごとの結びつきを理解する犬の直観力——犬による「現象の物理的把握」——は、人間とは大きく異なっている。犬は動作とその結果とのつながりは記憶しているが、結果がどうやって起こるかを必ずしも理解しているわけではない。心理学者が物理的なつながりに対する理解力を調べるのに使う一般的な方法は、「手段－目標」テストと呼ばれている。犬の場合は、手の届かないところにある食べものを、ひもを引くことで手に入れる実験をする。最も単純なテストでは、一個の食べものを一本のひもで木のブロックにつなげる。そして食べものを、見えるけれども届かないところに置き（たとえば網で覆うなど）、ブロックには届くようにしておく。ほとんどの犬は試行錯誤で、ブロックをひっぱると、食べものが覆いの下から出てくることを学習する。

手段－目標テスト。犬はふつう、食べものに実際につながっているひもではなく、食べものに一番近いひもを引く。

うわべだけを見ると、犬は自分ができたこととの理由を理解したと思うかもしれない。具体的には、食べものがひもでブロックにつながっていることを、犬がわかったと思うだろう。ところが課題をもう少しだけ複雑にすると、犬はたちまち混乱してしまう。二本のひもを交差させて置き、そのうちの一本だけに食べものをつなげておくとしよう。犬がひもと食べものの関係を理解しているなら、食べものにつながっているひもを引くはずだ。でも、そうはいかない。食べものに一番近いブロックをひっぱる犬がいる。すぐあきらめ、網の下から取りだそうとしてまわりを掘りはじめる犬もいる[8]（ひもが一本だけでも、斜めに網の下に入っていると、もうわからなくなる犬もいる）。これによって、犬が食べものを手に入れる方法を学習するのは単なるオペラント学習によるもので、食べものとひもが物理的につながっていることを理解したからではないと予想できる。犬は、簡単に言うと、「食べもののにおいの近くにある木のブロックをひっぱると、食べものが出てくる」と学習した。サル、オウム、カラスなどの「知性のある」動物は、この課題をもっと上手にやってのける。それなら、犬は頭が悪いということなのだろうか？　そうではない。この実験がただ、犬の知性をテストするのに適していないだけだ。イヌ科の狩りで暮らすライフスタイルでは、ものごとがどういうしくみかを詳しく理解しなくてもやっていける。サルやオウムやカラスの日和見的なエサ探しとは違う。

犬にも、「現象の物理的把握」のもっと得意な側面がある。数を数える能力だ。この能力は知性の指標とみなされているので、科学者たちは犬をはじめとしたさまざまな動物で調べている。犬は、ビスケットが半分まで入ったエサ入れと四分の一まで入ったエサ入れを、明らかに区別できる。でもそのとき、犬はビスケットの数を数えているのだろうか、それとも山の大きさで判断しているだけなのだろうか？　研究者は、もともと人間の幼児を研究するために考えられたテクニックを用いて、この問題に答えようとした[9]。生後五か月の赤ん坊に、まずひとつの人形を見せ、次にもうひとつの人形を見せる。それからちょっとだけ間を置いて、ふたつのはずの場所に三つの人形を置く。すると赤ん坊は三つの人形を、予想以上に長い時間、じっと見つめる――三つ目の人形がどこからともなく現れたのに、驚いているように見える。この反応は、赤ん坊がひとつの人形とひとつの人形を足して、ふたつしかないと予想していたことを示している。犬も同じことができると考えてよさそうだ。母犬は、二匹の仔犬が見えなくなったあとに一匹だけが戻ってきたら、驚くにちがいない（探そうと立ち上がるだろう）。

犬がもっている「数える能力」をテストするために、人形ではなくおやつを使った実験がある。犬の前に、ひとつ、ふたつと、順番にふたつのおやつを置く。次に犬とおやつのあいだについたてを置く。ついたてをどかしたとき、目の前にひとつまたは三つのおやつが置かれていると、犬はそのおやつを信じられないといった様子で長いことじっと見ている。予想通りのふたつなら、ちょっと目をやるだけだ。

このテーマの研究はまだわずかしかないが、まわりの世界がどんなしくみで動いているかの直観的な把握は、犬にはほとんどないように見える。これはソーンダイクの問題箱の実験の結論であり、ソーンダイクのその後のすべての実験でも確認された。犬は、自分がほしいものを手に入れるために、身のまわりの一部の側面についてはうまく利用する方法を簡単に覚える。でも、なぜうまくいくのかを理解しているわけではなく、ただうまくいくからやっているだけらしい。

社会的動物の子孫である犬は、周囲の物理的現象より、仲間どうしの調和を大切にしているように見える。犬をはじめとしたイヌ科の動物が、環境を活用して十分な食べものを見つけるには、明らかに経験の蓄積が大きくものを言う。実際、各自がゼロからすべてを学びなおすのでは効率が悪すぎるだろう。進化は親から子への技能の伝達を促すはずで、若者が両親に頼って暮らす時期が長いほど(イヌ科の「家族の群れ」のように)、伝達の機会は増えることになる。だから、犬は学習の潜在能力の一部をお互いから受け継いできたと判断するのが妥当だ。

だからと言って、人間が子どもに教えるように、一匹の犬が別の犬にわざわざ「教える」わけではない。動物が別の動物から何かを学ぶ方法を研究している生物学者は、複雑な精神機能などもちださず、ごく単純な説明を使うのがふつうだ。飼い主が庭の土を掘りはじめれば、犬はすぐ隣で土を掘って「手伝い」をしようとする。犬は飼い主がしていることを真似しているのだろうか? もしそうなら、なぜ足でシャベルをもとうとしないのだろう? つまり真似をしたのではなく、飼い主が掘ったことで、犬はただ柔らかい土に興味をひかれただけにちがいない――むしろ柔らかい土を掘るのは、犬にとってごくあたり前のことだ。生物学者はこの過程を「刺激強調」と呼んでいる。動物が別の動物のやろうとすることに注目するのは、何か役に立つことがわかるかもしれないのだから、理にかなっている。ところが観察していた動物はその後、ほかの動物の行動をそっくり真似ようとせず、いつも通りの行動をすることが多い。

いくつかの研究でも、そっくり真似をする形跡は見つかっていない。ソーンダイクも、すでにしかけを覚えたほかの犬の行動を見て、犬が問題箱から出る方法を学習できるかどうかを調べている。しかし、犬がほかの犬の行動を観察することで何かを学ぶ証拠はないと結論づけた。別の研究⑽では、訓練を受けたジャーマンシェパードの雑種のモラがする芸当を、アクリルの扉ごしにペットの犬に見せた。芸当は、腹這いに寝るか、横向きに寝る（いわゆる「死んだふり」）のどちらかだ。どちらもたいていの犬ができる動作で、実際にできるよう訓練されている犬も多い。ただここではひねりを加えて、トレーナーがモラに命令するときに使う合図を、観察している犬がたぶん一度も聞いたことがないような任意の言葉（トレーナーの名前など）にした——腹這いになれという合図は「テニー」、死んだふりをしろという合図は「ジョセフ」という具合だ。観察する犬にはそれぞれ五回、芸当の実演を見せた（合図も聞かせた）。次に研究者は、観察していた犬がモラのすることを見ただけで命令を学習したかどうかをテストした。だが学習していないことは明らかだった。命令を聞いて、どうすればいいかわかったらしい犬は一匹もいなかったのだ。何匹かは腹這いになったものの、「テニー」に反応したわけではなかった（疲れてしまっただけらしい）。そして「ジョセフ」の合図のあるなしにかかわらず、「死んだふり」をした犬はいなかった。人間の子どもは生後一八か月で真似によって学習できるようになるから、人間の基準で判断すれば、犬はこの課題があまり得意ではないことになる。

ただし、犬はほかの犬のすることを真似られるばかりか、何を真似するかをきちんと

口にボールをくわえながら足でハンドルを引き下げる芸を実演する犬

自分で選び、筋も通っていることを示した研究もある[11]。ある研究では、生後一二か月から一二歳までの犬を訓練し、木のハンドルを引き下げると箱が開き、エサを取りだせるようにした。ほとんどの犬は、ほうっておくとハンドルを口でくわえて引き下げる。けれども訓練をした犬には、足を使って下げるように教えた。次に、この新しい芸当をしている犬を、別の犬たちが見られるようにした。もしこの芸当で注目するのがハンドルとエサだけだったら、ほとんどの犬は口を使ってハンドルを引き下げるはずだ。ところが何匹かの犬は、手本の犬がやったように足を使いはじめたので、それらの犬は動作そのものを真似したことを示していた。

実験者はテストをさらに工夫し、なぜ犬が手本の動作を真似するのかがわかるようにした。手本を示す犬に、口にボールをくわえながらハンドルを引き下げるよう訓練したのだ(図を参照)。実際に手本を示すときには、口にくわえるボールを与える場合と与えない場合を作った。すると手本の犬がボールをくわえている場合には、ほかの犬はよく口を使ってハンドルを引き下げた。まるで、「あの犬は口がふさがっているから足を使っているだけだ――ぼくは口を使おう、そっちのほうが簡単だ」と考えているかのようだった。それに対して、手本の犬が口にボールをくわえていないと、見ていた犬の大半は足を使った。まるで「あの犬は口じゃなくて足を使っているのだから、そうしなければエサはとれないにちがいない」と考えているかのようだった。この実験は、正しく理解するなら、犬にはとても高度な理論的思考の力があることを示している（人間の子どもは、生後一四か月からこの種の推論をできるようになる）[12]。このような実験を重ねていけば、犬が何を考えられるのかについて、もっと詳しくわかっていくだろう。腹這いや死んだふりのように、ただ飼い主を喜ばせるだけの動作をするよりも、目に見えるものを手に入れようとする動作を真似るほうが得意だということがわかるかもしれない。

いずれにせよ、犬の問題解決能力と、ほかの犬を観察して学習する能力を、人間の幼児の発達段階で現れる同様の能力とくらべて簡単に説明することはできない。犬は犬に適した技能と洞察力を発達させる。人間も同じだ。たとえば、人間の幼児は早くから言葉を話しはじめるが（犬にはいつまでもできない）、選択的に真似できるようになるのは犬より遅い。同様に犬は、助け合って狩りや子育てができるように数百万年の時をかけて進化させた学習能力を、イヌ科の祖先から受け継いでいる。群れによる狩りの効率は、群れのなかで一番経験の浅いメンバーの程度に合ってしまう。そこが獲物を逃がす、最も弱いつながりになるからだ。そこで若いイヌ科の動物は、群れによる狩りを台無しにしたくないなら、一刻も早く両親から技を学ばなければならない。生物学者たちは、互いに学習し合う犬の能力について、まだ理解しはじめたばかりだ。必要となる実験は計画が難しく、その結果にはいくつもの解釈が成り立つことが多い。

イヌ科のほかの種とは違い、犬には人間から学ぶチャンスもある。事実、人間と犬がしっかり力を合わせられることは、飼いならしによって犬の知性のこの側面が拡大してきたらしいことを表している。この章でこれまで取り上げてきた能力のほとんどは、オオカミや、そのほかのイヌ科の動物にも共通なものだろう。ただ、犬は研究しやすいから、犬についてのほうがよくわかっているだけだ。それでも犬は飼いならされ、ほかのイヌ科の動物は飼いならされなかったという事実があるのだから、犬の知性には飼いならしの過程で独自に生まれた要素があるのではないかという疑問がわく。それによって犬はほかの動物たちが追随できないほど高度なレベルで、人間とやりとりできるようになった。体の大きさに対する脳の大きさは、祖先であるオオカミより犬のほうが小さいので、単純に犬のほうがオオカミより頭がいいとは言えない。それなのに犬は、一定の課題では、人間の次に知的な哺乳動物だとされるチンパンジーをしのぐこともできる。現代の生物学者が重きを置くのは、どの動物がより知性的かではなく、動物の精神機能がそれぞれのライフスタイルの必要性にどれだけ合っているかという点だ。犬のライフスタイルは人間のライフスタイルと密接につながっているので、長い飼いならしの過程で犬が手にした特別な知的能力を探すのは理にかなっている。
犬がチンパンジーより特にすぐれている分野に、人間がやっていることから情報をひきだす力がある。とりわけ、人間の顔の表情と身ぶりを読みとる能力が高い。人工飼育したチンパンジーでもこれを学ぶには長い時間がかかる。しかも、最初に訓練した人以外のふるまいは、どんなにその人に似せたものでも、わからなくなってしまうことがある。それに対して犬の場合は、ひとりの人に訓練されれば、別の人の同じ命令をすぐに学習する。犬は特に指示の身ぶりに従うのが得意で、チンパンジーにもまさる。科学者たちは今、これが飼いならしによって生まれた能力かどうか論争しているさいちゅうだが、飼いならしの前からあった能力が、その後洗練されて発達したという考えが最も有力だ（ただし野生のオオカミにとってこの能力がどんな機能を果たしていたかは、よくわかっていない）。

反対側の腕を使った指示にも従う。

指示の身ぶりに（推論によってそのほかの身ぶりにも）従う犬の能力は、思っているほど直観的なものではない。犬は人間と同じように、ターゲット（テストではふつう、エサにかぶせたカップ）に一番近い腕を使った指示だけでなく、反対側の腕を使った指示にも従うことができる。指示している人が「誤った」ターゲットに近いほうにいるときや、誤ったターゲットに向かって動いているときでも、腕による指示に従おうとする。ただし犬にも限界がある。指による指示には、腕による指示よりもはるかに気づきにくい（人間の子どもは指による指示がよくわかる）——ただし脚による指示には従う！「腕か脚のどれか一本全体が、明らかにどこかを指している方向に向かう」という規則をもっているらしい。

犬が生まれつき指示の身ぶりに従う能力をもっているのか、それとも学習する必要があるのかについても、議論が交わされている。生後六週間の仔犬は指示の意味をわかっているように見えるが、成犬ほど上手に従うことはできない——仔犬は簡単に気が散ってしまう。そしてこの能力を訓練によって洗練させられることには、ほとんど疑いの余地がない。たとえば訓練士に忠実な猟犬は、ほかの種類の犬より成績がいい。飼いならしによって、はじめから使える本能が備わったわけではなく、指示の意味を短時間で学習する準備が整ったとも考えられる。それでもすべての犬が普遍的に、指示に対して反応するわけではない。ペットの犬を使ったいくつかの研究では、ごく自然に指示に従う犬は半分もいなかった。明らかに強力な学習の要素が関わっている。一部は、褒美をもらえても指示に従う学習は難しいように見えたが、その多くは保護施設にいたことがあり、過去に受けた体罰のせいで伸ばした腕に恐怖を感じるようになっていたようだった。（a）基本能力はどの犬ももっているが、手は体罰にも使われるから、一部の犬は手の動きに反応しないよう学習してしまったのか、(b)すべての犬が指示の意味を学習しなければならず、一部は単にその課題をより簡単にこなせるだけなのか、まだわかっていない。

科学者は実験ツールとして「指示」を利用することが多いが、犬が特に注意を払う動作はもちろんこれだけではない。うなずく動作や指の動きなどの身ぶりにも、ほかのほとんどの動物より忠実に従う。さらに犬は、人の目と顔にも強くひかれるようだ。飼い主がじっと見つめる方向にも、腕の指示とほとんど同じくらい確実に従う。

飼いならしが犬に与えた一番の効果は、最も大切な情報源は人間だと思うようになったことかもしれない。たとえば、鍵のかかった箱に入っているおいしいおやつを手に入れることができないとわかると、ほとんどの犬はわずか数秒のうちに、一番近くにいる人に助けを求めはじめる。それに対してオオカミは、たとえ人工飼育されたものでも、箱をひっかき続けるだけだ。ただしすばやい判断が必要な場合には、オオカミのほうが犬にまさっている。犬は人間から学んだことを、明らかに間違っていても、ただ繰り返す傾向がある。

犬が人間に依存しすぎだという考えを裏づける実験がある。[13] この実験ではふたつのついたてのあいだでボールの動きを追う能力を、犬、生後一〇か月の人間の赤ん坊、オオカミで比較した。実験者はまず一方のついたてのうしろにボールを四回隠し、隠すたびに犬に話しかけ、アイコンタクトをとった。犬は一回ごとについたてのうしろからボールを取り、遊ぶことができた。次に、実験者は最初のついたてのうしろに歩いて行ったが、はっきり目立つように別のついたてのうしろにボールを置き、最後に両手を広げて何ももっていないことを犬に見せた。このとき犬は、二番目のついたてのうしろにボールが消えたのを見ている。それなのに、ボールを探しに行ったのはやっぱり最初のついたてのうしろで、そこを探し続けた。はじめの四回で実験者に向けた注目から、まず探すべき場所は最初のついたてのうしろだと覚えてしまったにちがいない。生後一〇か月の赤ん坊もまったく同じ間違いをおかした。これも明らかに社会的なヒントを優先させた結果だ。けれどもオオカミは自分の目を信じ、まっすぐ二番目のついたてに向かった。オオカミは人間が示したヒントを優先せず、自分自身の目で見た物理的世界の解釈に頼っていた。これは、獲物の動物が一番隠れていそうな場所を推測できる能力だろう。

それでもおもしろいことに、犬はボールが消えた場所を理解できなかったわけではない。人間の代わりに見えない糸を使って、ボールを一方のついたてのうしろから別のついたてのうしろに動かすと、犬はちゃんと正解できたのだ。犬は過去に人間から促されてしたことを、いつもすることとして第一に優先していた。たとえ人工飼育であっても、オオカミは人間から十分に独立し、目の前の問題に集中することができる。犬はあまりにも簡単に気を散らし、人間を喜ばせたい願望が強すぎる。

犬が人間の視線や手の動きに従えるからと言って、その人が考えていることを理解しているとは限らない。ただ、人間の目を特に意味をもたない便利な指針として利用し、次に何に注目すればいいかを判断しているようだ。フランスで行なわれたふたつの卓越した研究(14)が、犬の限界のいくつかをはっきりさせている。盲目の飼い主に数年飼われている盲導犬と、目の見える飼い主と暮らすごくふつうのペットを、詳しく比較したものだ。まず、犬がどうやって飼い主からエサをもらおうとするかを調べた。どの犬もごく標準的な犬のしぐさをした――まず飼い主をわびしげな表情で見つめ、次にエサ入れを見つめ、また飼い主を見つめる。「盲導犬が、飼い主の目が見えないことを知っている様子はまったくなかった」。唯一違っていたのは、盲導犬のほうが舌をピチャピチャさせ、大きい音を立てることだった。そうすれば盲目の飼い主に注意を向けてもらえた。この作戦は単純な連想的学習で説明がつくもので――犬は音を立てればエサをもらえることを学習していただけだ――犬が飼い主の目が見えないことを理解していた証拠にはならない。次に、重い木の箱のうしろにあって取れないおもちゃがほしいとき、犬がどうやって飼い主の注目をひくかを調べた。ここでも飼い主とおもちゃを交互に見つめる動作を続けるばかりで、飼い主がそれを見えるかどうかにはおかまいなしだった。犬がほしがったものではない別のおもちゃを飼い主が与えるなど、シナリオを変えてみても結果は同じで、両者に違いはない。飼い主の目が見えず、どちらに向きを変えるかを指示するには音などのヒントに頼らなければならないことを、盲導犬がわかっている気配はまったくなかった。

これらの実験では、犬が人間の見つめる方向に行こうとする気持ちをもっていることはわかったが、生まれつきなのか学習の結果なのかはわからなかった。実験で調べた盲導犬は、ずっと盲目の飼い主と暮らしていたわけではない。生まれてから一年か一年半くらいは目の見える家族に育てられ、それから盲導犬の訓練を開始していた。たぶんその期間が、人間の見るほうに動く習慣を学習する重要な時期で、その後は忘れるのが難しいのだろう。それでも盲導犬が平均して四年半のあいだ盲目の飼い主と暮らしていながら、その行動をまったく変えていなかったのは驚きだ。

人間の目と腕の動きに頼りすぎているとするなら、犬はいったい人間が考えていることを理解する力をもっているのだろうか？　たしかに人間が「していること」を見て反応するが、それは人間ひとりひとりが何かを考えていること——さらにはそれが自分の考えとは違うこと——を、理解していることにはならない。こんなことを言うと犬の飼い主のほとんどは反論するだろうが、科学者はこれまで、人間以外の「どの」種についても、そのような能力をもっていることを実証できていない。チンパンジーでは山ほどの実験が行なわれたが、それでも類人猿が自分以外の考えがあることをわかっている確証は得られていない。

問題のひとつは、人間が考えていることを犬がわかっているかどうかを調べる実験がとても難しいことにある。犬の行動をもっと単純に説明できないような実験は、なかなか計画できない。たとえば、人間が自分を見ているかどうかを、犬が理解しているか調べようとした実験がある。[15]　エサを盗み食いしないようしつけられた一匹の犬を、床にエサが落ちている部屋に入れた。実験者が犬の顔を見つめながら食べないよう命令すると、犬はたいていエサに手をつけなかった。ところが実験者が犬から顔をそむけながら命令すると、エサを食べてしまうことが多かった。犬は、相手から自分が見えていないことを「知っていた」のだろうか？　そうかもしれないが、人間の顔を見ることと命令に従うことを結びつけていたという、単純な説明もできる。「顔がそこになければ、声の命令は何も意味しない」と思っていた可能性がある。犬が人間の顔とその表情にとても敏感であることを考えれば、そのような説明ができない実験を計画するのは、とても難しい。

ただしその後の実験は、すべての犬が見られていることに敏感とは限らないことを明らかにした[16]。この場合、いろいろな形と大きさをした障害物のうしろから、犬にエサを探させた。たとえばひとつの障害物は、エサを隠してはいたが、そのエサに近づく犬からは実験者が見えた。別の障害物はもっと大きかったが、小さい窓がついていて、犬がエサのすぐそばに近づくと窓から実験者が見えた。数匹の犬は、障害物ごとに実験者からエサが見えているか見えていないかを理解しているかのように行動した。そのほかの犬は、エサに向かって近づきはじめるとき実験者から見えると躊躇したが、（障害物の窓を通して）食べているところを実際に見られていることは気にしなかった。だから、犬が人から見られているかどうかをわかっているのか、また「人の顔が見えるときは、エサに向かって歩いてはいけない」とか「人の顔が見えるときは、歩いていってもいいが、実際に食べてはいけない」などの学習した単純な「規則」に従っているだけなのか、まだはっきりしない。

これらの実験から、犬は人から見られているかどうかにとても敏感なことはわかる。それでも、人間が何を「考えている」かをわかっているという決定的な証拠は見つからない。つまり、認知生物学者が「心の理論」と呼んでいるものを、犬がもっているかどうかはわからない。ほとんどの犬は生まれてからずっと、人間の手によって床の上に置かれたエサ入れからエサを食べているから、人間の手が指したり動いて向かったりする方向に従うのが好きなのは当然のことだ。そのうえほとんどの犬は、人間が犬にどう反応するかを、その人が向いたり向かったりしている方向によって予想できることを学習している。人間は、意識するしないにかかわらず、自分のボディーランゲージに犬がとても敏感であることを「期待」している。この能力は人間と犬の結びつきを強めるのにとても役立ってきたから、それに欠ける犬は、もうずっと前の世代で選択によって除外されてしまったにちがいない。

犬が「心の理論」をもっていないことは、だまされやすいことでもわかる。最近のある実験では、ひとりの人（「正直者」）は必ずエサが入っている容器を指し示し、もうひとりの人（「ウソつき」）は必ず、見かけは同じでも空っぽの容器を指し示すようにして、犬がそれを予想できるように訓練した。(17) 何度もそれを繰り返した結果、どうなっただろうか？「正直者」が指し示した容器に向かう回数のほうが半分よりは多かったが、けって毎回にはならなかった。人間が示すのをやめ、白い箱にはいつもエサが入ってい て（本当）、黒い箱にはいつもエサが入っていない（ウソ）という単純な連想にしてみても、白い「本当」の箱を好むほうがわずかに多い程度だった。犬が正直な人と不正直な人の違いを理解した証拠はなく、ただ一方の人をエサをもらえることと結びつけるのを学んだだけのようだ。

要するに、飼いならしによって犬は人間の心を読む能力を獲得しなかったことになる。というよりも、人間に独立した考えがあることさえ理解できるようにはならなかった。犬は人間とはまったく違う主観的な世界で生きていて、その世界では人間は独立した存在ではなく、ただの（ただしふつうは最も大切な）構成要素にすぎないのだ。今では進化の限界がわかっているのだから、それも驚くほどのことではない。犬はイヌ科の脳にしばられている――明らかに飼いならしによって変化してきたとはいえ、その飼いならしの過程で複雑なまったく新しい層が脳に加わったと仮定するのは、高望みがすぎるというものだ。

こうして人間の考えていることを犬がわかっていないのだとしたら、どうしてわかっているように見えるのだろうか？　犬は目が見えるようになるとほとんどすぐ、人間の動きに特に敏感に反応する。このオオカミとの違いは、犬にとっての優先順位の重点が遺伝的なプログラムで変化したせいであることはほぼ確実で、それは飼いならしによって促されてきた。たまたま近くの人間に注意を払う性質をもっていた原始の犬が、人間の身ぶりの意味を学習できたのだろう。このような適応によってより敏感な犬は、自分の仲間と物理的な世界に注目していたオオカミに近い犬たちよりますます有利になった。

今では、人間と人間がすることにほとんど全面的に注目することによって、人のボディーランゲージの細部まで学習できるようになり、人間が自覚していない動作まで把握しているのだろう。さらに超敏感な鼻を使い、人間がまったく気づいていないにおいの微細な変化で、人間に関する情報を集めているのはほぼ間違いない（体臭のわずかな変化を嗅ぎ分けられる能力は、糖尿病患者やてんかん患者の発作を直前に検知するよう訓練された犬の基礎になっている）。飼いならしが犬の知性に与えた最大の影響は、同じ種の仲間から人間へと、注目する相手が変わってきたことだ。能力全体がだんだんに変化したわけではなく、ただ第一の焦点を調整してきたにすぎない。学習できることの限界という点では、犬とオオカミに違いがあるようには見えない。ただ何を学ぶか、誰を観察するかの優先順位が、飼いならしによって変化してきただけだ。だから犬は人間の考えていることを理解しているように見えるかもしれないが、人間が「考えられる」ということにさえ気づいている証拠は見つかっていない。ただ一〇回に九回は最も実りある方法で反応するように、とてもうまく適応してきただけなのだ。盲目の飼い主のように、進化では準備できなかった状況に置かれると、人間に反応するいつものやり方を忠実に守り続ける。

犬には「心の理論」が欠けているとなると、「人」と「犬」の概念を区別できているのかという疑問がわいてくる。犬と飼い主の結びつきのレベルは、犬と犬の結びつきとは違っているが、では、質的な違いもあるのだろうか？　犬の人間に対する行動は、ほかの犬に対する行動とは明らかに異なっている。これは単に、直立している相手と四足の相手への対応の違いだけなのだろうか？

犬の心にあるこの側面を探るには、遊びの行動が役に立つ。遊びには、犬と人間がどちらもうまく意思を伝えられる「共通語」のようなものが備わっているからだ。犬はもちろん、遊べと言われればほかの犬とも人間ともうまく遊べるし、人間だってやれと言われれば、まるで犬になったように遊ぶことができる——遊びのあいだじゅう、四足で通すこともできる。ぼくはブリストル大学の同僚たちとともに、「犬と犬」の遊びと「犬と人」の遊びを比較してきた。犬は遊び相手の種によって遊び方を変えるのか、ひいては「人」と「犬」という概念を頭のなかで区別しているのか、探りたいと思ったからだ。(18)　そこで人気のある犬種のラブラドールレトリバーを、それも特に遊び好きだと評判の犬ばかり、一二匹集めた。それを一回に一匹ずつ広い芝生の広場に放し、もう一匹の犬（よく知っている相手）またはいつもいっしょに暮らしている人ひとりのどちらかを同じ場所に入れた。まず二分間だけ広場を探検する時間を与えてから、結び目のある短いロープでできたタグトーイを投げ込む。どの犬もひっぱり合いに慣れていて、大好きなので、相手が犬でも人間でも関係なしに、すぐロープで遊びはじめた。

犬はほぼすべての時間を遊んですごした——ここでも相手が犬か人間かで変わりはなかった。ところが遊び方だけは、相手によってはっきり異なっていた。人と遊ぶときは、おもちゃを自分から放して相手に渡すことが多く、それによって遊びをずっと続けようとしているように見えた。一方、相手が犬になると、互いにロープを独占しようと夢中になり、相手が放せば自分だけで守ろうとした。

この行動の差は、もうひとつおもちゃが増えるとさらにはっきりした。ひとつ目のタグトーイを投げ入れてから三分後に、もうひとつタグトーイを投げ入れてみる。すると犬には、最初のおもちゃで遊び続けるか、一方が二番目のおもちゃをとって、それぞれひとつずつで遊ぶかの選択肢ができた。このとき、相手が人間か犬かによる遊び方の違いには目覚ましいものがあった。相手が犬のときには、それぞれがおもちゃをとってしばらく一匹で遊び、しばらくしてからまた二匹の遊びに戻ることが多かった。でも相手が人間なら、二番目のおもちゃにはほとんど無関心のように見えた。犬はひとつのおもちゃを何度も人のところにもって帰り、ひっぱり合いを続けることをねだった。

タグトーイで遊ぶ犬は実際に競争している。

要するに、犬は人と遊ぶか犬と遊ぶかによって、まったく違う精神状態になるようだ。犬が相手となると、おもちゃを自分のものにすることが一番大切になるらしい——事実、競争の遊びを通して犬は互いの強さと性格を把握する可能性がある（犬にとって、こうした遊びは第一に資源保持能力を評価する方法になる）。でも遊び相手が人間では、おもちゃを自分のものにしても意味がないらしく、大切なのは遊びを通した社会的な触れ合いになる。この結論は、犬どうしが遊んでいるとき互いに冷静になるのは無理でも、人間の飼い主なら犬を落ち着かせられるという事実に符合する。またこれは、犬が人間を、ほかの犬とはまったく異なる精神的カテゴリーに入れていることも示している。

相手が犬か人間かで遊び方が違うのは、ラブラドールに限らず、犬全般に言える。ぼくたちは同じ研究の一環として犬の飼い主に聞き取り調査をし、犬といっしょにいるところも観察して、人間との遊びが犬どうしの遊びを妨げているかどうかを判断しようとした。もし犬にとって人間と遊んでも犬と遊んでもまったく同じであれば、人と遊べば犬と遊びたい気持ちは減り、犬と遊べば人と遊びたい気持ちは減るという仮説を立てたのだ。でもそのような形跡はまったく見られなかった。公園でリードをはずし、飼い主が犬と遊んでいる様子を観察していると、一頭飼いの飼い主と多頭飼いの飼い主で遊びの質に違いはない。関連した調査で、一頭飼いの飼い主二〇〇七人と多頭飼いの飼い主五七八人に、犬と遊ぶ頻度を尋ねた結果、多頭飼いの飼い主のほうが一頭飼いの飼い主より、それぞれの犬と遊ぶ回数がわずかながら多いくらいだった。遊びの質を記録することはできないものの、ほとんどの犬は飼い主との遊びを、代わりに遊ぶ犬がいてもいなくても、とても楽しんでいると結論づけた。これも、犬の心は「人」と「犬」に別々のカテゴリーをもっていることを示している。

犬と飼い主が遊ぶのはあまりにも日常的なことなので、異なる種どうしの遊びはこれ以外にほとんど例を見ないという事実を忘れがちになる（人に飼われているペットのほかは、ほとんど知られていない）。遊びが成立するには、よく同期のとれたコミュニケーションが必要になる。両方が自分の意図をこまかく相手に伝えると同時に、本物の攻撃のような深刻な事態の前置きにその遊びを利用していないことを、互いに確信させることができなければならない。そうした遊びがまれにしかないのは、種が違う相手とのコミュニケーションの限界によって説明できる。

人間との遊びに興じられる犬の能力は、犬どうしで遊んでいるときの洗練されたコミュニケーションを見ると、なおさら驚くべきものだ。たとえば二匹の犬が遊んでいるとき、一方がそっぽを向いているより互いに向かい合っている場合に、プレイボウ（前半身だけ伏せをしてお尻をピンと立てる姿勢）をずっとよくする。犬は、自分が伝えようとしていることに遊び相手が注目しているかどうか、とても敏感にキャッチしているのだ。(19) 相手に向かってプレイボウを見せたいのに無視された犬は、軽く咬む、足で叩く、吠える、鼻でつつく、体あたりするなど、あの手この手で相手の注意をひこうとする。人間はこんな動作がまったく不得意なのだから、ほとんどの犬が飼い主と、よく知らない人とでも、いつまでも遊びたがる無限の欲求をもっているように見えるのは、犬が人間全般に抱いている愛着の強さのせいにほかならない。

犬の認識力についてこれまでわかっていることからは、人間が犬との遊び方を認識している（だから遊びについて話したり書いたりできる）のと同じ方法で、犬が遊んでいるときに自分がしていることを認識していると考えられる根拠は見つからない。犬は遊び相手の人間を「だまそう」とするように見えることがある。たとえば、人の目の前にボールを落とし、人がとろうとすると、その前にすばやくくわえてしまう。それでもこの行動はごく簡単に説明がつく。犬は遊びを楽しいと思っていて、遊ぶには相手がいるから、相手の遊び心をくすぐる動作はどんなものでもすぐ覚えてしまい、単純な連想によって、人と遊ぶときには必ずやるようになる。この場合は、前にたまたま人の近くでボールを落とし、すぐまたくわえたことがあるのだろう（オオカミも間違

プレイボウ

えて食べものを落としてしまったら、すぐ拾い上げる)。そして犬は人間の反応に注目しているから、近くにいた人がこの「だます」ような動作を見て、喜んで反応したのを覚えていたにちがいない。だからまた同じ反応をしてほしくて、同じ動作を繰り返す——もちろん、たいていの人は同じように反応する。

事実、人間はほかの犬ほどうまく犬の行動を理解できないのは疑う余地もないのだが、犬は特別に人間からの反応に注目しているので、人間の行動にも適応できる。犬はこれを意識的にやっていると言っているわけではない。人間の行動が犬にとって最も目につく合図になるので、犬は特に考えなくても、ごく単純な連想的学習を用いて人間に対する反応を調整することができる。

ほとんどの犬は人間全般に親しみを抱いている一方で、どの犬もたしかに見知らぬ人とよく知っている人、また知っている人ひとりひとりの区別がついている。犬がどうやって人を見分けるのかに関しては、科学はまだ研究の途についたばかりだ。ただ、犬は知っている人について、複数の感覚を利用したひとつの「像」を描いている証拠はある。ある研究では、犬がよく知っている人の声を再生して犬に聞かせてから、やはりよく知っている別の人の写真を見せた。すると犬はとても驚いた表情を見せ、声を聞いたときからその声の主の顔を思い浮かべていたかのようだった(犬が描いている像には、においの特徴も加わっているにちがいない——人間自身はほとんど気づいていない特徴だ)。

犬は相互関係にもとても敏感で、自分が直接関わっている関係だけでなく、目に入る人間どうしの関係も気にしているようだ。最近の研究に、三人の人が台本通りのやりとりをする様子を犬に見せた実験がある。[20] この台本では、ひとりが「物乞い」の役になり、残りのうちひとりが求められた通りの金を差しだす役（「寛大な人」）、もうひとりが金を渡さない役（「利己的な人」）を演じる。そして物乞いが部屋を立ち去ってから犬を放し、残ったふたりと自由に触れ合えるようにする。すると、犬は「寛大な人」との触れ合いを求めた――ほとんどの犬が最初に「寛大な人」のところに行き、「利己的な人」といるより長い時間いっしょにすごすことを選んだのだ。犬にとって重要だったのは、金を手渡す実際の動作だったらしい。同じシナリオを繰り返しても、ものをもらう人がいなければ（やりとりをジェスチャーだけで示した場合には）、犬は「寛大な人」を好む様子はなかった。

透明な扉の向こうにいる犬は、人と、別の犬がひっぱり合いで遊ぶところを見ている。

また、犬は家庭内の人間と別の犬との関係も理解していることが実証されている。これを確かめる実験では、透明の扉の向こうにラブラドールを置き、別のラブラドールと人がひっぱり合いで遊ぶところを見せた[21]。どちらの犬にもわからないように、その遊びではわざと、いつも人間のほうが勝つ場合と、いつも犬に勝たせる場合を作る。また、「楽しそうに」遊ぶ（遊ぶ人が楽しそうなしぐさをする）場合と、「深刻そうに」遊ぶ（楽しそうなしぐさを見せない）場合も作る。遊びが終わってから、観察していた犬を扉の反対から出してやる。すると、「楽しそうな」遊びのあとでは、観察していた犬はゲームの「勝者」と触れ合おうとした。それが人か犬かは関係なかった。また「深刻そうな」遊びのあとでは、観察していた犬は遊んでいた犬にも人にも近づきたがらなかった。このように、犬はただ個々の犬や人に反応するだけでなく、自分が目にした両者のあいだで起こったことにも反応する。とはいえ、犬が「関係」という概念を理解しているとは限らない。ただ単純に、見たばかりのことに基づいて、それぞれに対する自分の行動を変えているだけだろう。

ここで犬はただ「愚かな動物」だと言おうとしているような印象を与えてしまったなら、その誤解をとかなければならない。犬はとても賢いことはわかっている。ただし、それは犬として賢いのであり、必ずしも人間と同じように賢いわけではない。犬の認識に関する研究の大半には、いつも人間の認識と比較する意味合いが含まれてしまう問題がある――犬の認識は人間の子どもなら何歳に相当するか？　犬は人間の言葉を覚えているのか？　などだ。そこで、残る疑問は次のようなものになる（難しい疑問で、答えはまだ何もわかっていない）――犬には、人間の認識力と直接対応しないような、まったく別の認識力があるのだろうか？　たとえば、犬の嗅覚は人間とはくらべものにならないほど鋭いことがわかっている。では、犬は人間がまだまったく知らないやり方で、鼻を使って集めた情報を蓄積することができるのだろうか？

第8章　感情の複雑さと単純さ

ものや人、ほかの犬について学習するという点で、犬は賢いと言える。それでも限界はある。自己の認識がなく、人間が犬とは別の気持ちをもっていることに気づかず、自分の行動を振り返ることができないのだから、人間と同じように世界を理解することはできない。しかもそうした限界のせいで、犬の感情生活は人間のものよりずっと単純だ。人があたり前だと思っている微妙な感情の多くをわかっていないだろう。ただし、喜び、愛情、怒り、恐怖、不安を感じるのは犬も人間も同じだ。また、犬は痛み、空腹、のどの渇き、性的魅力も経験する。だから人間は犬の感じていることを理解することも、共感することも、完璧に可能だ。ところがそれが落とし穴にもなる。犬の感情生活が人間のものとまったく同じだと思いたくなってしまう——たしかに場合によっては、犬も人間が感じるようなことを感じている。そうなると、人はそれ相応に行動したくなり、犬が人間とまったく同じ知性と感情をもっているものとして犬に接しがちになる。でもそうではないから、そんな行動は犬にとって無意味だろうし、逆に犬の目にはこちらが思っているのとまったく違う意味に映ってしまうかもしれない。そこで、犬の感情的な能力を深く理解すること、それらの能力のどの部分が人間より単純なのかを把握することは、犬の幸福にとっても、犬と人間との一貫性のある関係にとっても、必要不可欠になる。

犬の感情生活と人間の感情生活のはっきりした違いのひとつとして、犬は時間の観念に弱い点があげられる。たとえ、ついさっきのことでも、過去を振り返って考える、何が起こったのかをじっくり検討する、そしてその意味を理解する能力は、ほとんどないようだ。だから犬は人間にくらべて、短い間隔で起こったふたつの出来事で因果関係の結論を導きだそうとする傾向がはるかに強い。ちょっと考えれば――犬に考えることができればの話だが――そんなつながりはあり得ないことが明らかでも、おかまいなしだ。犬は内省などしない。

だが、犬には人間と同じレベルの意識がないからと言って、豊かな感情をもっていないということにはならない。犬の意識についての科学はまだ流動的だが、犬もある程度の意識をもっているというのが、現在の大多数の意見になっている。つまり、犬はおそらく自分の感情に気づいているのだろうが、人間にくらべればその程度が小さいということになる。人間の意識がほかの動物よりずっと複雑だということには、科学者はほとんど同意している[1]――ひとつには、犬などの哺乳動物にくらべて人間の大脳新皮質がとても大きいせいだ。事実、人間は感情を経験できるばかりか、自分の感情を冷静に分析して、「先週はなんであんなに不安に思ったんだろう?」などと自問できる。犬にはそうした自己認識はできないようだ。手に入るあらゆる証拠が、犬の感情的反応は「今、ここ」の出来事に限られていて、過去を振り返ることはほとんどないことを示している。

「罪悪感」について考えてみよう。多くの飼い主は、よく考えもせず、犬が罪悪感をもっているに違いないと思い込んでいる。こんな光景はおなじみだろうか――飼い主が部屋にいないあいだに、犬が何か(飼い主が考えるところの)「悪いこと」をする――飼い主が戻ってきて犬を見る――犬の「うしろめたい」表情を読みとって、飼い主は犬を叩く。でも、犬が人間と同じ「罪悪感」という感情をもっていなかったらどうだろう?もしそうなら、犬は自分の行動と罰とを関連づけることができないだろう。ならば、叩くことは犬に何を教えるだろうか? こんな可能性を考えてみよう――「ぼくの飼い主は部屋に戻ってくると、ときにはぼくを抱きしめ、ときにはぼくを叩く。次はどうかな?」これが何度も何度も繰り返されると、不安がつのって、繊細な犬なら神経がすっかりまいってしまう。

犬に「罪悪感」のような複雑な感情があると思っている飼い主は多い。イギリスの犬の飼い主に対する調査では、次のような結果が出た(2)。自分の犬が(飼い主への)愛着を感じていると思う人――ほとんど全員。自分の犬は興味、好奇心、喜びを感じられると思う人――ほぼ全員。自分の犬は恐怖を感じると思う人――九三パーセント。自分の犬

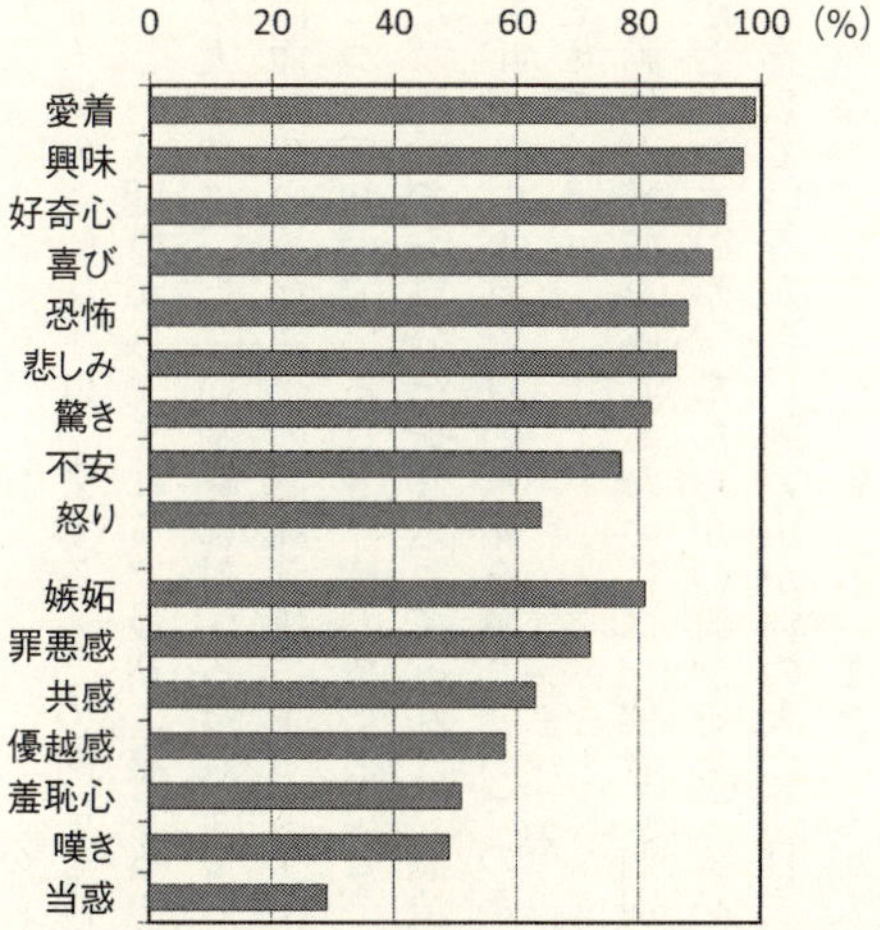

イギリスの飼い主が自分の犬にそれぞれの感情があると思っている割合

は不安を感じると思う人――七五パーセント。自分の犬は怒りを感じると思う人――六七パーセント。過半数の飼い主が犬はもっていなさそうだと思う感情は、当惑だけだ。

犬が嫉妬し、嘆き、罪悪感も抱くと思う飼い主が多いのには、いささか驚く。これらは、グラフの下半分に並んだそのほかの感情とともに、心理学者が二次的感情に分類しているものだ。それを感じるにはある程度の自己認識とともに、ほかの人が何を考えているかの理解、つまり「心の理論」（前の章で考えたもの）も必要になる。飼い主たちの思いとは裏腹に、犬がこれら七つの感情のいずれも、まさにどれひとつとして、実際に経験する知的能力があるようには見えない。それぞれに、内省とそのほかの知性の少しずつ違った組み合わせが必要だから、ひとつずつ詳しく考えてみるだけの価値はある。ここでは特に嫉妬、嘆き、罪悪感を取り上げようと思う。これらは偶然にも犬を研究している科学者たちによって、これまである程度の注目を浴びている。

人間の「嫉妬」は、愛する人との関係を誰かが取ってかわろうとしているかもしれないという疑いから生まれる。最初に感じるのは、やり場のない恐怖や怒りだろう――その大きさは、近しい関係に対するそれまでの経験によって異なってくる。だがそれは、直面している脅威への認識評価によってすぐに変わる。取ってかわろうとしている人物について知っていること、感じていること、その第三者とのそれまでの自分の関係などだ。一瞬でも自分を振り返ってみれば、感情の対象になっている人物への愛着の大きさに応じて、どれだけの嫉妬を感じているのか、どれだけ罪悪感があるのかを確かめることができる。

動物が嫉妬を感じるためには、他者を個別に認識し、それらの他者とのあいだの関係がどんなものか、なんらかの概念をもてる必要がある。犬はもちろん飼い主に強い愛着を感じているから、飼い主が別の犬に注目すると、嫉妬を感じるはずだと考えるのは理にかなっているように思える。また、犬が人間とほかの犬とのあいだの関係について、なんらかの理解をしていることを裏づける証拠もある。それなら、犬が「嫉妬」を感じることができると真剣に考えてもよさそうに思えてくる。

犬の飼い主が、自分のペットが「嫉妬」すると声を揃えて主張するところを見ると、そこに何か証拠がありそうだ。犬が嫉妬していると感じる行動は具体的にどんなものか、それはどんな状況で起こるかを飼い主に尋ねた研究では、すべての飼い主が、同じ家にいる別の人や犬に注目したり、特に愛着を寄せている様子を見せたりしたときに起こると答えている。(3) 飼い主たちはみな同じように、獣医師が「注意喚起行動」と分類しているものを自分のペットがすると説明した。半数の犬は、飼い主にもたれかかるか飼い主を押し、ふつうは飼い主と「嫉妬」の相手のあいだに割って入った。三分の一以上が、吠える、クンクン鳴く、唸るなど、声を上げて主張した。唸り声との関連で、一部の飼い主は攻撃があったことを報告していて、飼い主が遊んだ別の犬を咬んだケースもあった。このように、犬が飼い主に対して「嫉妬」を感じていると思われる状況になったときの犬の行動は、この感情について予想するものにぴったり一致しているように見える。犬たちはまるで、飼い主と自分の関係をおびやかす（と思っている）交流を、邪魔しようとしているかのように行動する。多くの場合は、すでに書いたように、飼い主と、飼い主が不愉快にも注目している相手とのあいだに、文字通り割り込んでいる。相手は、飼い主の配偶者のときも、家に遊びに来た犬のときもある。

人間なら「嫉妬」と呼ぶであろう何かを、犬が感じているのは確かなように見える。もちろんその嫉妬を、犬が人間と同じように「感じて」いるのかどうかは、本質的に知ることができない。犬の場合、不安の感情をもう少し複雑にしたものなのかもしれない。でもそれは、たとえば飼い主と別の犬のように、特定の相手のやりとりを見ている瞬間にだけ起きているようだ。犬がそのやりとりをあとから思いだして嫉妬を感じられるという証拠はない——人間関係の嫉妬の場合は、それが大きな特徴だ。そのため、たとえば犬がしつこく、いつまでも嫉妬心を抱けるようには見えない。

犬が嫉妬より複雑な感情を経験できるかどうかとなると怪しい。多くの心理学者は、罪悪感、優越感、羞恥心などの気持ちを抱くには自己認識が不可欠だと考えている。科学者は、人間が進化によってとても大きい大脳新皮質を手にしたことに注目し、ここで高度な情報処理が行なわれていると見る。それにくらべて犬の大脳皮質はとても小さいから、単純に、自己認識を生みだすには力が足りないように思える。

とはいえごく少数派の研究者たち(4)は、主に事例を集めた証拠を用いて、少なくとも一部の動物は基本的な原始的感情以上のものを経験できるだけの、自己認識をもっているという考えを表明している(《動物の感情を見る目は変わる》のコラムを参照)。たとえば犬は、同情、感謝、失望の気持ちを抱けると説明されている。そのすべてに内省が必要だ。

人間の場合、感情は言葉と密接につながっているので、動物にとっては複雑な感情がどんなものかを想像しようと思っても簡単にはいかない。恐怖、喜び、愛情のような基本的な感情は、人間の赤ん坊なら生まれて一年しないうちに芽生える。それがわかるのは、そうした感情は顔の表情になって表れるからだ。ところが、罪悪感や優越感のようなもっと高度な感情は、共通した顔の表情と結びついていない。しかも、自分が育つ社会では何が期待されて何が許されないかを知っている必要があり、犬がそのような概念をもてると言える根拠は何もない。人間の子どもでは、（感情によって時期が異なるが）生後一八か月から四〇か月になるまで実際にそれらの気持ちになる形跡はなく、八歳くらいになるまでは、気持ちをはっきり説明できる子どもはほとんどいない。何を感じているかを正確に把握できるようになるには、まわりの人の反応を見て学習する情操教育の時期を通過する必要があるようだ。人間は複雑な感情を表すとき、すっかり言葉に頼っているから、記号言語をもたない種ではそれがどんなものかを想像するのは苦手だ。実のところ、犬が感じられそうもない──少なくとも人間にわかるようなかたちでは感じているように見えない──当惑、罪悪感、優越感などの人間的な感情が生まれるには、十分な言語と表象的思考が必要だとさえ言えるのではないだろうか。

たとえば「嘆き」には、複雑な認識力が関わっていて、これまでのところ犬にその力があるという証拠は得られていない。二匹の犬を飼っていると、一匹が死んでしまったとき、もう一匹は食べるのをやめ、散歩にも興味を失い、とても落ち込んだ様子でウロウロするようになると話す飼い主は多い。その一方で、よく尋ねてみると、一匹が死んだことを生きているほうの犬はほとんどわかっていないようだと答える飼い主もいる。

長いあいだいっしょに暮らしていた犬（や人）がいなくなると、多くの犬が反応するのは本当だと思う。でも、その犬自身が感じているものが、別の理由でただ長く姿が見えないときの不安に根ざした反応と質的に違うとみなす根拠は、どこにもない。もちろん、一方の犬が死んだことで飼い主が見るからに嘆き悲しんでいるなら、残ったほうの犬は、相棒の犬の姿が消えたことと飼い主の行動の説明しがたい前代未聞の変化の両方に同時に反応しているのだろう。死のもつ絶対的な終わりの感覚は、とても高度な概念で、人間でも六歳ごろまでは発達しないのだから、そのような能力が犬で進化した理由も方法もなかなか考えつかない。

《動物の感情を見る目は変わる》

自然選択説を提唱して近代生物学の父とも呼ばれるチャールズ・ダーウィンは、たいへんな犬好きだったが、犬の感情がどれだけ複雑かについては確信がもてなかったようだ。一八七一年の著書『人間の由来』で、人間とほかの哺乳動物とのあいだの進化の連続を強調しようと、次のように書いている。「より複雑な感情のほとんどは、高等哺乳動物と人間とに共通している。主人の愛情がほかの生きものに注がれたとき、犬がどれだけ嫉妬するかは、誰でも見たことがあるだろう。……主人のためにバスケットを運んでいる犬は、見るからに自己満足や誇りをみなぎらせている。私が思うに、犬は羞恥心を感じているのは間違いない。それは恐怖とは別のもので、食べものをあまり何度もねだりすぎたときの遠慮にとてもよく似ている」。ところが翌年に出版した『人及び動物の表情について』では、犬のボディーランゲージの説明を、恐怖や愛着のようにもっと単純な感情だけに限った。きっと考えが変わったのだろう。

一九世紀の心理学者ロイド・モーガンも、やはり熱心な愛犬家だったが、犬が複雑な感情をもっているとみなすのは擬人化だとして非難した。その考え方はジョン・B・ワトソンやB・F・スキナーなどの動物心理学者によって受け継がれて強められ、彼らは行動の概念を（人間の行動も含めて）観察可能な過程のみに限定し、感情という仮定的存在の必要性を認めなかった（行動主義心理学）。二〇世紀なかばになっても、動物の行動を研究した動物学者たちは一般的に、観察結果を説明するのに感情をもちだすことを嫌っていた――ただしノーベル賞を受賞したコンラート・ローレンツは、著書『人イヌにあう』で、「犬がよく見せる嫉妬のせいで、ひどい結果を招くことがある」と書いているから、犬がそうした複雑な感情をもてると思っていたらしい。一九七〇年代に認知行動学が登場してからは、動物研究の正当な分野として主観性を取り上げる生物学者がますます増えており、その多くは今、ダーウィンの（最初のものではなく）あとのほうの立場がまったく妥当だとみなすようになっている。

「罪悪感」も、認識力が必要な感情のひとつで、今のところ犬がもっているという証拠はない。心理学者は罪悪感を「自己認識評価」の感情に分類していて、ここに入るのはほかに自尊心や羨望などだ。自己の意識と、（嫉妬と同じように）第三者との関係も理解しているうえ、少なくとも人間が感じるには、余分な評価能力が求められることになる。たとえば罪の意識をもつには、自分自身の行動の記憶と、標準、規則、目標などを頭のなかで思い描いたものとを、くらべてみなければならない。人間の場合、このような標準は学習によって身につくもので、文化の影響を強く受ける。さらに、三歳か四歳にならないと子どもの心に芽生えないとみなされている――もう少し単純な（評価のいらない）自己認識を伴う感情、たとえば嫉妬などは、これより一年くらい前に生まれる。

罪悪感は、犬が感じると広く信じられている感情だ。飼い主はよく、外出から帰って犬を見ると、ふだん許されていないことを留守中にしてしまったときは「うしろめたそうにしている」（罪悪感をもっている）と説明する。ソファーの上で寝てはいけないのに寝ていたという他愛ないものから、飼い主の靴をしゃぶってグシャグシャにしてしまったような重大なものまで、罪にはいろいろある。うしろめたさを感じるためには、犬は許されていることと許されていないことを、どんなかたちでもいいから頭のなかで表現できていなければならない。それはできていそうだ。でも次にそれを、過去何時間かの飼い主の留守中に自分が実際にやったことと比較する必要がある。これはもっと難しい。犬は問題の出来事だけでなく、社会的な状況（飼い主がいなかったこと）も思いださなければならない。生物学者は、社会的状況が自分の行動に及ぼす影響を理解するだけの知的能力を、犬はもっていないのではないかと考えている。もしもっているなら、たとえば相手をだますことができるはずだ。さらに、個々の出来事が終わってしまったあとで、それらの出来事が起こった前後関係を思いだせる能力となると、犬にはもっと期待できないと考えている。現在のところ、犬にこれら必要な認識力が揃っているかどうかおぼつかないことから、犬が実際に「罪悪感」に似た感情を経験できるかどうかは、かなり疑わしいと言わざるを得ない。

それでもここで犬に（かなり）好意的な解釈をして、犬が罪の意識を「感じられる」ものと仮定してみよう。犬がその罪悪感を伝えるためには、してはいけないことをしたと飼い主が気づく「前」に、その感情をはっきり飼い主にわかってもらえる特定の方法で行動する必要があるだろう。このメッセージを伝える何か特定の行動を犬が学習することも考えられるが、そんな能力が進化してきた理由を推測するのは難しい。若いオオカミが父親の前に進み出て、さっきは見ていないところで獲物の一番おいしい肉を食べてしまいましたと打ち明ける行動は、賢明と言えるだろうか？　そうとは思えない。ただもう少し先に進むことにして、犬が飼いならしの過程で身につけたと考えられる認識力のひとつに、この能力が入っていた可能性もあったことにしてみよう。では犬がその「罪悪感」を飼い主に伝えたあとは、どうなるだろうか？　十中八九、罰せられるだろう。すぐに罰を引きだすような社会的信号を学習する理由があるだろうか？　罰はその信号を出す行動を抑えるはずで、増やすことはない。

こうして見てくると、飼い主がペットの罪悪感のしるしだとみなした（うしろめたいのだと感じた）行動を調べた結果[5]、どれも恐怖か愛着のしるしだったのもうなずける。この研究では飼い主に、自分の犬が罪の意識を感じていると思ったとき、犬が具体的にどんな行動をしていたかを説明してもらった。飼い主たちは実に多彩な行動をあげた――目をそむけた、伏せをしてからクルッとあおむけになった、しっぽを下げた、しっぽを下げたまま激しく振った、頭や耳（ときにその両方）を下げた、遠ざかった、片方の前足を上げた、なめた、など。でもこれらの行動はすべて、ほかの状況でもよく見られる。恐怖や不安、なかには愛着を示すときにするものもある。「罪悪感」の特徴だと主張できるようなものは、ひとつもない。

研究の次の段階では、一四人の飼い主の家で、犬が「罪悪感」を抱いているように見える状況を作るテストを行なった。すべての犬は前もって、飼い主がはっきり許可したときだけ、おやつを食べてもいいとしつけられていた。テストでは飼い主が、まずおやつをきめられた手順で犬の前に出してから、それを食べないように命じ、部屋を出て行く。飼い主が声の届かないところまで離れてから、実験の手順に従い、ふたつのどちらかのことをする。おやつをそのまま片づけてしまうか、犬に差しだして食べさせるかの、どちらかだ。おやつの痕跡がまったく消えて、何があったかわからなくなってから、飼い主を部屋に呼び戻す。

このとき、飼い主の行動が犬の行動にどんな影響を与えるかを調べるために、ちょっとしたしかけをする。飼い主が部屋に入る直前に、犬がおやつを「盗んだ」か盗まなかったかを伝えておくのだ。それから部屋に入って、そのような状況でいつもするように犬に接してもらう——おやつをいじらなかったと聞かされて褒めてもいいし、言いつけを守らずにおやつを食べたら叱ってもいい。それが状況に合った行動になるかどうかは、もちろん、飼い主に本当のことを伝えたかどうかによって決まる。実験手順をうまく調整し、可能なすべての組み合わせが起こるようにしておく。「正しい」組み合わせは、犬が実際におやつを食べて叱られるか、食べずに褒められるかで、「誤った」組み合わせは、おやつを実際に食べて褒められるか、食べなかったのに叱られるかだ。本心からの反応が見られるよう、部屋に入る前に聞くことがいつも本当とは限らないことは、実験がすべて終わるまで飼い主には言わないでおく。

結果はまさに明快だった。犬のとった行動は、自分が現実にしたことやしなかったことではなく、飼い主の行動に応じて決まっていたのだ。その飼い主の行動は、いないあいだに犬がしたと「思った」ことによって決まった。犬が本当に「罪悪感」をもったのなら、おやつを食べてしまったあとには必ず「うしろめたそう」に見えたはずだ。でも犬が実際にそう見える行動（行動の内容は、犬ごとに少しずつ違っていたが）をとったのは、犬がおやつを食べたと飼い主が「聞かされて」いたとき、その結果として——現実には犬がおやつを食べるチャンスなどなかったとしても——犬を叱ったときだけだった。しかも、日ごろから言いつけに背くと飼い主に体罰（押さえつける、つかむ、叩くなど）を受けている三匹の犬が、最も激しく「うしろめたい」とされる行動を見せた。

ここから、必然的な結論が導かれる。「うしろめたい」(罪悪感)と見えた行動は、実は罰を予想したおびえと(だから、体罰を受けていた犬の行動は大げさだった)、飼い主との友好関係を取り戻そうとする気持ちの(だから、あおむけに寝る、なめる、前足を上げるなどの犬の「服従」行動をした)、入り混じったものだった。

「罪悪感」を抱いていないとしたら、これらの犬の心のなかは、実際にはどうなっているのだろうか? とても短い間隔をあけて起きたふたつの出来事を関連づけるという、いつもの学習「規則」を使っていると仮定してみよう。犬は次のようなパターンを理解する——飼い主が家に帰ってくる——飼い主はぼくを罰する——親和(服従)行動をすると罰が軽くなる。その次に飼い主が帰宅すると、飼い主が犬を罰するつもりがあるなしにかかわらず、前に受けた罰の記憶からこの親和行動を見せることになる。犬にわかっているのは、飼い主が帰ってくると、自分が叱られるときもあるし、そうでないときもあり、その予想はつかない、ということだけだ。そうしているうちに不安は高まっていき、親和行動はますます激しくなり、不安を消そうと飼い主との仲なおりを目指す。こうしてとても感情的になっているさなか、犬が過去を「振り返り」、どの出来事のせいで飼い主のご機嫌がガラリと変わるのかを見定められる証拠は見つかっていない。

犬の感情を誤解することは、ペットを飼ううえで大きな問題だ。飼い主は概して、飼っているペットが自分の期待している通りに暮らしてほしいと思っている。期待に沿わないと罰する。ときには捨ててしまうことさえある。飼い主が、犬には本当はできないことを勘違いして期待をつのらせているとしたら、犬にとって状況がよくなる希望はほとんどない。犬には飼い主の行動の理由がわからないからだ。そうなると関係はますます悪化していく。

飼い主から嘆き悲しんでいると誤解される犬には、ほとんど問題は起こらないだろう。飼い主の反応はおそらく愛情にあふれたものになる。しかし罪悪感があると誤解される犬には、深刻な先行きが待っている。飼い主が外出して留守番をしなければならないとき、うろたえる犬は多い。誰もいなくなって不安を感じると、飼い主がやってはいけないと言いそうなことをはじめる。たとえば、飼い主が出て行ったドアの枠を噛んだり、ソファーのクッションの下にもぐり込もうと思って、クッションを破いてしまったりする。帰ってきた飼い主は部屋の惨状を見て、すぐに犬を罰する。そのとき飼い主は、犬が罰を「罪」と結びつけるだろうから、二度としなくなると思っているわけだが、それは大きな勘違いだ。実際には正反対のことが起こる。罰は飼い主の帰宅と結びついてしまうから、留守番のあいだの不安はますますつのり、その不安から、飼い主に禁じられていることをますますしたくなる。罰もますます厳しさを増し、悪循環が続く（飼い主が専門家の助けを求めなければ、何年にも及ぶことがある）。犬の感情的知性についての単純な、簡単にとけるはずの誤解のせいで、犬の暮らしがめちゃくちゃになる可能性がある。

ただし、犬の感情を読みとって理解するのが苦手なのは、飼い主だけではない。犬自身も、自分の感じていることを冷静に振り返る力がないので、自分の感情にうまく対処できない。感情が洗練されていないために、感情の種類が乏しいばかりか、恐怖のような単純な感情でさえ理由をつけて静めることができない。人間とは違い、何も怖がる必要はないと「自分に言い聞かせ」、気を落ち着けることができないのだ。それは大きい音をわけもなく怖がることで、よくわかる。

犬は長いあいだ狩猟を手伝ってきたのだから、大きい音を怖がるのは意外に思えるかもしれない（この恐怖が遺伝的根拠によるものなら、今までの選択でおおかた消えてしまっただろう）。花火、銃声などを怖がる犬は、イギリスの犬の半数にのぼる。一部は大きい音にすぐ慣れていって、飼い主は気づかずに終わってしまうが、だんだん敏感になっていく犬が多い。前ぶれもなく聞こえて、音源も原因も見えない大きい音を犬が怖がるのは、実はごく自然なことだ。予測が不可能なために、どう反応していいかわからないのだ。残念ながら、いろいろやってみてもあまり効果は挙がらない。ソファーのうしろに隠れれば、守られている感じはあるが、次のドカンという音はそれほど小さくならない。このように自分ではどうにもできないために、気持ちを処理できず、感情的な反応はますます強まり、なかには本格的な恐怖症に発展する犬もいる。そうなると、たとえ小さい音でも、極端に怖がる反応を示すようになってしまう。このような恐怖症はもちろん人間にもあるが、犬のほうが圧倒的に多い。進化が準備してくれなかった状況に直面したとき、どれだけ感情に翻弄されてしまうかの顕著な例だ。

感情的な自制がよくきかないことは、犬の幸福に現実的な結果をもたらす。犬は「自分で気をとりなおす」ということができない。経験のない出来事が突然起こると怖がる本能をもっているので、出来事を自分なりに理解できないと（たとえば閉じたカーテンの向こうから花火の大音響が響いてくると）、その出来事は自分に無関係だとみなして、見すごしてしまうことができないのだ。それどころか、聞こえるたびに、よけい怖がるようになっていく犬もいる。また犬には「罪悪感」をもつ知的能力もなく、よく似ているがもっと抽象的な「羞恥心」など論外だから、飼い主が「犬はどう見ても自分が悪いことをしたのを知っている」と思い込んで罰するのは、本当にひどい仕打ちなのだ。

犬の感情と気分を探る科学的な研究はまだ初期の段階だが、近い将来、きっと新しい進展を見せるだろう。特に、犬が何を感じているかわかるような新技術が開発される可能性は大いにある（《気分は乗ってる？》のコラムを参照）。ただし、犬の感情はその一分刻みの生きる体験の一部であることは、ほぼ間違いない。

《気分は乗ってる？》

人間の場合、不安と絶望はあいまいな状況を悪いほうに判断した結果についてまわる――「ジュースが半分しか入っていないコップ」症候群だ。そういう先入観が人間以外の動物にもあることがわかれば、その動物の「気分」を探る道が開ける。ブリストル大学のぼくの同僚たちが、げっ歯類での研究成果を追跡するために、犬もそのような先入観を示すかどうかを調べた。[6] 保護施設で里親が見つかるのを待っていた二四匹の犬に、まず分離テストを行なった。里親の家にひきとられたあとで、分離の問題行動を起こすかどうかを予測するためのテストだ。次に、空間識別の課題をこなせるように訓練した。この場合、ひとつのエサ入れには必ずエサを入れ（次ページの図では、犬の左手にある色の一番薄いエサ入れ――ただし実際のテストでは、エサ入れは同じ色）、同じ距離にあるもうひとつのエサ入れはいつも空っぽにする（図では、色の一番濃いエサ入れ）。ふたつの位置のどっちにエサがあるかを犬が学習したら、これら二個のエサ入れの代わりに、一個だけの空のエサ入れを使って実験を開始した。それを図にある五か所のどこかに置く――二か所は最初の訓練で二個のエサ入れがあった位置、残り三か所はその中間の「あいまいな」位置だ（図では濃淡のあるグレーのエサ入れ）。そして、それぞれの位置に犬がどれだけ速く走って行くかをテストした。あいだの三か所のどこかにあるエサ入れを前にしたとき、「悲観的」な犬なら「あのエサ入れには何も入っていないさ。さっきエサがあった場所とは違うもの」と考えるだろう。もし「楽観的」な犬なら、「あのエサ入れは、さっきエサがあった場所に近いから、覗いてみるだけの価値はある」と考えるだろう。実験の結果、分離テストで分離苦悩を示した犬は、ほかの犬よりエサ入れまでゆっくり走って行った。平均より「悲観的」だったと言えるだろう。ひとりぼっちに耐えられない犬と耐えられる

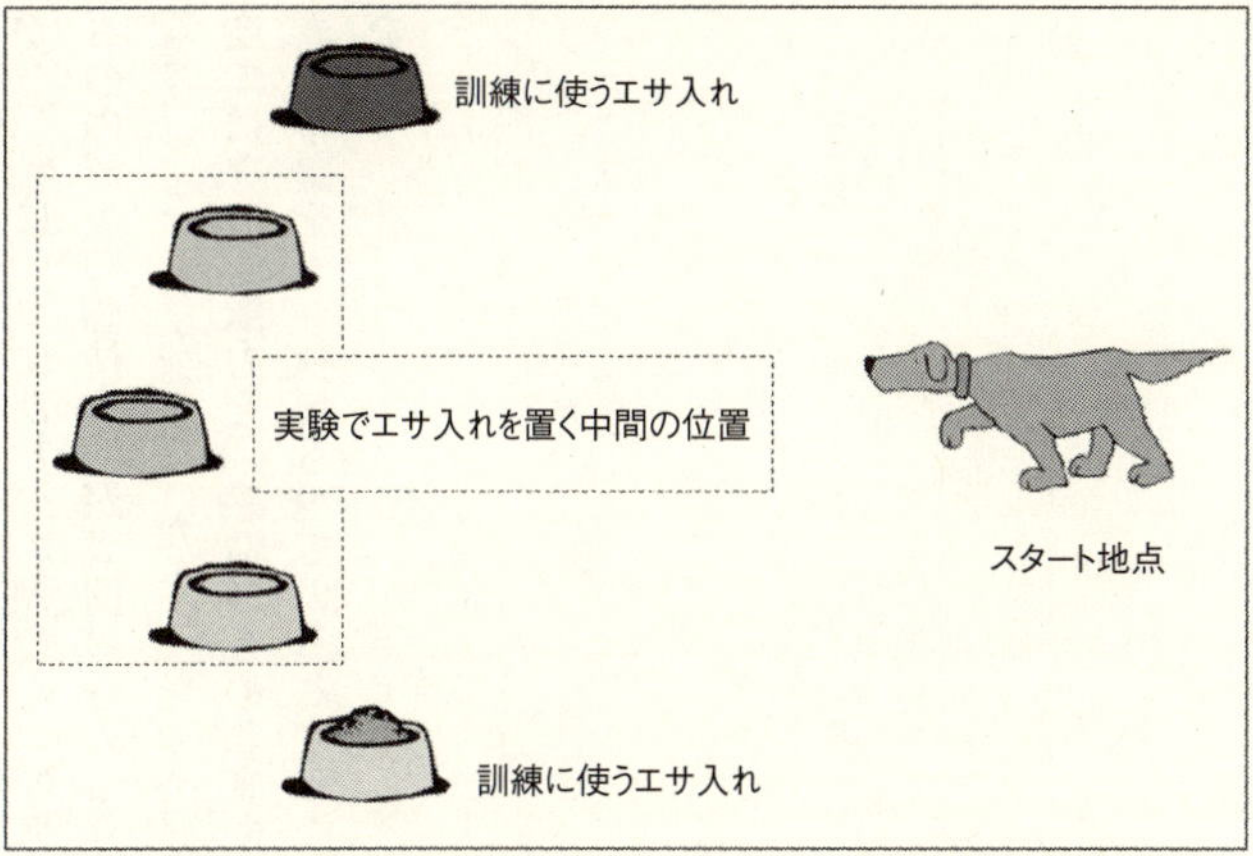

1回の実験ごとにエサ入れをひとつだけ、いずれかの位置に置く。

犬を分けている、とても重要な基本要因は、このような悲観論ではないかと思わせる結果だ。

最後に、感情を探るためにこれまで取り上げてきた客観的で科学的なアプローチにも、擬人化の痕跡が少なくともひとつは残っていることを認めざるを得ない。犬の感情を、人間がつけた名前を使って説明している点だ。最も基本的な感情は、哺乳動物の心理学と哺乳動物の脳の最も原始的な部分に根ざしているのだから、細部の違いはあるにしても、犬と人間の経験は根本的に同じだと仮定してもいいだろう。ところが、嫉妬のように比較的単純な自己認識を伴う感情の場合、犬は人間と同じ感情だけをもっているとみなし、それに名前をつけていいのだろうか？　犬に（単にひとつの例だが）罪悪感はないと、ぼくは適度な自信をもって言えるものの、犬の感情生活が人間のものより豊かさに欠けるというわけではない――ただ、「違う」というだけだ。たとえば、犬はとても社会性に富んだ動物だから、それほど高度ではない認識力を、感情のきめこまやかさで補っているのだろう。イヌイットが雪を表す単語を一五種類もっているとするなら、(7)犬は一五種類の愛を経験できるのかもしれない。

第9章　においの世界

犬好きな人にかわいい犬の写真を見せると、即座に反応があるだろう。同じ写真を犬に見せてみよう。たぶんなんの反応もない（ただし自分が飼っている犬に見せるなら別だ。「何するつもり?」という、戸惑った表情をするにちがいない）。

犬は物理的には人間と同じ空間で暮らしているが、人間と同じ方法でまわりの世界を経験しているわけではない。人間はどうしても自分たちの見ている世界が「ありのままの本物の」世界だと思いがちだ。でも、それは間違っている。ほかの種の動物たちと同じように、人間だって生きるために必要な世界の情報を選びだしていて、残りは捨ててしまう。もっと正確に言うと、霊長類とヒト科の祖先の生き残りに役立ってきた情報を選びだしている（現在のライフスタイルになってからは、進化によって感覚が変わるほど長い時間がたっていない）。一方、犬が生きている世界の主役は嗅覚で、人間の生きる視覚で成り立った世界とは、かけはなれている。

人間もまわりの世界で起きていることを編集して取り入れているという事実は、つい忘れがちだ。テレビのリモコンから出ている光線も実は光だが、波長が長すぎるために、人間の目で「見る」ことはできない。人間に見えないからといって、ないわけではない。そこでまず、人間がまわりの世界からとらえられるものと、とらえられないものを、復習しておくことにしよう。そのあとで、人間が見逃しているものについて犬が——言葉を話しさえすれば——どんなことを教えてくれるかを考えていく。

まず、人間は色が大好きだ。少なくとも、ほかの哺乳動物にくらべてそう言える。ぼくたちの目には、黄、緑、紫に反応する三種類の錐体細胞（光受容細胞のひとつ）しかないが（四種類もつ動物がたくさんいるし、もっと多いものもいる）、一〇〇〇万もの異なった色を見分けられると推定されている（ここで「ぼくたち」と言ったのは、厳密には男性だけを指している。一部、おそらく世界で半数ほどの女性は、黄緑の領域に四番目の受容器をもっていて、赤、オレンジ色、黄色の色合いを、ほかの人より数百万種類も多く見分けられる）。

こうしてあらゆる色を見分けられる能力が進化したのは、最近のことだ。爬虫類（および鳥類）は全色に加えて紫外線も見ることができるが、哺乳類は初期の進化のどこかで紫外線と赤の光線を見る力を失った。初期の哺乳類は夜行性だったので、網膜の上に桿体《かんたい》細胞のためのスペースが必要だった可能性がある——桿体細胞は暗い場所で見るときに使われる光受容細胞で、黒と白だけを見分ける。その後、旧世界のサルと類人猿は、ほとんどが日光のもとでエサを探したことから、二三〇〇万年前ごろに三色型の色覚を

「再進化」させた。柔らかい葉や熟れた果実を、色だけで見分ける必要があったからだろう。

目で見るだけでは、まだ話は半分しか終わらない。次に脳が生データを像に変換する必要がある。目が集めたすべての情報が脳でひとつにまとまって、三次元のカラー画像になり、それをぼくたちは意識的に「見ている」と知覚する。脳は片目からの情報を使って3D画像を作ることができるが（片目をつぶったまま、顔をゆっくりとあちこちに向けてみてほしい）、最も正確な瞬間的情報は、両眼視によって集まる。脳がそれぞれの目から入ってくる像を絶え間なく比較し、わずかな違いを利用して、フルカラー3D画像を作り上げているのだ。この過程をできるだけ効率的にするために、人間の両目はまったく同じ方向を向いている（これは哺乳動物でも珍しく、人間の顔の形によく似た丸くて小さい顔をもつ猫でさえ、両目はそれぞれ少し外を向いていて、およそ八度の角度になっている。それに対し、主に近づいてくる危険を察知するために視覚を利用しているウサギなどの動物では、頭の両側に目がついていて、できるだけ広い視野を確保するために両眼視をほとんどあきらめてしまった）。

このように、人間は極端に視覚に頼っている生きものだ。科学者の推定によれば、人間の脳は両目から毎秒約九〇〇〇万ビットの情報を受けとっていて、これはモルモットの一〇倍にあたる。なぜこのような能力が進化してきたかについてはさまざまな説があるが、たとえば、霊長類の社会が複雑になるにつれて集団の全員を監視する必要が高まり、特に細部に気を配る視力ができあがったとも考えられている。

人間はほとんどの哺乳動物より多くのものを見ている反面、聞いていることはそれほど多くない。霊長類にとって、ほかの哺乳動物ほど聴力が重要ではないのは明らかだ。ネズミとコウモリは、人間よりはるかに小さくて高い音を聞き分けられる。犬と猫も、人間が聞いているもののほぼすべてを聞いているだけでなく、そのほかにもたくさんの音を聞いている。また人間はほかの哺乳動物とくらべ、音がどこから来るかを聞き分けるのが下手だ。狩猟採集民としての進化のルーツを振り返れば、食べられる草花や果実を集めるにも、動物を追うにも、聴覚より視覚のほうがずっと役に立ったことは想像できる。それでも、よく似た音を聞き分けるのは、人間の脳のほうが犬の脳よりずっと得意だ。これは言葉を解読するために進化させてきた技になる。

嗅覚については、動物界のほかのメンバー（鳥を除いて）にくらべて、人間の感覚はなんとも弱々しい。訓練によって違うにおいを嗅ぎ分けられるよう鼻を鍛えることもできるが、判別できるのは、そもそも人間にわかるほど強いにおいだけだ。まわりの世界にあるにおいの情報の大半は、ただ通りすぎていってしまう。その結果、ワインテイスターや調香師などのわずかなプロの世界を除いて、においの質を表現する言葉さえほとんどない。

人間の鼻は、なぜそんなに鈍いのだろうか？　第一に、人間の嗅上皮はとても小さい。嗅上皮は鼻孔のなかにある粘膜に覆われた皮膚で、呼吸する空気からにおいの分子を取りだし、それが何かというメッセージを脳に送る場所だ。第二に、入ってくるにおいの情報を処理する脳の部分が、旧世界の霊長類と類人猿のすべてで大幅に減ってしまった――人類の進化の過程でも縮小した。第三に、人間の嗅覚受容体はほかのどの哺乳動物とくらべてみても、レパートリーの点でほとんど負けている。だから、特定のにおいの微妙な差を感知する能力が限られてしまう。人間には、ネズミなどがもっているずっと幅広い受容体に利用されている遺伝子の名残がまだあるのだが、もう機能していない――高等霊長類への進化の過程で、とっくの昔に働きを失ってしまった。だから人間もネズミと同じ範囲のにおいを検知できるのだろうが、繊細さで劣っている。それにもちろん、人間が何かのにおいに気づくためには、たくさんのにおいが必要になる。

人間の嗅覚受容体が少しずつ減っていった時期は、だいたい三色の視覚が進化した時期と重なっていて、科学者はこれらの変化のあいだにつながりがあると考えている。霊長類はもともと、主に夜行性で（当時も今も夜行性の哺乳動物は多い）、哺乳類に多い二色の視覚をもっていた。祖先が三色の視覚を進化させたころには、同時に脳の視覚野もかなり大きくなり、その一方でにおいの情報を処理する脳の領域が小さくなっていった（どの脳にも、処理できる情報の量に限界があるらしく、ひとつの領域が広がると同時に別の領域が縮むことが多い）。その後、類人猿と人間が進化するにつれて脳がさらに拡大していき、社会的情報、特に視覚によって集めた情報の処理が得意になっていった。その過程で、脳のなかで嗅覚にたずさわっていた「古い」部分は、大脳皮質の下に埋もれてしまった。

そのため、人類が把握している世界像は標準からはずれていて、哺乳類全体のなかで見ても例外的だ。色覚がとても鋭く、暗視能力は適度（ほとんどの人は使っていないが）、聴覚は平均的、そして嗅覚ときたら、まったくお粗末なものだ。その反対に犬の場合は、色覚には乏しいが、暗視能力はすぐれ、聴覚も鋭く、とても敏感で高度な嗅覚を備えている。人間は犬の歴史全体を通してこの違いを大いに活用し、特に犬の鋭敏な鼻を狩りに役立ててきた。ところがペットの犬は擬人化されすぎているせいか、飼い主はこうした違いを忘れがちで、犬も自分と同じ世界を感知しているかのように扱ってしまうことが多い。

犬が日ごろ暮らしている視覚世界は、多くの面で人間のものとよく似ている——事実、違いがほとんどわからないくらい似ていて、犬にとってもなんの問題もない。夜は犬のほうが人間より少しよく見え、日中は人間のほうが犬より少しよく見える。視覚の能力は、色の知覚という一点だけを除けば犬も人間もあまり変わらず、主観的世界にあると思われるほどの大きな違いはない。人間が見えるものはなんでも、こまかさはちょっと欠けるにせよ、犬にも見えているらしい。

犬にとっては、大半の哺乳動物と同様、何かを特に「よく」見るというより、危険への警戒を怠らないように「常に」見ているほうが大事だ。人間は、色を見分けるとともにに昼間にこまかい部分まで見えるようになるために、暗闇での視力を多少は犠牲にすることになった。樹上で暮らしていた祖先には、夜行性の敵はほとんどいなかったのだろう。そのため、犬の目は薄暗い場所では人間よりずっとよく見えるよう適応しているが、明るい光のもとでは人間の視力より劣る（それでも十分によく見えているが）。

暗闇での効率を高めるために、犬の目は人間の目にはない構造をもっている。暗くなってから散歩に出る飼い主は、犬の目に懐中電灯の光があたったとき、キラリと明るく光るのに気づいているだろう。これは網膜のうしろにある輝膜（タペタム）と呼ばれる反射層のせいで、この層のおかげで、光が少ない場所での目の感度がおよそ二倍になっている。さらに犬の目は、脳とのつながり方が人間とは違う。人間の視神経は一二〇万本という膨大な数の神経線維でできているので、十分な光があれば、人はとてもこまかい部分まで見分けることができる。それに対して犬の場合、目と脳をつなぐ神経はわずか一六万本しかない――しかし人間の視神経とは異なり、一本の視神経がいくつもの桿体細胞や錐体細胞につながっていて、そのどれかひとつがちょっとでも光を受ければ、信号を送ることができる。このため、少ない光のなかでもまわりがよく見えるが、詳細を見分ける能力はおよそ四分の一にまで減ってしまった。光を感知する細胞の集まりのなかで、どの一個が信号を発したのか区別することができないからだ。つまり、人間の正常視力は一・〇だが、犬は最高でも〇・二五しかないということになる。もっと目の悪い犬もいるだろうが、人間が眼科で受けるような正確な視力検査を犬にするのは無理だから、犬の視力はよくわかっていない（ちなみに、オオカミのほうが犬よりはっきり見える目をもっている。犬は、現在生き残っているオオカミより、夜行性に近かったオオカミの子孫なのかもしれない）。

犬の目には、人間より広い範囲を見る力もある――まっすぐ前に集中せず、広がりのある像を見ていることになる。だから頭を動かさなくても、まわりがよく目に入る。犬の平均的な視野は約二四〇度なので（人間は一八〇度）、自分の背後で起こっていることも、ある程度は見えているわけだ。左右のそれぞれの目は、鼻を通る中心線よりおよそ一〇度外を向いている。前方に重なり合っている領域がかなりあって、犬はこれを利用してきちんと両眼視している。犬種ごとに、両眼視の能力は異なっているにちがいない。犬の目は鼻の両側についているのだから、鼻先が長い犬種では、重なり合う部分が少なくなるのは当然だ。

犬の視野は人間より広いが、近い場所を見る能力では劣る。ほとんどの犬は、若くても、鼻の先から三〇センチ～五〇センチより近い場所に焦点を合わせることができない（ただし人間と同じで、焦点を合わせられる最短距離は年齢とともに長くなっていく傾向がある）。鼻が興味のあるものから約三〇センチ以内に近づいたら、ほかの感覚の出番になる――特に鋭い嗅覚を繰りだす。

それでも犬と人間の視覚をくらべて最も際立った違いをあげるなら、犬に見える色の少なさだろう。ほとんどの哺乳動物と同様、犬にも二原色――青紫と黄緑――しか見えていない。[1] もちろん、どの哺乳動物も同じで、これらの二色の信号の相対的な強さからさまざまな色の違いを見分けられるが、（人間にある）黄色の錐体細胞がないので、赤とオレンジ色やオレンジ色と黄色を区別することができない。また二色の錐体細胞が検知できる色には空白部分があるため、たとえば青緑色は犬には灰色に見えている。それでも犬の色覚を調べた科学者は、犬がほかの大半の哺乳動物より（もちろん人間と、三色視ができるその親戚を除いて）色に注意を配っていることを確かめた。犬は日常生活で、ときには色を利用しているのかもしれない。

このように、たとえば日光を浴びて公園を走りまわっている犬は、人間が見ているものをほとんど同じように見ているわけだが、ちょっとした違いがある。まっすぐ前だけでなく頭の両側も見えるので、より多くを見ている。同時に、木の葉と草がよく似た灰緑色の落ち着いた色合いに、赤と黄色の花が同じような色に見えているという意味では、よく見えていない。犬の祖先は肉食で、一番よく熟した果実や一番柔らかい葉を見分ける必要がなかったから、色合いがわからなくても特に困らなかったのだろうし、今の犬にもほとんど問題はなさそうだ。それでも日が暮れるとともに、犬のすぐれた暗視能力が威力を発揮しはじめる。飼い主が懐中電灯を使わなければその行き先を追えなくなってもおかまいなしに、犬のほうは生い茂った草のなかで、うれしそうに走り続けている。

このようにわずかな違いはあるものの、犬と人間の視覚世界は重なり合っている部分が大きいので、見えているものと見えていないものに誤解があったとしてもたいした問題にはならない。色の違いを利用して視覚的合図に反応するよう犬を訓練したいなら、赤とオレンジ色を使うのは避けたほうがいいが、こんな忠告は数えるほどの専門的な訓練士以外には必要なさそうだ——ほとんどのしつけには、音と動きによる合図を利用する。テレビを見るのが好きな犬がほとんどいないのは、全体として色に興味がないからかもしれない。テレビの音質が（犬からすれば）悪いのも、原因のひとつだろうか。

犬にくらべると人間の聴覚はぐっと劣っているために、犬は迷惑な事態に巻き込まれ、最悪の場合、病気になってしまうことさえある。犬の聴覚は人間よりはるかに敏感で多才だ。低周波の音が聞こえる範囲はあまり変わらないが、人間にはまったく聞こえない高音を聞くことができる。人間はそういう音を「超音波」と呼んでいるが、犬が言葉を話せるなら、人間はみんな「高音域難聴」だと言うだろう。猫は犬よりもっと高音を聞き分けられるから、猫は犬を高音域難聴と呼ぶことになる。(2)

犬が自分たちに聞こえていない音まで聞いていることを、人はつい忘れがちになる。音に対する犬の反応を調べようとする研究者が、ごくふつうの音声再生装置を使うことがあるが、再生装置は人間が聞こえる音だけを再現するよう設計されたことに気づいていないようだ。犬にとってはあらゆる音で大切な部分を占める高周波の音が、そのような装置では再生されない。だから、犬が「生の」音には反応するのに録音や放送（テレビなど）の音に反応するとは限らないのは、別に驚くにはあたらない。人間の耳には実質的にはまったく同じ音でも、犬には違う。ぼくたちがFMラジオとAMの長波放送（高周波を再生しない放送）を聞くのと同じようなものだろう。

犬（またはオオカミ）がなぜそんなに高い音を聞く必要があるのかは、はっきりしていない。これは、もっと体の小さいイヌ科の祖先から受け継いだ能力だと考えられている。ネズミなどの小型げっ歯類が出す超音波の鳴き声を聞くことができるキツネは、その高周波聴力を活かして、狩りのときに獲物の居場所をつきとめる。ところがオオカミはそれほど小型の獲物をいつも追っているわけではない。「サイレント」ホイッスルは、人間には聞こえないが犬には聞こえる高周波の音を利用する訓練用の犬笛だ（ただし、奇をてらっているだけのように思える。人間の耳になんらかの音が少しでも聞こえる笛のほうが、ずっと扱いやすい。サイレントホイッスルが壊れて音が出ていなくても、人間にはわからないだろう）。犬はとてもよく似た音を聞き分けるのが大得意で、主に高周波の情報を利用しているようだ。種類の違う鳴き声の微妙な差を犬がどうやって判断しているかの研究は、まだはじまったばかりだが、犬はとても小さい音を感知できるだけでなく、聞いた音からこまかい情報を大量に取りだせることに、ほとんど疑問の余地はない。

犬の耳は人間の耳よりはるかに感度がよく、飼い主としては、この違いをきちんと把握しておく必要がある。犬に最適な周波数範囲では、その聴力は人間のおよそ四倍の感度をもつ。ということは、あまりにもにぎやかな犬舎の騒音にさらされると（「難聴」

の人間でさえ不快に思うことがあり）聴力が損なわれる可能性があるということだ。超音波に鈍感な人間は、高周波の音がたくさん含まれている騒音にさらされたとき、犬が経験しているはずの不快感に気づかないことが多い。たとえば金属ゲートがガチャンとぶつかるときの音や、コンクリートの床の上で金属バケツがこすれる音などだ。

犬の嗅覚は、人間とはくらべものにならないほど鋭い。だが本当は、人間のほうが並はずれて鈍いだけだ。ほかの食肉目の動物とくらべると、犬はおよそ平均的と言える。たとえばハイイログマは犬よりもっと嗅覚が鋭く、真冬でも地中に埋まった食べものを見つけられる。それでも犬には、訓練に反応する性質とすぐれた嗅覚というユニークな組み合わせが備わっているので、人間は長い歴史を通してずっとそれを大いに利用してきたし、毎日のように新しい使い方を見つけている。

実感できないほど大きい数字の世界に足を踏み入れないと、犬の鼻がどれだけ敏感かを伝えるのは難しい。犬は一部のにおいを――ほとんどのにおいかもしれない――一兆分の一単位の濃度で感知できる。人間が一般的に感知できるにおいは、一〇〇万分の一から一〇億分の一単位の範囲になる。犬はその千倍から一〇〇万倍の感度をもっていることになる。これほど鋭いのは、においの分子をつかまえて分析する鼻のなかの嗅上皮という皮膚が、犬の場合はとても大きいからだ。その大きさは犬種によって異なるが、ジャーマンシェパードの一五〇～一七〇平方センチが典型的で（だいたいＣＤジャケットほどの広さが、甲介骨と呼ばれる骨の複雑な表面を覆っている)、人間の三〇倍以上にあたる。そして二億二〇〇〇万〜二〇億の神経が嗅上皮と犬の脳をつなぎ、これは人間の鼻の一〇〇倍にあたる。なぜこんなに大きいのだろうか? 犬の嗅上皮は大きいばかりか、そこに配置された受容体の密度も、人間にくらべて断然高い。これらの情報のすべてを処理できる犬の嗅覚皮質――犬の脳でにおいを分析している部分――は、人間の約四〇倍にもなる。(3)

また犬は、においから詳しい情報を読みとることもできる。人間より多様な嗅覚受容体を取りそろえているからだ。これまでに犬のゲノムからは、八〇〇以上の発現している嗅覚受容体遺伝子が同定されている(そのほかに、受容体を作っていないように見える二〇〇の「偽遺伝子」もあって、犬が進化してきた過去のある時期に、受容体を作っていたと考えられている)。それぞれの遺伝子がわずかに異なる受容体をコードし、それらの受容体ひとつひとつが、においの分子のわずかに異なる形を感知する。ほとんどのにおいでは、これらの受容体が一度にたくさん活性化するので、脳は受けとったすべての信号の相対的な強さを比較して、においの特性を明らかにする。人間も犬に似た範囲の受容体をもっているのだが、それぞれの数が少ない。つまり、犬が感知するにおいを人間が感知できても、詳しいことまではわからない。そのうえ、においそのものに気づくのに大きな集中力を必要とする。人間は何千という異なるにおいを嗅ぎわけることができる。そして人間よりはるかに多様な犬の受容体は、それよりずっと多くのにおいを嗅ぎわけられることを物語っている。

実際のところ、犬にまかされるにおい探知の仕事が急増しているところから、犬が感知できるにおいの範囲はほとんど無限のように思える。人間は古くから、食べものを手に入れるために犬の鼻を利用してきた。狩りの獲物を追う犬からトリュフのような珍味を探す犬まで、多彩だ。最近では犬の鋭い嗅覚を借りて、各種の癌（黒色腫や、卵巣腫瘍、膀胱腫瘍）まで探知する。さらに、ヒツジに感染する線虫や人間に取りつくナンキンムシのような害虫も探知できる。自然保護にも駆りだされるようになり、ガラパゴス諸島ではフカヒレやナマコの密漁の取り締まりに犬を利用する試みがある。科学者も同様で、希少な南アメリカのタテガミオオカミやヤブイヌの（糞のにおいによる）生息地図作りに、犬の力を借りている。

とてもよく似たにおいを区別する能力の点でも、犬は人間を大幅にしのぎ、いっしょに暮らしている二卵性双生児のにおいと、別々に暮らしている一卵性双生児のにおいを嗅ぎ分けることができる（ただし、いっしょに暮らしている一卵性双生児のにおいは、確実には嗅ぎ分けられないらしい）[4]。つまり、暮らしている環境から生まれるにおい（食べているものや、衣類の柔軟剤など）のヒントだけでなく、ひとりひとりの体臭につながる遺伝的な要素まで使って、人間を嗅ぎ分けられるということだ。遺伝子が等しく、環境も同じときだけ、犬は混乱しはじめる。特定の人間のにおいがわかる犬の鋭敏な嗅覚は、オランダやハンガリーなどいくつかの国で、犯罪者と犯罪現場を結びつける方法として利用されている。

人間は嗅覚をほとんど利用していないので、このなじみのない世界を犬がどう経験しているかを理解するには、かなりの想像力を駆使しなければならない。においの広がり方は光や音とはまったく違い、予想がつきにくい。まずにおいが空気中に出ていく速さは、温度や湿度、発している面の種類によって変わってくる。そのうえにおいが伝わっていくスピードと方向には、光や音のような規則性がない。それでもこうした要因がほとんど気にならず、意識にもまったくのぼってこないのは、人間が視覚を利用して行動しているからだ。それに対して犬は、ほかの犬が残した嗅覚標識でも、食べものでも、人間から探知するよう訓練されたにおいでも、関心のあるものを見つけるには嗅覚が頼りだから、必然的に嗅覚から役立つ情報を探りだす戦略を発達させてきた。

関心のあるにおいを見つけるのは、視覚情報を集めるほど単純でもなければ、瞬間的なものでもない。人間ははじめての場所に行くとき、たとえば一度も入ったことのない部屋に入るとき、あたりを見まわして様子を調べる。光は一直線に予想通り進むので、部屋に見えない部分があれば、ひと目でわかる。扉がしまっていれば戸棚のなかが見えないのも、ついたてや大きい家具のうしろが見えないのも、考えなくても知っている。犬にとっては残念なことに、においは光のように予想通り進んではくれない。ゆっくりと、気の向くままに、分子の拡散によって広がっていく。しかもその距離はほんのわずかなので（二、三センチ以内）、そのまま影響を受けるのは、平面近くにある静止した空気の薄い「境界」層にすむアリのように小さい昆虫くらいのものだろう(5)。においがこれより遠くまで届くには、空気の動きによって運ばれる必要があり、それはとても不安定だ。

犬が経験していることを理解するために、食品棚の扉をあけたとき、探しているものが棚の上にあるのか、扉の内側のラックにあるのか、なかほどの台に置いてあるのか、すぐにはわからない場合を想像してほしい。電気を消し、においだけでスパイスを入れた瓶を見つけてみよう。人間にも、退化したとはいえ、においに頼って動く能力が少しはあるが、時間がかかり、めんどうなことがよくわかる。何かのにおいがしたとしても、そのにおいの源を探りあてるのは簡単ではない。空気の動きは予想しにくく、特に室内ではほとんど感知できない。だから犬をしばらく見ていると、長い時間と大きなエネルギーをさいて、関心のあるにおいが見つかる場所を教えてくれそうな、目に見えるしるしを見つけようとしているのに気づくだろう。では犬は、最初にどこのにおいを嗅げばいいのか、どうやってわかるのだろうか？　だいたいは経験の問題かもしれないが、もし相手が見つけてもらうためににおいを残すとしたら、わかりやすい場所か（おなじみの電柱の根元）、見えるしるし（犬がおしっこをしたばかりの場所で土をひっかいた跡）になると予想できる。

目に見えるヒントがなければ、犬は足を使って、においがどこから出ているかを探りださなければならない。空気の流れがあまりないなら、あちこちを嗅ぎまくり、試行錯誤でにおいの一番強い場所をつきとめる。もしにおいが一点から出ているなら、この作戦は遅かれ早かれ功を奏するだろう。でもそうでないとしたら、犬は混乱し、イライラする。訓練を受けた麻薬探知犬が、東洋の家具がいっぱい詰まったコンテナのなかで大あばれしたという、嘘とも本当ともつかない話がある。強いにおいはあるのに、そのにおいがどこから出ているのかまったくわからなかったからだ。話は続く。やがて、荷物の家具すべてが大麻樹脂で塗装されていたことが判明した――コンテナ全体がにおいの源だった！

犬はにおいの跡を追うのが大得意だ。ほかの動物が残した跡でも、遊猟（ドラッグハント）のように人工的につけたにおいでもいい。においを追うときは、ジグザグに行ったり来たりしながら進んでいく。残された跡が発しているにおいの「帯」の、両端を見つけていくためだ。わからなくなるとうしろを向き、目に見えない跡を、逆戻りする。犬はこうして手がかりをたどりながら、どの方向に進んでいくかも決めなければならない。そのとき、できる限り目で見えるヒントを利用するらしい。行き先の草や下生えが踏みつぶされていたり折れていたりするのが、目印になる。ところが一部には、全部とは言えないまでも、目に見えるヒントがまぎらわしいときにも惑わされず、正しい方向に跡をたどれる犬がいるようだ。ある実験では、追われる役の人が、草原をうしろ向きに歩いて逃げてみた。追う警察犬が、足跡の爪先の向きをヒントにして方向を判断して

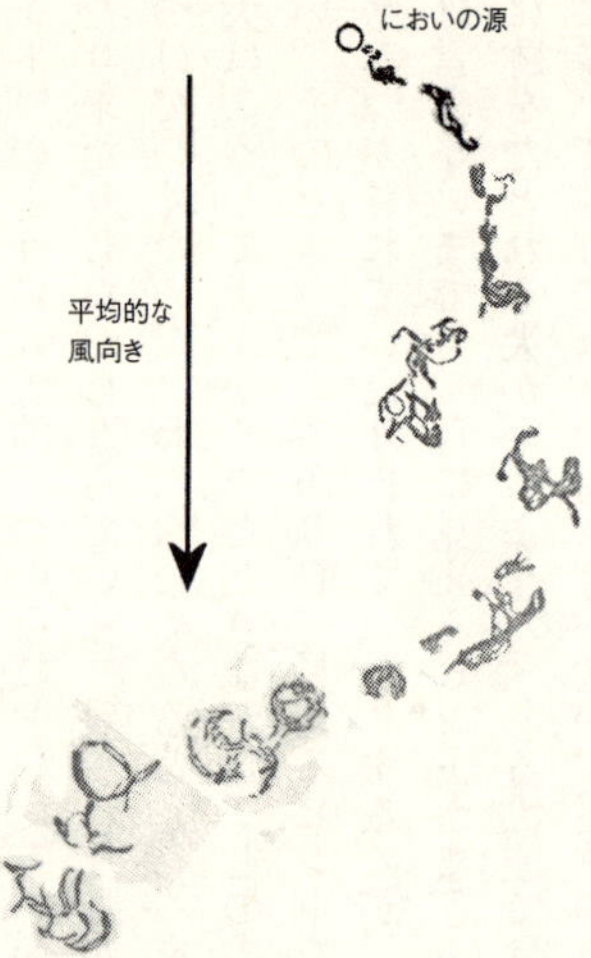

においの流れ（プルーム）の鳥瞰図。平均的な風向きは上から下に示されているが、数秒間続く風向きの変化によって、流れは「蛇行」する。（地面の凸凹によって生まれる）空気の渦で、においの流れも渦を巻き、分かれていくつもの場所に集まる。

いるとすれば、逆に進むはずだ[6]。でも、そうではなかった。警察犬は足跡の向きに頼らず、きちんと人が進んだ方向に進んだ（ただ足跡の形から爪先の向きを判断したのではなく、草が倒れたこまかい向きに気づいていた可能性はある——跡がつけられてから、一時間がたっていた）。

地面に跡が残されていなくても、漂ってくるにおいから、その源を見つけなければならないことも多い。屋外ではふつう、いつもなんらかの風が吹いていて、犬のところまでにおいを運んでくれる。ところが、そよ風の運び方は予測が難しい。においは風上から風下に向かってまっすぐ進むように思えるかもしれないが、実際には、風下に進みながら横にも拡散し、発生源を頂点とする円錐形に広がっていく。しかも、ある瞬間のにおいの広がり方を上から見ると、円錐というよりむしろ蛇行に近く、強くしっかりにおう場所と、弱くかすかな場所ができている。その原因は、風が吹くときに地面との摩擦

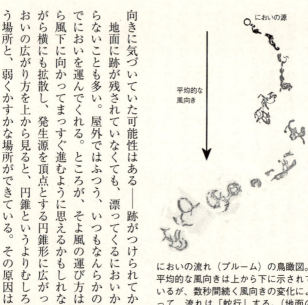

によって生まれる渦だ。渦の直径は数メートルにもなることがあり、においを蛇行させる。もっと小さい渦は、蛇行の幅を広げるか、においを一か所に集中させる。その結果、犬がじっとしているなら、たとえにおいの源からまっすぐ風下の位置にいても、においの流れ（プルーム）のなかにいるより外にいる時間のほうが長い。それに対して、風下でも左右どちらかに大きくはずれた位置にいる犬は、特に激しい蛇行によって流れてくる強いにおいを、ときどき感じることになる。

つまり、求めるにおいに最初に気づいたとき、それがどこから来ているのか、犬は大まかにしか推測することができない。ここで威力を発揮するのが湿った鼻だ。犬の鼻先で黒っぽく光るザラついた皮膚の部分（専門的には「鼻鏡」と呼ばれる）には、圧力と温度のセンサーがぎっしり詰まっている（犬の頭のほかの部分の皮膚は、全体的にどちらかといえば無感覚だ）。この湿った鼻は、通りすぎる風を直接感知できるだけでなく、風上に向いている側が冷やされることで、瞬間的に進むべき方向を教えてくれる。

それでも風は常に気まぐれだから、この作戦ではすぐ、においの集まった場所からはずれてしまうだろう。経験の浅い犬はここでただちに、あたりをくまなく探る作戦に切りかえ、主に風を横断する方向に走りながら別の場所にあるにおいを探す。もう一度見つかれば風の速さを確かめ、方向を変えて風上に向かって走りだす――ほぼ確実に、またにおいは消えてしまうから、そこで足を止め、同じことを繰り返す。もっと経験豊かな、猟犬の競技会でいつも競い合っているような犬ならば、においが消えたと思ったら何秒間か風上に向かって走ることが多い。そうすればまたすぐにおいが集まった場所にぶつかるだろうと、自信をもって予測しているからだ。それでも見つからなければ、また、くまなく探しまわる作戦に切りかえる。長いあいだ走ってもにおいが見つからなくなると、ほとんどの犬はあきらめるか、まだやる気が残っていれば、断固とした決意で風下に戻り、最初に気づいたあたりからやりなおすことになる。

においの源の近くまで来ると、犬は作戦を変える。ここまで来るとにおいは全体的に強くなっているだろうが、これまで途切れ途切れだったにおいから急に隙間が消え、連続的になる場所で確信をもつにちがいない。そこで不意に歩調をゆるめ、しっぽを激しく振りながら目を使って目標物を探しはじめる。もうにおいの情報では詳しいことがわからず、あまり役に立たない。うっかり目標物を通りすぎてしまい、においが消えてしまったときだけ、またにおいの帯に戻って鼻を使う。

地面についた跡をたどるときにも、空中に漂うにおいを追うときにも、犬は鼻の感度を高めることができる。すばやくクンクン嗅ぐと、鼻に入ってくる空気が大きくかき乱されるので、鼻粘膜に触れる成分が増える。また鼻孔内部の空気の流れを変えることもできる。鼻弁を広げれば、嗅覚野に、より多くの情報を送りだせるようになる。地面に残された跡を追う犬は、跡をしっかりたどるために、とてもゆっくり進まなければならず、そのあいだ四六時中クンクンにおいを嗅ぎ続けることができる。回数は一秒間に約六回だ。一時的に、もっと速く嗅ぐ必要ができると、ひと息吸うごとに二〇回まで嗅ぐことができる。実際、サクソフォン奏者が見せるテクニックのように、鼻から息を吸ってにおいを嗅ぎ続けながら、同時に口から息を吐くことまでできるのだ。ただし、犬はいつでも嗅ぎ続けていられるわけではなく、特に走っているあいだは嗅げない。酸素が足りなくなるのだろう。地面に残ったにおいの跡ではなく、空気中に漂うにおいを追うとき、犬はゆっくり走ることが多い。そのくらいの速さになると、もちろん酸素をいっぱい使うので、呼吸も激しくなる。そのため、分析できるにおいの量を最大にすることと目標物に早くたどりつくことの妥協点を探らなければならない。猟犬が地面についた跡を追うとき、一秒に五回か六回においを嗅ぐ。それが風上から漂うにおいを追う場合は、一秒にわずか二回になり、においの流れを見つけようと風向きを横断して走るときにはもっと少なく、一秒に一回程度になってしまう。

犬が吸い込んだ空気は、嗅覚系によって分析される。鼻に入った空気は、鼻腔を通過し、鼻甲介（嗅覚受容体をもつ渦巻き状の骨）のまわりで渦を巻いて流れる。受容体がそのにおいの性質と強さを符号化し、その情報を嗅神経に送る。神経を通して脳に届いた情報は、そこで知覚となり、過去に嗅いだにおいと比較できるようになる。

哺乳動物がどうやってにおいを感知して分析するかは、つい最近までよくわかっていなかったが、今では犬をはじめとしたさまざまな動物のゲノムの配列が決定され、どんどん詳しいことが明らかになっている。まず、においを作っている分子を空気から取りだして（自然のにおいには数多くの異なる種類があるが）、受容体に送り込む必要がある。においの分子はとてもゆっくり動くので、受容体は空気のすぐそばまで近づいておかなければならない。そうしないと、分子が受容体に届くまでに時間がかかりすぎて、犬が一秒に六回嗅ぐ速さに追いつくよう、瞬間的に反応することができないだろう。そのため、犬の鼻の受容体は、外気から数千分の一ミリメートルしか離れていない。このように空気にさらされているために、受容体は傷つきやすい。そこで嗅覚器官はふたつの方法で身を守っている。第一に、入ってくる空気が粘膜を通過するようにし、空気をきれいにして温度と湿度を上げてから（受容体のある）嗅上皮に届ける。第二に、受容体のある嗅覚ニューロンを絶えず新しくしている。だいたい一か月に一回は新しいものに入れ替わっている。

特定のにおいが嗅上皮にとらえられると、それに対応する受容体が活性化する。においの分子は、受容体の空気にさらされる側を覆う粘膜を通って広がる。犬の場合、嗅覚受容体は数百種類あり、特定の種類の受容体すべてが、直径〇・一ミリほどの球形の神経組織ひとつにつながっている。そしてこの神経組織から、僧帽細胞と呼ばれる少数の神経を通して、情報が脳に伝えられる。このように情報をひとまとめにすることで、わずかなにおいを感知する鼻の能力が最大化されている。目と違って、鼻ではそれぞれの分子が見つかった場所は重要ではなく、ある時点でいくつの受容体が活性化したかだけが大切だから、脳に情報を伝える前に信号を全部集めてしまうのは理にかなっている。

次に、脳にある嗅球が、特定の受容体から出された信号のすべてを比較し、はるかに繊細な情報を生みだす――これは人間の脳が、目では三色だけしか感知できないのに何百万もの色を「見える」ようにしているのと、よく似ている。犬は八〇〇種類ほどしかない受容体を使って、数万の異なるにおいを嗅ぎわけられるところをみると、ひとつのにおいにひとつの受容体が用意されているのではないことは明らかだ。特定のにおいの分子が、複数の種類の受容体の固有の組み合わせとつながりをもち、「においの脳」である嗅球が情報を組み合わせて、何が感知されたのかを解読する。

最後に、においの分子が受容体とのやりとりを終えると、特殊な酵素がすばやく分子を分解してしまう。さもなければにおいの感覚が長く残りすぎることになる。受容体はまた何もない状態に戻り、次にやってくる分子を待ちうける。

犬はもうひとつ別の方法でも、においを感知することができる。これは人間にはまったくない感覚だ。犬の鼻孔と口の上側のあいだの、前歯のちょうどうしろあたりに、切《せっ》歯《し》管《かん》と呼ばれる一対の液体で満たされた管がある。そこから出ているのが鋤《じょ》鼻《び》器《き》（VNO――ヤコブソン器官とも呼ばれる）で、葉巻型をし、先が閉じている。自分の門歯のうしろ側を鏡で覗き込んでみても、何も見えないだろう。人間には切歯管や、機能しているVNOがないからだ。ほかの哺乳類はほとんどが（爬虫類も）もっている。この器官は、嗅覚全般の多くの部分と同じように、高等霊長類の進化のあいだに遠い祖先から

姿を消してしまったものだ。(7)

ＶＮＯの目的を判断するのは簡単ではない。ＶＮＯもそれにつながっている管も液体で満たされていて、ちょっと見ただけでは、においを感知するにしては不自然な位置に置かれているように思える。だが実際には、鼻から液体を出し入れしてＶＮＯまで運ぶ筋肉のポンプがあって、それがにおいの分子を外界からＶＮＯに取り入れる機能を果たしている。においの分子がまず唾液に吸収され、それが鼻孔に流れ込んで、ＶＮＯにポンプで送られる可能性があるわけだ。これではずいぶん時間がかかってしまうので、空中に漂うにおいのように秒単位で変化する情報を感知するには、ＶＮＯはあまり役立ちそうもない。でも、常に変わらない同じ種の仲間のにおいを分析するには適していそうだ。そこでＶＮＯは、社会的なにおいに特化された感覚器官ではないかと考えられている。ただし独占的なものではなく、ＶＮＯと鼻の役割はこの点ではかなり重なり合っている。

犬がＶＮＯをなんのために使っているのか、詳しいことはまだわかっていない。問題のひとつは、犬がＶＮＯを使っても、外からはなんの兆候も見えないことだ。猫と、犬の近い親戚であるコヨーテを含む一部の哺乳動物は、ＶＮＯを働かせているあいだ、それとわかる表情を顔に出す――口を少し開いたまま上唇をわずかにうしろにゆがめ、猫もコヨーテも一瞬、もの思いにふけっているように見える。この表情は、食べもののにおいを嗅いでいるときには現れないが（猫もコヨーテも食べもののにおいを鼻で分析する）、同じ種の仲間が残したマーキングのにおいを嗅ぐときには現れる。犬はこれと同じような表情はしない。ただし、マーキングのにおいを嗅いでいるあいだに歯をガチガチ鳴らす犬や、うれしそうな声を上げる犬がいる。においをＶＮＯに送り込むポンプが働いているしるしかもしれない。

犬のＶＮＯは、たしかに何かの役割を果たしているはずだ。犬は社会的なにおいを口や鼻から吸い込みながら、同時にポンプを動かしてそれをＶＮＯに運び、分析している可能性が最も高い。こうすれば、においを二回にわたって分析できる。まず鼻で、とにかく瞬間的に、それから二回目をＶＮＯで、もう少しのんびりと。こうしてできあがった極めて詳しい情報を、将来の社会的な出会いに備え、脳にしまっておくことができる。これも、においの情報を読みとる能力のうえで犬が人間にまさっている点だ――科学者はこれまでのところ、においの情報を解読するのは難しいと判断している。人間にとって、自分たちがもっていない感覚をはっきり理解するのは無理があるからだろう。

鼻とＶＮＯのどちらで感知するにしても、犬にとってにおいはとても大切なものだ。それは人間にとっての大切さをはるかに超えている。においを使って、何を食べ、何を食べないかを決めているだけではない。においは人、場所、ほかの犬を識別する第一の方法なのだ。嗅覚は犬にとって最も重要な感覚であり、できる限り、ほかのすべての感覚より優先して使う。

においはとても複雑で、それぞれの犬が暮らしている環境によって異なるので、わずかな数以上のにおいを嗅ぎ分ける能力を生まれつき備えることはできないだろう。だから個々のにおいがもつ意味を学習しなければならない。犬は生まれる前から、嗅覚の使い方の学習をはじめる。人間の赤ん坊が胎内にいるときから、母親の声の響きを学習するのと同じだ。科学者は超音波を利用して、仔犬が生まれる二週間前に胎内で呼吸筋を動かすのを観察している。

仔犬はこの「呼吸」によって、母親が一番多く食べている食べものの種類をはじめ、母親独特のにおいについて学習できるのはほぼ間違いない。ある実験では、妊娠している母犬に出産前の三週間にわたって、アニシードの香りをつけたエサを与えた。(8) すると仔犬は生まれて一五分後には、まだ乳を飲みはじめる前から、アニシードのにおいがするほうに向かって動いた。仔犬たちが嗅いだことのなかったバニラの香りには、まったく反応しなかったから、アニシードをよく知らないから調べようとしていたわけではないことがわかる。なぜアニシードを好んだのだろうか？　おそらく母親の羊水と同じにおいがしたからで、仔犬は生まれる前に胎内で「嗅いで」いたことになる。

仔犬がなぜ、生まれる前から母親のにおいを学習する必要があるのかは、よくわからない。生まれた直後は自由がきかず、いずれにせよ母親から遠くに離れていくことはできないのだから、そのとき学習しても同じだろう。出産前の学習は、ヒツジのように生まれてすぐから自由に動け、母親と離ればなれになる危険のある動物では、特に役立つ。

犬の場合、今ではもうあまり役に立たなくても、哺乳類の祖先からこの能力を受け継いできただけではないだろうか。

仔犬は生まれた直後から、においの助けを借りてまわりの世界を理解していく。仔犬が最初に注目するのは、第一に母親だ。母犬は出産から三日間、乳腺の周辺から特別な物質を分泌し、それが皮膚のうえで細菌の働きによってにおいに変わるので、仔犬からその居場所がわかる。このにおいには仔犬の気持ちを静める効果もあるようだ。しくみはまだ明らかになっていないが、同じ物質が成犬の心も落ち着かせる働きをもっているように見える。成犬の行動の変化が、本能的な「フェロモン」効果によるものか、それとも母親によって守られていた記憶によるものか、科学者はまだ確認できていない。それでもこの物質から抽出したにおいは、犬の激しい不安の治療に役立つことが立証されている。

仔犬は自分で動きまわれるようになるとすぐ、出会うものすべて、手あたり次第ににおいを嗅ぎはじめ、この行動は一生続くことになる。飼っている犬が会う人ごとに股間のにおいを嗅ぎにいくので、戸惑ってしまう飼い主は多いだろう。きちんとしつけをすれば防ぐことができるが、犬にとっては相手が人間でも犬でも、ほかの動物を識別する第一の選択肢なのだ。公園で二匹の犬が出会うと、その第一の、たいていは唯一の目的は、互いのにおいを嗅ぐことになる。二匹でグルグルまわってから互いを嗅ぎはじめることも、一匹が夢中で相手のにおいを嗅ごうと追いかけまわすこともある。それでも出

どちらも先ににおいを嗅ごうとするので、２匹はグルグルまわることが多い。

会ったとき一〇回に八回は、相手のにおいの情報を手に入れることが目的になる[9]。

ここで問題になるにおいは、体の両端から発していることは明らかだ。犬はよく相手の耳のあたりをしつこく嗅ごうとするので、ここから、それぞれに異なるにおいが出ていることがわかる。耳にはたしかに、においを出す腺があるが、ここから出るにおいにどんな情報が含まれているかはほとんどわかっていない。しっぽの下のにおいを嗅ぐのは、包皮腺（雄）や膣腺（雌）から出るにおいをとらえているにちがいなく、これらはおなじみの犬のマーキングにも役立っている。

それでも相手のにおいを嗅ぐときの一番の目標は、なんと言っても肛門嚢のようだ。その名の示す通り、肛門の両側にあり、個々の犬で大きく異なる刺激性の（主に微生物が作りだす）においを発している。そのにおいは数か月という時間がすぎるとともに少しずつ変わっていくものの、肛門嚢はふだん閉じているせいらしく、一週間たってもあまり変化しない[10]。そのために「署名」のにおいとして適している。ただし、哺乳動物の化学信号はどれも同じで少しずつ変化していくから、受け手には再学習が必要になる。犬が出会うたびに互いのしっぽの下あたりを嗅ごうとするのも、これである程度は説明がつくだろう。もしそのにおいが一か月後でもまったく同じなら、ごくたまに嗅ぐだけでいいはずだ。このようなにおいの嗅ぎ合いの起源は、おしっこを使うマーキングと同様、飼いならしの前までさかのぼる。オオカミも、若い雄はこの部分のにおいを嗅ぐのが同じように好きだし、成獣になると、しっぽを直立させたままじっと動かずに立ち、自分から群れの仲間にこの部分のにおいを嗅がせようとすることがある。

においを調べるしぐさには、だいたい予想のつくパターンがある。ある犬は、主に雄だが、まっすぐにしっぽの下の部分を目指す。そこからは情報がたっぷり詰まったにおいが出ている。雌の大半と一部の雄は、まず相手の頭のにおいを嗅いでから、相手が許してくれるなら、うしろにまわる。なぜ雄と雌でこうした違いがあるかはまだ解明されていない。ただ、オオカミの場合も同じなので、現代の犬にとってはほとんど機能的な意味のない、淡々と受け継がれてきた傾向にすぎないのだろう。

おもしろいことに、犬はほかの犬のにおいを嗅ぐのが大好きなのに、自分が嗅がれるのはあまり好きではないように見える。出会ったときのやりとりをやめようとするのは、ほとんどいつも、「嗅がれている」ほうの犬だ。つまり、ほかの犬の「においの署名」についてはできる限り多くを知りたいが、自分についてはあまり知られたくないようだ

（若いオオカミも同じ傾向があるから、それが起源かもしれない）。相手のにおいを嗅ぎ終えると、それでやりとりは終わるのがふつうだから、周辺の犬についての情報を「何か」の手がかりと見ているらしい。ただし、その「何か」が何かは、まだわかっていない。犬どうしの出会いがうまくいけば、近所の犬たちがどんなにおいかという情報をたっぷり頭に入れて、散歩から帰ってくる。この情報を何に使っているかは、今のところ謎に包まれている。

実のところ、犬が互いを嗅ぎ合ってどんな情報を手に入れているかについては、わかっていないことだらけだ。肛門嚢は、一匹ずつの犬のアイデンティティ以上のものを表しているかもしれない。たとえばオオカミの場合、群れの仲間が同じにおいを共有しているなら、どの群れに属しているかを示すだろう。オオカミの肛門嚢の成分は、性別や生殖の状態によっても異なる可能性がある。犬にも同じことが言えるとしても、現段階ではまだわからない。

犬が一番好きな、においを嗅ぐというたったひとつの行動について、これほど何もわかっていないとは驚きだ。人間が、飼いならしてきた動物について考えるときどれだけ自己中心になれるかということを、何よりよく物語っている事実だろう。どうやら人間は、動物たちが経験していることの大半は「自分の経験とは別物」であることを、理解しそこねているらしい。もちろん犬にとっては、どんなにおいがするかは「他人ごと」ではない。どんな意味であれ、人間が考えているよりずっと大切なものだ。

においに魅力を感じる犬の性質は、進化の過程にその起源をさかのぼることができる。さまざまな動物が、においを主なコミュニケーションの手段として利用している（例外は犬ではなく、人間のほうだ）。特に遠く離れて暮らしている動物のあいだでは、においは情報交換に大いに役立つ。犬の遠い祖先である初期の肉食獣は、集団で暮らしていたとは考えにくい。同じ種のメンバーが、それぞれのテリトリーを守りながら単独で暮らしていたことは、ほぼ確実だ。唯一の集団と言えば母親と自立できないこどもたちで、長くても数か月だけいっしょにいたあと、若者は散らばっていったにちがいない。だから成獣のあいだのコミュニケーションの目的は、テリトリーの境界を決めて守ることが中心だった。求愛と交尾を除いて、顔を合わせることはまれだっただろう。しかも、互いが危険な存在だったにちがいない。鋭い歯と爪をもつ肉食獣は、争いごとを避けようとする。争えば、負けたほうだけでなく、どちらも負傷する恐れがある。ついには夜行性になって、目で見るコミュニケーションができなくなった。自然界では、遠距離コミュニケーションの第一の手段としてマーキングを利用すれば、こうした問題をすべて避けることができる。その目的で考えだされたマーキングは、何日も消えずに残る。いつかはよくわからないが、あとで受けとる相手にメッセージを残すことができ、しかも直接会う必要がない。現代の犬は社会的な動物から進化し、飼いならしによってさらに社会的になったのだから、自分たちが思っている（ように見える）ほど頻繁にマーキング

「しゃがみながら、うしろ足を上げる」おしっこのマーキング

を使う必要はないはずだ。それでも野生の祖先たちは、とても好都合だとみなしていたにちがいなく、その遺産が今日の犬の日常的な行動からも消えていない。

　それが誰から見てもよくわかるのは、犬がまるで取りつかれたように、わずかなおしっこでマーキングしようとする行動だ。うしろの片足を上げる雄の動作は典型的だが、雌も日常的にマーキングをする。雌の場合、ふつうはしゃがみこむが、「しゃがみながら、うしろ足を上げる」マーキングの姿勢をとる犬も多い。雌がマーキングをする理由ははっきりしていない。ただ、インドの村に住む雌犬が自分のねぐらのまわりに、しゃがみながらうしろ足を上げるスタイルでマーキングするという観察記録が、ひとつのヒントになるかもしれない。この村の雄犬は、典型的な「うしろの片足を上げる」スタイルでどこにでもおしっこをするが、特に自分の家族のテリトリーの境界線ですることが多い[11]。雄のオオカミも、特に繁殖する力をもつ強い雄は、テリトリーの境界とよく使う道に沿ってマーキングをし、おそらく近隣で暮らす別の群れとのコミュニケーションの方法だと考えられている。

犬が「Pメール《おしっこ》」を使いたがる情熱は、このように直近の祖先にもとをたどることができるが、それではペットの犬が今でもこれほど熱心な理由の説明にはならない。もしかしたら、飼い主が運動に連れだしてくれる地域を「所有」したいのかもしれない。ところが、散歩の先はほかの犬と共有しなければならないし、行ける時間も飼い主によって制限されてしまうから、悪循環に陥る。出かけるたびに、自分が昨日つけたマーキングは、もう別の犬に重ねてマーキングされている。だからまた自分もマーキングして、所有権を主張しなおさなければならない。それがいつまでも繰り返される。

マーキングにどんなメッセージが託されているか、科学者はまだ詳しく解明できていないが、犬のおしっこにはそれぞれに固有のにおいがあって、犬どうしで記憶できる可能性が高いと考えられている。また、雄犬の場合、この固有のにおいには包皮腺から出ているにおいも含まれているようだ。そのほかの情報がどれだけ伝達されるかは、まだまだわかっていない。たとえば犬はマーキングのにおいを嗅ぐだけで、相手の大きさや年齢、どれだけ空腹か、どれだけ不安か、どれだけ自信があるかを判断できるのだろうか？

この疑問には答えられないものの、雌犬のおしっこが伝える、アイデンティティ以外の最大のメッセージはわかっている。膣から出されるにおいを利用して、繁殖サイクルの状態を知らせているのだ。交尾を求めている雌犬は、遠くにいる雄でもひきつけられる強力なフェロモンを出す（フェロモンは化学信号で、同じ種の仲間全員に共通している）。ところが、コミュニケーションの媒体としてのにおいには、大きな欠点がひとつある。メッセージそのものをコントロールするのが、とても難しいことだ。哺乳類のにおいの信号は、主に専用の皮膚腺によって生みだされる。そのような皮膚腺には微生物の侵入を避けられず、微生物独自の代謝の産物が加わると、においが変わってしまう。刺激臭になることもある。落書き芸術家が気まぐれにやってきては、看板に書いてあることをだんだんに変えてしまうようなものだ。肝心の名前さえ消されてしまうこともある。

犬をはじめとした一部の動物は、においを作る役割を微生物に譲り渡してしまった。生まれたばかりの仔犬が母親のいるほうを知るにおいは、母犬の皮膚にすむ微生物が生みだしている。同じように、雄と雌の犬（そのほか多くの肉食動物）の肛門腺からは、付随する肛門嚢のなかに脂肪とタンパク質が混じった物質が分泌されていて、それを微生物がにおいのもとになる揮発性の化学物質に変えている（肛門嚢に抗生物質を注射して、微生物を殺してしまうと、分泌される物質はほとんど無臭になることが確認されている）。「落書き芸術家」はなんでも好きなものを描けるが、使える「色」（脂肪とタンパク質）は決まっている。犬自身がコントロールできるのは一部だけだ。

ただしこのようにして作られるにおいは、気まぐれにいつも変化しているので、実用性には限界がある。どのようににおうかを前もって予想することはできないから、情報の伝達に使おうとすれば、受け手側はどんな意味かをまず学習しなければならないし、それが変化するごとに再学習も必要になる。テリトリーの所有権を主張しようとするマーキングの場合には、別の問題もある。マーキングの一番大切な役割は、その場にいない犬のアイデンティティをずっと証明し続けることなのに、所有者のマーキングのにおいが毎週変わっていたら、侵入者はテリトリーの所有権が変わったと勘違いしてしまうだろう。

テリトリーの所有者は、折りにふれて隣人たちに出会うことで、この問題を克服することができる。実際に姿を見せれば、相手に自分の姿とにおいとのつながりを伝えられるからだ。もし時間とともににおいが少しずつ変化するなら、その分だけ頻繁に出会って、つながりを維持する必要が生じる。この行動は「においマッチング」と呼ばれ、げっ歯類とレイヨウでは広く行きわたっているが、肉食動物ではそれほど多くない。犬どうしが出会うと、においと姿を結びつけて、それを強化することを第一に考えていることが多いように見えるから、犬もある種の、においマッチングを行なっているのかもしれない。具体的には、出会うすべての犬のにおいを記憶し（そうでなければなぜ、わざわざあんなに熱心ににおいを嗅ぎ合うだろうか？）、それから散歩中にマーキングで集めた間接的な情報とくらべているようだ。一致する情報がなければ、相手の犬は遠くに住んでいるだろうし、一致する情報が多ければ、相手は近くに住んでいるにちがいない。においマッチングは通常はテリトリー行動に関連しているから、犬は公園と道を、テリトリーのあいだにある広大な「誰のものでもない土地」ととらえているのだろう。そしてそこに住めるチャンスの到来に備え、誰かが占領していないかを常にチェックする価値があるとみなしている。

自分の好きにしてよければ、視覚のほうが効率的だと思える場合でも、多くの犬は嗅覚を使おうとする。訓練を受けた爆発物探知犬は、目に見えるヒントに従ったほうが目標に早くたどりつけそうなときでも、いつも目より鼻を使うほうが好きだ。ただし、犬の行動は柔軟性にも富んでいて、ペットの犬は人間が嗅覚より視覚的なヒントに頼っていることにすぐ気づくようになる。その結果、飼い主が空っぽのエサ入れを指すと、だまされてエサがいっぱいのエサ入れではなく空っぽのエサ入れを選んでしまう(12)。もちろんふつうなら、においから、エサがいっぱい入ったほうをすぐに感知できるはずだ。このことから、犬は社会的な情報を優先していること、そして犬どうしのコミュニケーションと同様、人間のコミュニケーションの方法に注意を向けることにも、よく適応しているのがわかる。

さらに、犬はにおいによって互いを区別できるから、いっしょに暮らしている人やよく会う人に特徴的なにおいも学習できるのは間違いない。においのヒントの変化から、人間の気分もかなり判断できるようだ。特別な訓練によって、てんかん患者や不安定型糖尿病患者が、発作や低血糖症を起こしそうになると知らせることもできる。飼い主のにおいの変化に反応しているのは、ほぼ間違いない（人間にはわからないわずかな「ボディーランゲージ」の変化も、ヒントの一部になっているかもしれない）。ごくふつうのペットの犬もこの目的に役立つよう訓練することができ、特別な嗅覚は必要ないらしい[13]。それなら、すべての犬が人間のにおいの変化に基づいて、その気分を判断できる可能性をもっているはずだ（もちろん同時に、健康状態や食べたものなど、においを変化させるそのほかの原因も考慮に入れ、それを読みとろうとしなければならない）。もしそうなら、ぼくたちがぼんやりとしか意識していない身のまわりのさまざまな情報に、犬は気づき、反応していることになる。

犬がにおいをとても大切にしているという事実に、ぼくたちがこんなに無頓着でいられるのは、人間の無知に犬が苦しんでいる様子がほとんど見えないからでもあるだろう。けれども、犬舎の金属のゲートや備品がガチャンとぶつかるときに生まれる超音波で、犬の耳がひどく痛めつけられるように、何気なく使っている洗剤、柔軟剤、芳香剤の、犬にとっては強烈なにおいに、その鼻が我慢を強いられているのは確実だ。ただ慣れてしまい、強いきずなを感じる人間と同じところに住むためには避けられない、憂鬱な面として、受け入れているだけだと思う。人間が暮らしている衛生意識の高い世界では、犬がはじめて出会ったときに一番したいこと、相手のにおいを嗅ぐという行動を、させてやらない人が多い。ぼくはどんな犬に紹介されても、必ず手を差しだす（指を咬むクセがあるといけないから、最初はゆるくグーに握って）。もしその犬が手のにおいを嗅ぐだけでなく、なめたがるなら、そうさせてやる——あとで必要に応じて手を洗えばいい。そうしないのは、誰かに紹介されたとき顔を隠しているのと同じくらい、無愛想なことだ。

犬が暮らすこの「秘密の世界」に人間が気づきはじめたのが最近で、本当によかったと思う。もっと早く気づいていたら、そのすぐれた嗅覚に干渉したくなっていたかもしれない。これまで、人間は人為的な交配によって多彩な体格と姿の犬を作りだし、視覚によるコミュニケーションを勝手に変えてしまった。チワワとグレートデンはまったく似ていないから、互いの視覚的な合図を誤解する可能性は無限にあるだろう。しかもどちらもオオカミにあまり似ていない。それでも、におい腺と、それを使って効果的にコミュニケーションをとれる行動は、どう見ても昔のままだ。犬がにおいに頼れるのは、犬にとって大きな救いではないだろうか。そのおかげで、姿がまったく違ってしまった犬種でも、まだ対話できる——やや基本的な、ツンと鼻をつくやり方ではあるが。

第10章　純血種で起きている問題

　この本ではこれまで、すべての犬がだいたい同じだとみなして話をしてきた。ほとんどの場合に、それで正しい。犬種ごとの違いはあるにしても、同じ進化の過程、鋭い嗅覚、人間と強いきずなを結ぶ能力、同じ種の仲間どうしを互いに認識し、それに応じて互いにやりとりできる力は、すべての犬に共通している。それでも、犬がすべて同じではないのは一目瞭然で、ときにはその相違が、犬の健康と安全に最も大きな影響を与えている。犬のあいだに生まれている違いは、主に人間が押しつけたもので、犬が自分で選んだものではない。人間が繁殖に手を加えていないところでは、犬はどれもとてもよく似た姿をしている。たとえばアフリカのビレッジドッグは、ほとんど見分けがつかないほどだ。犬は、自分たちが暮らす環境に適応しながら進化する。ところが人間が繁殖させる犬を選ぶようになると、明らかに、生息環境に最適ではない犬を作りだすことになる。はじめのころは、それもあまり問題にはならなかっただろう。犬が備えていた人間の「近く」の路上で暮らせる能力が、少しずつ、犬が人間と「いっしょ」に暮らせる能力へと変えられていった。そうした変化によって、牧羊や狩猟、警護などを手伝って人間の役に立てるだけでなく、人間の相棒、友だちになれるようにもなってきた。

発達の速度の変化によって、現在のように大きさや形の極端な違いが生まれた。

ところが、この過程が長く続くにつれ、人間の意図がどんどん過激になり、多くの犬の健康と安全がおびやかされているのは明らかだ。たとえばローマ人はマスチフをどんどん大きく改良し、ますます荒々しい犬にしようとした。その一部に異常が現れたのは間違いない。仔犬の体が大きすぎて、母犬の骨盤を通過できなかったり、骨格が重すぎて関節に負担がかかり、四六時中痛んだりしたはずだ。このころのようにぞんざいなやり方をしていた時期には、獣医師の目配りもほとんどなく、自然選択がそのまま力をふるったことだろう。生存能力がなければ死産になるか、子を産めるほど長生きせず、弱々しくて人間の思った通りの仕事ができなければ、次の繁殖に選ばれなかった。

すべての動物の共通点として、犬も、種を存続させるために必要な数より多くの子を産むことができる。生息数が急激に増えるのでなければ、必然的に、生まれたものの多くが子を産まずに死ぬことになる。原則として最初に死ぬのは、環境に最も適していない個体だ。その多くは苦しんで死ぬだろう。もちろんこれは、ビレッジドッグにも、人間が特別な目的をもって繁殖させる犬にも、同じようにあてはまる。それでも、新しい姿の犬を作りだそうとする過程では、否応なしに多くの犠牲者が出た。

時代は変わった。西欧では今、一匹一匹の犬に苦しまない権利があると考えられている。仔犬は、いらなければ殺してしまう使い捨ての「もの」ではなくなった。犬の殺処分が提案されると、それが野犬でも、迷い犬でも、ひきとり手のいないペットでも、マスコミから激しい非難の声が上がる。

実に高い基準ができたと言えるだろう。人間には、すべての仔犬を望まれる存在にし、健康で幸福な犬に育てる義務がある。多くの点で、この責任は果たされるようになってきた。獣医師の医療体制が十分に整い、大半の犬が健康な暮らしを送れるようになった。どのスーパーでも犬専用の品質の高いエサが手に入り、犬の食生活のほうが、一部の人々より健康的なのではないかと思えるまでになっている。

ところが別の点では、人間は大切な相棒である犬を裏切ってもきている。目新しいものへの飽くなき探求心にかられ、避けることのできないさまざまな病気に苦しむ犬を繁殖させてきた。また、犬を人間の延長として見る擬人化がこうじて、社会に受け入れられないほど攻撃的な犬や、そのほかの気性の問題を抱えた犬を生みだしてきた。人間の相棒としての役割——体も心も健康な暮らしを送るために、必ず果たさなければならない役割——が、最優先にされることはめったにないように見える。はじめて犬を飼おうとする人は、血統書つきの仔犬か、保護施設にいる生まれのよくわからない犬か、どちらを選ぼうかと悩むことがある。血統書つきのほうは、性格よりも見かけを重視して生みだされた犬で、保護施設で里親を探しているのは、血筋がわからず、攻撃性のある犬の子孫だからと捨てられた犬が多い。

かつては犬が自分で繁殖の相手を決めていたのに、現代の西欧社会では、ほとんどの交配を人間が計画的に決めている。過去一〇〇年のあいだに、犬の繁殖を専門家がコントロールする割合がどんどん高くなった。現在のペットの犬は、ほとんどが血統書つきの純血種か、数世代さかのぼった祖先に純血種が含まれている。犬の長い歴史から見れば、これはほんの最近の現象で、地理的にも文化的にも限られたものだ。本当に古代から続いてきたタイプの犬は、世界じゅうのあちこちに残っている。それなのに、西欧の人々がペットとして飼える犬のほとんどは純血種の子孫だ。

現在の純血種の繁殖規則は、遺伝子の生存力に深刻な害を及ぼしていて、それはなお加速している。イギリスとアメリカをはじめとした世界の多くの国々にある犬の血統登録制度は、同一の犬種どうしで交配した犬だけを純血種と認める。この制度を全面的に押し進めるようなことがあれば、それぞれの犬種が、遺伝子のうえで完全に孤立することになる（実際には、予想外の繁殖もあり、意図的に雑種を生みだす試みも折にふれて行なわれているので、このように隔離されているのは純血種だけだ）。

このような繁殖の規則はとても新しいもので、犬の進化の歴史全体から見ると最近の一パーセントにあたる期間にしか影響を与えていないが、すでに現在生きている犬たちに大きな影響が現れている。それぞれの犬種の遺伝的な隔離は、犬の遺伝子プールに劇的な変化をもたらし、それぞれの犬種内での多様性が著しく乏しくなってしまった。多様性が乏しくなるほど、有害な突然変異が個々の犬の健康に影響する割合が高まっていく。有害な突然変異が実際の障害や病気となって現れるのは、両親ともにその遺伝子をもっている場合で、これは両親が近い親戚のときだけに起こると考えていい。

つい最近まで、犬がもつ遺伝子の多様性は、遺伝的な健康を保つのに十分なほど豊かだった。複数の地域での飼いならしとオオカミとの交雑によって、世界じゅうにいる犬の遺伝子の多様性は、飼いならしの時期のオオカミにあった多様性の九五パーセントを維持していると推定されている。ただし今では、その多様性の大半は野良犬や雑種に残されているだけで、純血種の犬ではさらに三五パーセントを失ってしまった。数字だけ見ると、たいしたことがないように思えるかもしれないが、人間に置き換えて想像してみればわかりやすい。雑種の犬は、地球全体の人間を見た場合と同じ程度のバラつきを保っている。しかし多くの純血種では、「同じ犬種のすべての犬」で見つかるバラつきが、人間の「いとこ」どうしで見られる違いよりわずかに多い程度なのだ。人間は、いとこどうしが結婚を繰り返していけば、ついにはさまざまな遺伝的異常が現れてくることをよく知っている。だから、ほとんどの社会で近親結婚が禁止されている。犬にも同じような配慮をしてこなかったことが、意外でたまらない。

賞を獲得したほんのひと握りの犬が、ほとんどの仔犬の父親として選ばれる。その結果、遺伝子プールは途方もなく限られたものになる。たとえば、イギリスでは一年間に約八〇〇〇匹のゴールデンレトリバーが新たに登録され、飼われている総数は一〇万匹ほどになるだろう。その最近の六世代だけで、近親交配により、この犬種にかつてあった遺伝子多様性の九〇パーセント以上が失われてしまった。(1) カリフォルニアで最近、犬のY(雄の)染色体の抜きとり検査を行なったところ、五〇犬種のうち一五の犬種で、変異が「まったく」なかった。それらの犬種の「すべての犬」の雄の祖先は、ほとんどが、ごく近い親戚どうしだったことになる。(2) 調査ではほかに、変異がほんのわずかしかない犬種もいくつか見つかった。調査したうち、ローデシアンリッジバッグ、ボクサー、ゴールデンレトリバー、ヨークシャテリア、チャウチャウ、ボルゾイ、イングリッシュスプリンガースパニエルなどの輸入犬種では、この状況も驚くにはあたらない。カリフォルニアで抜きとり検査した犬がすべて、最初に輸入された少数の犬の子孫である可能性が高いとすれば、遺伝子プールには限りがあるだろう。ほかの国にも検査の対象を広げることで、多様性はずっと高くなるかもしれない。それより心配なのは、調査したアメリカ発祥の三つの犬種で、多様性が不足していたことだ。これらの犬種の場合、この調査結果が世界じゅうにいるこの犬種の実態を表している可能性が高い。検査した一五匹のボストンテリアでは変異は「まったく」見つからず、アメリカンコッカースパニエル二六匹とニューファンドランド一〇匹では、変異がわずかだった。その逆に、最近になって野良犬から犬種として認められるようになったアフリカニスとカナーンには、雑種と同じ程度の変異があった。

犬の近親交配は、犬にとっては完全に有害ではあるものの、人間には大きな恩恵をもたらす可能性がある。イヌ科のゲノムは、遺伝子学者が最初に配列を決定する対象のひとつに選ばれた。現在の純血種に発生している膨大な数の遺伝子疾患が、科学者たちに豊富な研究の機会をもたらし、それによって（ずっとまれにしか発生しない）人間での症例の治療法がわかるかもしれないという期待からだった。意図的ではないにしても、現代の純血種の犬で行なわれている地球規模の壮大な実験が、人間の病気の治療法を約束してくれるという――それも、研究にマウスなどの実験動物しか使えなかった場合にくらべて、何年も早く成果が出るというのだ。人間にとっては間違いなく利益になるだろうが、犬にとってはどうだろう？　人間が犬にしてきたことの意味を理解できたなら、犬はなんと言うだろうか？

犬の極端な体形、大きさ、特徴を選択する影響については、二〇年以上も前からヨーロッパでもアメリカでも不安の声が上がっていた[3]。それ以前にもほとんどの犬種で、働く犬としての特徴より、ドッグショーで賞をとるための身勝手とも思える要求が重視される傾向は明らかになっていた。その後は犬種の「スタンダード」をやみくもに押しつけたために、多くの犬種は一部の特徴だけを強調した戯画のようになってしまった。極端な面を強調する繁殖の結果、別の問題も発生した。たとえば、ブルドッグ、パグ、ペキニーズ、ボストンテリアなどの頭が丸い犬種では、自然分娩をするには頭が大きすぎ、出産時に帝王切開が必要になることも多い。二〇〇八年には、BBCテレビのドキュメンタリー番組「イギリス　犬たちの悲鳴～ブリーディングが引き起こす遺伝病～(Pedigree Dogs Exposed)」がイギリスで問題を提起し、大きな反響を呼んだが、それまでには選択的繁殖によって引き起こされる病気の程度が少しずつ立証されるようになっていた[4]（アメリカでは、イギリスほどこの問題が一般に知られていないが、だからと言ってこの問題が少ないというわけではない）。選択的繁殖とその成り行きについては、ひとえに繁殖を管理するブリーダーのクラブや協会に責任がある。

イギリスとアメリカでは、一般的にブリーダーのクラブや協会が犬のゲノムの大半を支配している（そのほかの西欧諸国の大半も同様だ）。競い合いに加わるのは、主にそれぞれの犬種の数えるほどの「トップブリーダー」で、それを自らもトップブリーダーの、あるいはかつてトップブリーダーだった審判が規制する。最新の「スタンダード」に合わせて選択的繁殖をすると、さまざまな健康上の障害が現れ、その犬種で影響を受ける犬の数はどんどん増えていく。ドッグショーでチャンピオンになる犬だけでなく、家庭のペットになる多くの犬もそこに含まれている。イギリスのケネルクラブはスタンダードを公表し、これから犬を飼おうとする人がそれを見れば、自分のライフスタイルに合った犬種を見つけるのに役立つとしている。たとえば、家庭犬として人気の犬種、キャバリアキングチャールズスパニエルの標準は次のようなものだ。「習性――運動好きで、愛情深く、まったくの怖いもの知らず。性格――明るく、友好的で、攻撃性はない。神経質な傾向も見られない」。ここには、今の犬種全体がわずか六匹の犬の子孫だと考えられることは書かれていない。さらに、心臓病が多いことにも、この犬の身になってみるともっと大事な、脊髄空洞症にかかる割合が高いことにも、触れていない。脊髄空洞症にかかると、その犬の行動から、まさに悲痛な「幻覚痛」を伴うことがわかっている。[5]

近親交配の影響についてのさまざまな報告によれば、いくつかの犬種の犬に広範囲にわたる健康の被害が出ている。それらは大きくふたつのタイプに分かれる。ひとつは、特徴を誇張するための意図的な繁殖で引き起こされた、副次的な結果だ。頭が大きすぎて母犬の産道を通れない仔犬の問題は、すでに述べた。同じように、「かわいい」とされる幾重にもたるんだ顔の皮膚では皮膚炎が起こりやすくなっているし、トイの犬種の華奢な骨は、ただのジャンプのような犬としてあたり前の行動をしても簡単に骨折しやすく、ひどい痛みを伴う。

もうひとつは、度を超えた近親交配（繁殖業界では、共通の祖先が祖父母の代まではいず、三代前から五代前であれば、「ラインブリーディング――系統交配」と呼んでいる）によって、数多くの犬種に現れているさまざまな遺伝病だ。これらの病気は広く実証されるようになっていて、背景にある複雑な遺伝的なしくみはどうであれ、ほとんどは遺伝子に欠陥のある犬を、たまたま過度に繁殖させたことで起きている。ふつう、遺伝子に欠陥が生じても、その一匹だけではなんの症状も現れない。その子孫どうしを掛け合わせ、同じ欠陥のある遺伝子をふたつ受け継いだ仔犬が生まれたとき、はじめて問題が明らかになる。カーディガンウェルシュコーギーの進行性網膜委縮症（目の病気）や、イングリッシュコッカースパニエルの突発性激怒症候群は、以前からよく知られている例だ。現代のDNA技術を利用すれば、費用はかかるが、少なくとも遺伝性の病気が広まっていくのを防げる可能性はある。具体的には、表面的には疾患が現れていないが遺伝的要因をもつ犬と、成犬になって子をもったあとでようやく明らかになるような遺伝的欠陥を、この技術で見つけだすことができる。

数多くの遺伝子のあいだの相互作用を通して、もっと複雑に遺伝していく障害もあるが、原則は同じことだ。中型および大型の犬種の多くでよく見られる股関節異形成は、股関節の周囲の靭帯がゆるむことで起こる。痛むし、動きも制限され、歩行困難にも陥る。一部の犬種には、「股関節の遺伝子が正常」な犬が十分な数だけいるから、繁殖で股関節に異常のある犬を生みださないようにしていけば、最終的にはその犬種から異常が消えるかもしれない。ところがゴールデンレトリバーのようなその他の犬種では、股関節に異常が出るかどうかは、主に若いころの運動量によって決まる。つまり、この犬種のほとんどすべての犬が、股関節異形成を発症する遺伝的な潜在性をもっているということで、純血種の規則を破らない限り、この異常を犬種から根絶することはできない。犬種から遺伝的欠陥をなくしていくのは難しいと言わざるを得ない。ひとつの欠陥をもつ犬をすべて繁殖の対象からはずせば、その犬種の遺伝子の多様性が必然的に小さくなり、別の欠陥が現れるか、もっと広がることになる。五代前までは共通の祖先のいない犬どうしを繁殖させるアウトブリーディング（異系交配）が実際に効果的なのは、同じ犬種のなかに、たとえばショードッグと使役犬（ワーキングドッグ）の系統など、いくつかの異なる系統が共存している場合だけだと一般に考えられている。ただしそんなことは、それぞれの熱心な支持者から抵抗されるだろう。もちろん一番明白な解決策は、異なる犬種間で交配するクロスブリーディングによって、これまでの犬種の閉じた遺伝子プールを解放することだ。いくつかの犬種をひとつの犬種にまとめる、または関係の遠いふたつ以上の犬種を交配して新しい犬種を作る。(6) どちらの考えも現代のブリーダーからは強い抵抗に遭うが、皮肉なことに、これこそ犬に夢中になった一九世紀の人々が現在の犬種を作りだした、しくみそのものなのだ。

今になって思うと、犬の繁殖の重点を役目から見かけへと移せば、犬の健康に害が及んで当然だった。オオカミをはじめとした野生動物は、暮らしている環境によって選択される――「適者生存」だ。何千年も前に犬が人間に依存したように、ひとつの種が別の種に完全に依存するようになると、自然選択はどこかでゆるやかになる。牧羊犬のように骨の折れる仕事をする犬は、何よりも元気で健康でいることが肝心だから、ブリーダーは健康を大きく害する特徴を選択するはずがない。そのため、使役犬のブリーダーが組織しているクラブの多くは、ショーラインと呼ばれるドッグショーへの出場を第一の目的とする犬とは関わりたいと思わない。ショーを目指して繁殖される犬の場合、健康面で弱点があっても、獣医師が手を貸して切り抜け、飼い主はそれを上回る魅力を感じる。ドッグショーでの評価に影響がない限り、健康上の問題は犬種全体に広がる可能性をもっている——標準に合った容姿にするための計画的な選択による問題と、近親交配のせいで偶然に起こる問題だ。ブリーダーの組織のほとんどがこの状態の進行をとめようとしているが（一部は逆行させようとしたが）、これまでのところほぼ失敗に終わっていることは、ほかならぬ犬たちが証明している。

選択的繁殖によって、犬どうしのコミュニケーション能力も損なわれてきた。円満な社会的やりとりにとってコミュニケーションは欠かせないものだから、視覚による合図のレパートリーが少ないと、基本的に不利になる。言いたいことを簡単にわかってもらえない犬は、仲間から敬遠されてしまう。一方で、相手の意図を読みとれなかったために予期せぬ攻撃を受けた犬は、まわりのすべての犬に対して不安を抱くようになる。オオカミが視覚による合図に使用している体の各部は、選択的繁殖によって生まれた犬の極端な形態のせいで、様変わりしてしまった。顎は短くなり、顔の表情はたるんだ皮膚や垂れさがった毛で隠れている。耳はいつもピンと立っているか、だらりと垂れさがっているかだ。長い毛や針金のように硬い毛では背中の毛が逆立たず、足が短いと十分に身をかがめることができない。しっぽはクルリと丸まったり、断尾されたりしている。こうした変化は、多くの犬種が使える視覚による合図のレパートリーに壊滅的な打撃を与えた。キャバリアキングチャールズスパニエルなど、一部の犬は、オオカミが使う視覚による合図を何ひとつ出せないように見える（オオカミは少なめに見積もっても二〇種類以上の合図を出せる）。群れの仲間が互いにコミュニケーションをとれる第一の方法を使えなくなってしまったのだ。

もう少しましな犬種も多い。飼いならしがコミュニケーション能力に与えた影響を数値化するために、ぼくは同僚と共同で、犬種ごとに視覚による合図のレパートリーを比較する研究をした。対象に選んだのは、オオカミに最も似ていない犬から最も似ている犬まで、つまり、キャバリアキングチャールズスパニエルからシベリアンハスキーまでの、幅広い犬種だ[7]。

当然ながら、シベリアンハスキーは姿の点で最もオオカミに似ていると評価され、合図の範囲もそれに比例していた。実際、ハスキーのレパートリーはオオカミとほとんど変わらない。おそらく犬ぞりチームの集団内で互いにきめこまかいコミュニケーションをとれるよう、合図を残してきたのだろう。ラブラドールやゴールデンレトリバー、ミニュンスターレンダーなどの中型の猟犬は、オオカミのレパートリーの半分から三分の二

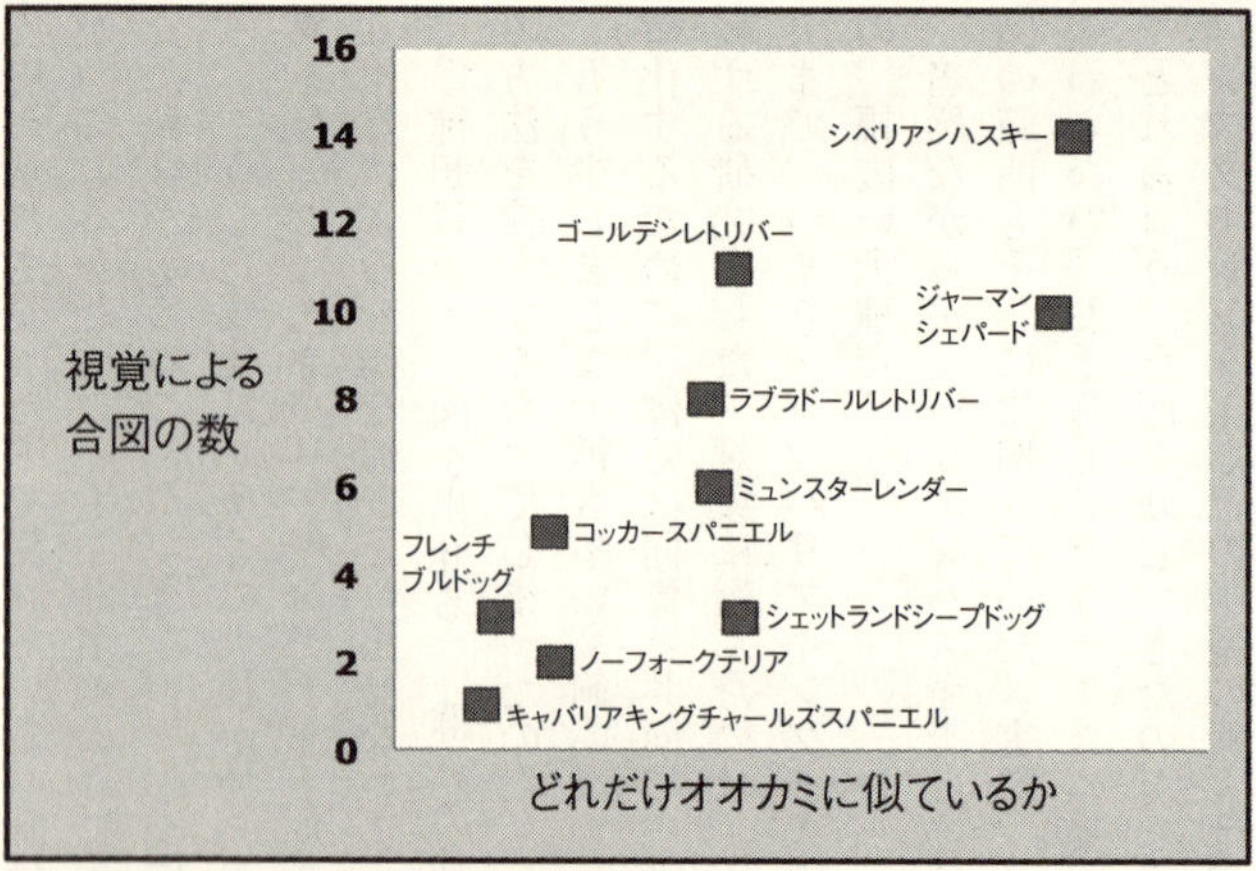

各犬種が見せたオオカミに似た視覚による合図の数と、その犬種の外見がどれだけオオカミに似ているか（左端の「まったく似ていない」から右端の「とてもよく似ている」まで）の相関

を残している。オオカミに似た姿でありながらオオカミに似た行動をしないよう、意図的に繁殖されたジャーマンシェパードも、同じ程度の合図を残す。これらの犬種はまだ、オオカミほど高度ではないにしても、かなりの範囲で視覚によるコミュニケーションをとれる共通の合図をもっている（《犬のボディーランゲージ》のコラムを参照）。

この研究によれば、コッカースパニエルからキャバリアキングチャールズスパニエルまでの小型犬では、見てはっきりわかるような視覚による合図はわずかしかなかった。キャバリアが見せた唯一の「合図」は、相手の犬を押しのける行動だけだ。これは相手を追い払うという世界共通語で、必ずしも合図とは言えない。キャバリアは必要があれば、これに唸り声をつけ足すことができた。さらに興味深かったのは、レパートリーが一番少なかった四つの犬種――キャバリア、ノーフォークテリア、フレンチブルドッグ、シェットランドシープドッグ――が見せた合図が、鼻先をなめる、目をそらすなど、オオカミのこどもが成長する過程で最初に見せる行動とほとんど同じだったことだ。これらの犬種は、成長のパターンが途中で止まっただけでなく、オオカミに似たコミュニケーション能力の発達という点でも、幼いころのままなのだ。この研究では対象にした犬種が少ないので、結論は決定的とは言えないが、犬種ごとの違いはオオカミの体の発達を部分的に止めることで生まれており、そのために平均より小さい犬ならなおさら、オオカミのこどものコミュニケーション能力しかない不利を抱えているように見える。このような全体的な傾向に加えて、すべての大きさの犬種で具体的に失われている能力があった。たとえば、フレンチブルドッグは短毛のために、背中の毛を効果的に立てることができず、もっと大型のワイマラナーでも同じだ。

《犬のボディーランゲージ》

犬どうしが互いにどんな合図を送り合っているかが詳しくわかれば、犬のいる暮らしはより一層楽しく、充実したものになるだろう。犬がすべて同じような姿をしているわけではないので、合図の読みとりはそれほど簡単ではないが、さいわい、犬も人間も相手の犬がどんな気分で何をしようとしているかを理解できる、共通の言語——ボディーランゲージ——がある。

まず、犬の全身の姿勢は、自信のレベルをはっきり表している。出会いの成り行きがどうなるかと心配している犬は、体を地面に近づけて低い姿勢をとり、相手に悪意がないと確信をもてるまで、できるだけ相手に脅威を与えないようにしている。自信のある犬は、堂々と胸を張って立っている。

同様に、しっぽを低く垂らすほど自信がない。退却する犬は、たいていしっぽを見えないほど下げて、うしろ足のあいだにしまい込んでいる。正確にどの位置が「低い」かは、犬によって異なる。選択的繁殖の結果、水平に対してどこが通常のリラックスしている位置かが変化したからだ。たとえば、ふだんのスピッツのしっぽ（上向きにクルリと曲がっている）とグレイハウンドのしっぽ（まっすぐ下に垂れている）をくらべてみればよくわかる。犬の気持ちが変わったことを表すのは、このようなふだんの位置からの変化だ。しっぽを立てて先だけ振っているときは、何かに興味をもっている。うしろ半身全体を動かし、リラックスしたままのしっぽを左右に大きく振るのは、興奮しているか、遊んでほしいときだ。攻撃しようかどうか考えているあいだ、しっぽを大きくゆっくり、シュッシュッと振る犬もいる。

犬の正面にまわってみると、その背中からも気持ちを読みとることができる。背中がじっと固まって動かなければ、わずかな恐怖か不安を感じていることがある。ただし犬種によっては、ふだんからこわばった背中をしている。背中を丸めているときは、気持ちが定まらず、迷っている。前足はじっと動かさず、うしろ足だけ前に進もうとしているかのようだ。

耳の表情は、犬によって読みとりやすさが違うが、耳がじっと動かない犬種でも、その根元の筋肉の動きで言いたいことがわかることもある。耳を前に向けてピクリと動かすのは、興味をもって、聞き耳を立てるときだ。それに対してうしろに引くときは不安で、同時にピタッと頭につけてしまえば、恐怖と後退の意志を示している。まゆげのあたりが緊張しているときは、たいてい顔全体も緊張し、脅威を感じていて、目も見据えているときが多い。なかにはこうして緊張すると、白目が（ふだんより多く）見えるようになる犬もいる。相手とのやりとりをやめたい犬は、目をそらす。顔もそむけて、相手から見ると真横を向いてしまうことも多い。リラックスしている犬は口のあたりがゆるみ、ほかの犬とやりとりしているあいだも少し口を開いている。逆に緊張している犬は、口をキリッと閉じている。恐怖か怒りを感じると、どちらの場合も歯をむきだしにするが、耳をうしろに引くなどのそのほかのしぐさが、この大きく異なる感情のどちらにあてはまるかのヒントになる。歯を少しだけ見せる友好的な「笑顔」は、親和行動をとるときの顔の表情だが、多くの犬は人間に向かっても使う。最初にやってみたとき、「笑っている」と思った人間がよけいに興味をもってくれた「褒美」のせいで、繰り返すようになるのだろう。「かわいらしく」首をかしげるしぐさも、同じようにイヌ科の動物に特有の合図ではなく、飼い主が喜ぶ反応を学習した結果にちがいない。

これほど多くの犬が、イヌ科の動物がもっていた行動のレパートリー全部は使えなくなってしまったのだから、犬種の違う犬どうしがはじめて出会ったとき、互いを理解し合うのは簡単ではない。人間は繁殖を通してオオカミの幅広い合図をなくし、ゆがめることで、犬の視覚によるコミュニケーションシステムを使いものにならないほどメチャクチャにしてしまった。

たとえば、断尾されたしっぽや、動かないしっぽについて考えてみよう。ブルドッグなどの一部の犬種のしっぽは、とても硬く、簡単には振ることができない。またスパニエルなどの多くの犬種では、傷つく危険を減らすためという表向きの理由で、しっぽの一部または大半を切断してしまう習慣がある。断尾されたしっぽは見えにくいから、その犬は完全なしっぽをもっている犬よりコミュニケーションが難しくなる。二〇〇八年には、研究者がリモコンで「しっぽ」を振れるようにしたロボットの犬を使い、断尾によってコミュニケーションにどんな影響があるかを調査した(8)。リードをつけずに犬を遊ばせられる運動場にロボットを入れたとき、しっぽを振っているあいだはほかの犬がはしゃいだ様子で近づいてきたのに、しっぽをまっすぐ立てたまま動かさないでいると、ほかの犬はロボットを避けるようになってしまった。この反応は、しっぽを合図に使うという、すでによく知られている知識に一致する。そこで研究者は次に、それまでのロボットの長いしっぽを、断尾した状態と同じ短いものに交換してみた。短いしっぽのロボットを運動場に放すと、ほかの犬は、しっぽが振られているのかいないのかを確かめるように不安そうに近づいてきた。自分たちがどう受けとられているのか、判断しあぐねているらしかった。断尾された本物の犬は、別のボディーランゲージでこの短所を乗り越えられるのだろうが、断尾されると仲間とのやりとりに不利を背負い込むことは明らかだ。少なくとも、はじめて出会ったときには不安を感じるだろうし、悪くすればコミュニケーション不足によって予期せぬ攻撃に発展する可能性もある。

視覚による合図に頼れないことは、犬が出会うと夢中になって互いのにおいを嗅ごうとする理由のひとつだと思われる。今までわかっている限り、選択的繁殖によって犬の嗅覚によるコミュニケーション能力はほとんど、あるいはまったく、損なわれていない。それでも、微生物によって変化する嗅覚信号はとても不安定で、「誰がどんなにおいか」の最新情報をいつも知っておくには、繰り返し学習しなおす必要がある。もちろんそのためには犬どうしが近づかなければならず、それが安全かどうかを判断するために、遠くからの、主に視覚による相手の合図に頼る必要が出てくる。こう考えてくると、犬はやっぱり信頼性の低いボディーランゲージが引き起こす問題を避けられないという結論にたどりつく。

ただし、人間と遊ぶ様子を見ていてわかる通り、犬は新しい合図やヒントをとても柔軟に学習する。そしてこの柔軟性こそ、犬どうしのやりとりが、たとえ視覚による合図のレパートリーが限られていても問題なく終わる理由を説明してくれるだろう。犬は飲み込みが早く、たくさんの犬のアイデンティティを思いだすことができる。だから、出会ったことのある犬で予測できるボディーランゲージの不備を、はじめから考慮に入れて反応することも学習できるにちがいない。そのうえ、手に入った別の情報に基づいて、反応を少し変えることも、まったく変えてしまうこともできる。誰が合図を送っているのか？　前に会ったことがある相手か？　会ったことがなければ、似たような犬に会ったことがあるか？　そのときの出会いはどうだったか？　ほかに何かが起きていないか？　たとえば合図の前後関係はどうだ？　相手の犬はおもちゃの前に立ちはだかっているのか？　ほかの犬が自分たちのことを見ているのか？　こうした要素をすべて考慮に入れてから反応できるのは、ふつうは合図の受け手の有利な点だ。ただし、めったにないことだが、相手が攻撃してくるように見える場合は例外で、いちもくさんに逃げるのが賢明だろう。さらに、出会うたびに相手についての情報が増え、それをあとで使えるようにしまっておける。この意味で、犬は生まれつきの知性によって、人間が勝手に変えてしまった視覚による合図の行動を、ほとんどいつも補うことができている。

容姿を追求して選択的繁殖が行なわれるようになったのは、ここ一〇〇年ほどのことだ。それよりはるかに長いあいだ、おそらく飼いならしのごく初期から、人間は何かの行動をさせることを目的に、犬を繁殖させてきた。そしてこの傾向は、犬の役割がより専門化し、要求が厳しくなる一方の今もなお続いている。たとえば英国盲導犬協会は、盲導犬の訓練に特に適しているゴールデンレトリバーとラブラドールレトリバーを交配した系統を生みだした。このような繁殖のほとんどは、犬を特定の仕事に適したものにし、それによって人間と犬のあいだにしっかりしたきずなを生みだしてきた。でも現代の西欧世界では、犬が働ける仕事はほとんどなくなり、どんなものでも追う習性や強い縄張り意識など、一部の際立った行動の特徴は、人間の相棒や友だちになるという今の一番の仕事にはなんの役にも立たない。

異なる犬種のはっきりした習性の違いのひとつに、イヌ科の祖先から受け継いだ捕食行動を、どれだけ残しているかという点がある。一部の犬は、予想できる場面でも捕食行動をまったく見せない。オオカミなら、自分の近くから小さい動物が逃げて行くのを目にすれば、本能的に追いかけるだろう。多くの犬も同じで、特に猟犬は追う。でもそのほかの、特に番犬とされている犬種は、不思議にもまったく興味を示さない。訓練の成果もあるだろうが、犬種間のこうした相違は、本質的には遺伝的なものだ。

なかでも牧羊犬は、そんな状況で反応を示さない極端な例としてあげられる。地中海周辺が発祥の地とされる牧羊犬には、ピレニアンマウンテンドッグ（グレートピレニーズ）、イタリアのマレンマシープドッグ、ハンガリーのクーバース、トルコのカラバシュとアクバシュなどがいる。その多くは全身真っ白またはほとんど白で、オオカミよりヒツジに似た姿になるよう繁殖された。これらの犬は伝統的に家畜といっしょに育てら

ワーキングタイプのコリー

れ、ヒツジの群れのそばにいて捕食者から守る。だから群れのヒツジを、犬の社会集団の一部であるかのように扱い、自分またはヒツジたちへの脅威とみなした相手に対してのみ攻撃性を見せる。ウサギを襲って殺すので、捕食行動の一部はまだそのまま残っているにちがいない。それでも、殺してしまったウサギをどうしていいかわからないらしい。すべて死んだ獲物をただ、バラバラになるまでもち歩く。すべての犬は捕食行動に関係するさまざまな要素を実行する能力をもって生まれるが、いくつかの犬種ではこうした要素の一部は思春期まで現れず、ほかの行動に統合されることはない(9)。

対極にあるのがワーキングタイプのコリーで、捕食行動がそれとは異なる変化を見せている。ただしこちらも平和的な変化だ。狩りに利用されるハウンドとテリアは、訓練によって禁じない限り、獲物を食べてしまうところまでオオカミの狩りの手順を完璧にこなす。しかしこれはイヌ科の捕食行動がそのまま残っているにすぎない。コリーの場合は、その狩りの要素を残しながら、わずかに組み立てなおされている。ヒツジの群れを追うコリーの方法には、捕食行動の三つの重要な要素が含まれている。「見つめる」

（凝視する――威嚇していると考えられる）、忍び寄る、追いかける、の三つだ。コリーの仔犬は生まれてまもなくのころから、これらの行動を見せはじめ、遊びのなかに三つの行動すべてを取り入れる。ヒツジ飼いは、命令すればこれらの行動を別々にするよう、若いコリーを訓練することができる。そのあとの、捕食行動で最も凶暴な部分――咬んで最後には殺す――は、必要に応じて訓練によってやめさせることができるが、多くのコリーは追跡したあと、自然に終わりにするようだ。ワーキングタイプのコリーの牧羊の能力は、驚くほど遺伝するから（つまり、一部のコリーは生まれつきほかのコリーより牧羊が得意だ）、犬種内にまだバラつきがあることを示している。この重要な能力は、これまでも今も集中力のいるものにちがいなく、まだ選択による強化の余地が残されていることになる。

働かなくなった犬には、もともとの繁殖の目的だった技能の多くが余分になり、人間の相手をする役割には不都合なことさえある。ときには余分な能力があっても問題にならない場合もあり、たとえばスパニエルやレトリバーなど、家庭犬として最も人気がある犬種の多くは働く犬たちの子孫だ。ただこれらの犬種でさえ、「ワーキングライン」と「ショーライン」に分かれる傾向があり、ペットとして飼われるのはほとんどがショーラインで繁殖された犬になっている。つまり、働くために選択繁殖されてきた犬たちは、家庭犬としてうまくやっていけないかもしれないのだ。働くための性質と、ペットの飼い主の要望との食い違いは、ボーダーコリーなどの牧羊犬とビーグルなどの猟犬ではよけいに目立っている。どちらも、ごくふつうの飼い主が対応できる範囲をはるかに超えた運動と刺激が必要になることがある。

近年では、犬のブリーディングを規制しているクラブや協会が、これから犬を飼おうとしている人に犬種の起源を説明し、対応の準備が整っていない飼い主に起こるかもしれない問題を伝える責任を果たすようになってきた。たとえばイギリスのケネルクラブは、ボーダーコリーを次のように説明している。「運動を多く必要とし、社交性があって、どんな活動にも参加する。人間に役立とうと尽くすが、働くことに喜びを見出すタイプであり、一日じゅう家にいて暖炉のそばにすわっているだけでは満足できない」[10]。それに対して、イギリスの正式なスタンダードには次のような簡単な説明があるだけだ。「習性／性格——鋭敏で、注意深い。責任感があり、聡明。神経質でも、攻撃的でもない」——これでは初心者に対し、神経質や攻撃的になるコリーはいないと伝えることになるが、実際には大好きな活動的な暮らしができないと、神経質にも攻撃的にもなることがある（短所が、遠まわしに書いてある犬種もある。「ビーグルの群れが全力で追跡する様子ほど見事なものはない。においを求めて頭を低く下げ、尻をきりっと上げて、追跡に集中する。この本能は公園での日常の行動にも現れる。手にリードをもっている人がいるのに犬の姿が見えなければ、飼っている犬はビーグルだ」[11]）。それでも現在では、犬を飼おうと思う人が気に入った犬種にどんな行動上の欲求があるかを調べたければ、とても正確な情報が手に入るようになっている。

ところが、家庭犬にふさわしい性質の多く、たとえば人なつこさ、環境の思わぬ変化に対処できる能力、しつけのしやすさなどは、犬種によっても違うが、同じ犬種のなかでも大きなばらつきがあるように思える。活動的なライフスタイルによく合う犬種と、現代の都会生活の求めに簡単に適応できる犬種がいるのは確かだ。でも、飼い主も満足し、犬のほうもペットとして楽しくやっていけるかどうかは、犬種よりむしろ犬の個性によって決まる場合が多いことをつけ加えておきたい。犬種のスタンダードと解説は、ひとつの決まった個性を説明しているように見える（たとえば「敏捷で、注意深く……活動的で、勇ましく、大胆な印象……怖いもの知らずで、陽気な性格で、独断的だが、攻撃的ではない」というのが、イギリスのスタンダードにあるケアーンテリアの解説だ[12]）。だが、犬の気性を科学的に調査した研究で、こうした解説があてにならないことが実証された。

これまでに行なわれた犬の行動遺伝学の研究で、最も総合的なものは、一九四六年にはじまって一九六〇年代なかばまで続けられたバーハーバー・プロジェクトだ[13]。当時、遺伝子的な特徴が性格に影響するかどうかについて、生物学者と心理学者がまっこうから対立していた。生物学者は、個々の動物（と人間）の性格の違いは、多くが遺伝子の影響を受けていると主張し、ほとんどの心理学者は、性格はその動物の幼いころの経験によって決まると考えていた。この疑問に答えを見つけようという研究で、スタート地

バセンジー

点として選ばれたのが犬だ。そのころにはもう、半世紀以上にわたって犬種ごとの遺伝子的孤立が続いていたからだった。

研究では五つの犬種とその雑種で、行動の一貫した違いがないかが調査された。科学者たちが選んだのは、対照的な行動スタイルをもつとされていた小型から中型までの犬種で――アメリカンコッカースパニエル、アフリカンバセンジー、シェットランドシープドッグ、ワイヤーヘアードフォックステリア、ビーグル――まずこれらを繁殖させて四五〇匹の仔犬を手に入れた。その多くは純血種だったが、ふたつの犬種を選んで交配させた雑種も一部に含まれていた。そしてそのすべてを、標準的な条件のもとで育てた。遺伝子的な違いの影響がはっきりわかるようにするためだ。成長の過程で、仔犬には広範囲にわたる行動テストを実施した。きょうだいどうしの仔犬の遊びや、人間に持ち上げられたときの反応など、自発的な行動を調べるテストや、人の左側に並んで歩くなどの単純な従属行動で、しつけのしやすさを調べるテストがあった。迷路の道順を学習するまでの時間や、金属の網の下からエサの入れ物をうまく取りだせるまでの時間など、認識能力のテストも行なった。

すべての結果を集めてみると、驚いたことに、犬種は当初予想していたほど犬の性格に関係しないことがわかった。犬種ごとにいくつかの異なる性格はあったものの（コッカースパニエルの仔犬はほかの仔犬たちにくらべ、ほとんどはしゃがなかった）、ほかとは大きく異なっていたのはバセンジーだけだった。スタンダードの解説とは裏腹に、アメリカの系統の四つの犬種の仔犬たちは、多くの点が重なり合っていた。[14] バセンジーだけは、独特の「ビレッジドッグ」のDNAを受け継ぐ古代からの犬種で、その行動も著しくほかとは異なっていた。このはっきりした違いのいくつかは、一個の優性遺伝子にまでもとをたどることができ、バセンジーの仔犬は生後五週間をすぎるまで人間に扱われるのを嫌う傾向があるのが、その表れだ。

バセンジーは別にして、犬の行動に見られた特徴の多くは、犬種ごとと同様、ひとつの犬種のなかでも変化に富んでいた。そしてその一匹ずつの犬の違いの基本には、七つの感情的な特徴（衝動性、反応性、情動性、独立心、臆病さ、冷静さ、不安感）と、わずかふたつの能力上の特徴（全般的な知性と、人間と協力できる能力）があることがわかった。ほとんどのテストでの成績の良し悪しは、「知性」の違いではなく、自分が置かれた状況への感情的な反応と、自分は何を期待されているかについて実験をする人からヒントを得る能力にかかっていた。だから、働くうえでの特徴は犬種やタイプごとに異なるかもしれないが、感情的な特徴は、犬種の垣根を越えて大きく重なり合っている。

さらにこの研究では、犬の性格に影響を与えるとても大切な要素を——意図的に——考慮に入れていない。生後数か月間という幼少期の、それぞれの経験だ。そのような経験の影響を最小限に抑えるために、すべての仔犬を標準的な条件のもとで育てた。これから犬を飼おうとする人がペットを探す現実の世界では、その幼少期の経験が、ほとんどの遺伝的要因を圧倒することがある。孤立した小屋で生まれ育ったコッカースパニエルの仔犬は、同じような条件のもとで育ったビーグルとよく似た行動をするようになり——臆病で、いつもと違うことにはすべておびえ——どちらも成長してから、恐怖による回避や攻撃の問題を抱えるようになりがちだ。

ブリーダーの組織のなかには、環境が犬の行動形成に果たす役割に十分な重点を置いていないものがある。そもそもそうした組織は、所属するブリーダーが理想的とは言えない条件下で仔犬を育てていることを認めたがらないのだから、それも驚くにはあたらない。犬の性格は、遺伝子と成長期の経験との複雑なからみ合いによって作られていく。生後八週間をみじめな環境ですごすことによって仔犬が大きな痛手を受ければ、スタンダードに書いてある性格の解説など、何の役にも立たない。

犬を飼いたい人が最も知りたい、一番大切な性格は、ある犬種に攻撃性があるかないかだろう。けれども、この性格に犬種の区別は意味があるだろうか？　犬が咬みつきやすいかどうかを決定する要因として、遺伝と環境のどちらが大きいかについては、いまだに熱い論争が続いている。性格と犬種特有の行動についての議論で最も異論の多い点のひとつが、攻撃性は犬の遺伝的形質かどうかというものだ。攻撃性が経験の影響を受けやすいことは広く同意を得ているが、その他の不確実な要因が関連しているかどうかについて、実にさまざまな意見がある。今、多くの専門家の意見が一致しているのは、犬全体としてほとんどの攻撃を起こさせる誘因は、怒りではなく恐怖であること、またそれぞれの犬が攻撃的な感情を実際の攻撃に移すかどうかを決めるには、幼少期の経験と学習が非常に大きな役割を果たすことだ。ただし一方で、遺伝子の影響を無視することはできない。闘犬や護衛を目的として作出された犬種の場合、それですべてが決まるというわけではないが、やはり遺伝子も役割を果たすことは間違いない。

バーハーバー・プロジェクトでは、経験の違いを最小限に抑えていたので、そのデータは攻撃性に対する遺伝子の影響を探るのに適していると言えるだろう。この研究ではすべての犬について、各種のシナリオで攻撃性のテストを行なったが、分析では、そのような攻撃性は基本になる七つの感情的な特徴としては登場していない。攻撃性はむしろ、もっと一般的な反応の速さ――心拍数がいつも多い、障害物コースを速く回るなどによって特徴づけられるもの――と、強く結びついていたのだ。それでもこのプロジェクトに選ばれた五つの犬種には、バセンジーは例外の可能性があるものの、特に攻撃性が高いことで知られているものはひとつもないので、この研究からほかの犬種、ことに闘犬や護衛用として繁殖されてきた犬種の攻撃性に、遺伝子が影響している可能性がないと結論づけることはできない。

そうした犬の攻撃は、危険を減らすさまざまな手段が講じられているとは言え、まだまだ社会の大きな関心事だ。警察犬の公開訓練のように、あらかじめ入念に計画されて厳重に規制された状況を除いて、攻撃的な犬は社会に受け入れられない。近年、犬の攻撃によって引き起こされる問題に対処しようと、犬種に固有の法律を制定する試みが広く行なわれているものの、施行が難しい場合が多い。そのような法律は国によって細部がかなり異なっているが、ほとんどはピットブルテリアおよび類似した犬種の飼育を禁じるか、厳しく制限しようというものだ。では、ピットブルテリアは本当にほかの犬とは違うのだろうか？　それとも、犬を武器として使いたい人間にとって、「見た目」が最適なのだろうか？　真実はそのあいだかもしれない。

人を咬んだ事故の報告は信頼性が低いことで知られているので[15]、誰かを攻撃した犬が実際にピットブルだったかどうかを考える際には注意が必要になる。ピットブルという種類には、一般的に正式な血統書は発行されないため、コッカースパニエルなどと同じ意味での「犬種」と呼ぶことはできない。そのために、ピットブルかどうかを識別するのは難しくなる。スタッフォードシャーブルテリアなどの別の犬種を、間違えて「ピットブル」と呼ぶことも多い。そのほかにも混乱に拍車をかけるようなふたつの要因が、ピットブルの評判を落とす結果になっている――（1）咬みついた一回の事故が大きく報道されると、そのあと伝染するように報告が相次ぐことがある、（2）無責任な飼い主が意図的にこの種の犬を選ぶ。

犬種そのものへの規制が許されるのは、その犬種が攻撃的だと説明できる、生物学的な理由があるときだけだ。一方で、もし最大の原因が、犬を闘犬に利用したい（あるいは闘犬をやらせている印象を与えたいだけ）というような無責任な飼い方にあるのだとしたら、ひとつの犬種を法律で禁じても、何かを解決できるとは思えない。その犬種が闇に隠れて、無責任な飼い方が助長されるか、別の犬種がそれにとってかわるかだろう。

闘犬用の犬

ピットブルはたしかに闘犬用の犬の子孫だ。今のピットブルの祖先をたどると、ブルドッグに行きつく。ブルドッグは、法律によって一八三五年に禁止されるまで、イギリスで「ブルベイティング」（鎖につながれた雄牛と犬を闘わせる、中世から続いた娯楽）に使われていたが、その後はイギリスとアメリカの両方で闘犬に利用されるようになった。闘犬用の犬は、何世代にもわたって特別な性格を選択して作られたものだ。闘いの抑制が小さい――どんな争いごとでも急激にエスカレートさせ、通常の威嚇のコミュニケーションを省くことが多い——ジャーマンシェパードなど多くの番犬の犬種に見られる、咬む動作の抑制がない。ジャーマンシェパードの場合、咬んだあと放さないが、ピットブルのように首を振って引き裂く動作はしない（ただしピットブルの「顎がロックする」という話は、ただの伝説にすぎない）。ブリーダーは、少なくとも飼い主とその家族の安全のために、人間への攻撃性を排除する選択を行なうとされている。しかし、そのような選択が効果を発揮するかどうかは、はっきりしていない。犬は一般的に、遺伝で決められた好き嫌いよりも経験に基づいて攻撃の対象を選ぶことが多いから、脅威だと認める相手なら誰に対してでも行動に出る傾向がある。それは飼い主でも同じだ。

ピットブルのなかには、一も二もなく危険なものもいるが、多くはそうではない。たしかに一九八六年の統計を見ると、アメリカで発生した犬による死亡事故一一件のうち七件はピットブルで、この犬種が咬んだ回数はほかの犬種の三〇倍にもなっている。ただしこれら七件の事故を起こしたなかに、ブリーダーのクラブに登録されていた犬は一匹もいなかったので、犬の系統が攻撃性に与えた影響を調べることはできなかった。しかも、それらの犬の極端な攻撃性に最も大きな影響を与えていたのは、飼い主の扱い方、特に訓練の方法だったように見える。その恐ろしい評判をよそに、アメリカで当時飼われていた一〇〇万から二〇〇万匹のピットブルの大半は、人を咬んだことなど一度もなかったにちがいない。

人間を襲った犬の数とその割合
（オーストラリア、ニューサウスウェールズ州、2004年-2005年）(16)

犬　種	数（登録数）	犬種における割合（%）
ジャーマンシェパード	63	0.2
ロットワイラー	58	0.2
オーストラリアンキャトルドッグ（ケルピー）	59	0.2
スタッフォードシャーブルテリア	41	0.1
アメリカンピットブルテリア	33	1.0
その他	619	

一般に、「遺伝的に見て攻撃的になりやすい犬種がある、犬には攻撃的な性格のようなものがある」と思われているかもしれないが、犬種および性格と実際に咬む事故とのあいだのつながりは、せいぜい不明確としか言いようがない。いわゆる攻撃的な犬種とされる犬でも、実際に攻撃するのは極端な例外的存在だ。そのうえそうした極端な行動は、徹底的に調査されることがめったにない――ほとんどが、ただ安楽死で終わる。

簡単に言えば、犬種による攻撃性の違いが遺伝的な特徴と大きく関係しているという直接的な証拠は、どこにもない。まず、最も「危険」だとされている犬種も含め、どの犬種の犬も、その大半は攻撃に関わっていない（表を参照）。また、犬が攻撃性を見せる状況は、それぞれの犬の経験によって大きく変わる。その経験には訓練も含まれるが、訓練だけの話ではない。実のところ、犬による攻撃のこれまでの統計には、事故の原因は法律のよりどころとなっている「遺伝」の仮説にあるのか、それとも一部の犬種に無責任な飼い主が多い可能性があるのか、区別しているものはひとつもないのだ。

それに対して、犬とオオカミとの交雑種である「ウルフドッグ」が生来もっている攻撃性では、遺伝的要因がずっと明確になっている。ピットブルやそのほかの闘犬用の犬にくらべ、飼い主にも一般の人々にもはるかに危険性が高いと思われるが、ウルフドッグにはここ二五年ほどで一部に熱狂的なファンが生まれてきた。特にアメリカでは人気が高く、五〇万匹ほどが飼われているようだ。オオカミと犬はまったく違う環境に適応してきたので、この極端な異系交配によって生まれた動物は、野生の生息環境にも人間といっしょの暮らしにもなじまない。事実、ウルフドッグはその行動が予測不能なことでよく知られている。

ウルフドッグは人間を攻撃した件数で、群を抜いている。たとえばアメリカでは一九八九年から一九九四年までのあいだに、人間を死亡させた事故をピットブル（一〇人）より多く（一二人）起こした。そのような攻撃の背景には、ふたつの異なる動機があると考えられる。ひとつは、人間がウルフドッグのエサをどかそうとした場合などの、資源をめぐる挑戦だ。そしてもうひとつは、ウルフドッグが人間（特に子ども）を捕食の対象とみなしたもので、その場合には一気に殺すところまで進む、完全な捕食行動をするように見える。そのため、米国動物愛護協会、英国王立動物虐待防止協会（ＲＳＰＣＡ）、オタワ愛護協会、ドッグトラスト、国際自然保護連合（ＩＵＣＮ）種の保存委員会オオカミ・スペシャリストグループはすべて、ウルフドッグは野生動物であり、ペットとして適さないものとみなしている。ウルフドッグの飼い方が、危険かそうでないかに影響を与えることは疑いようもないが、この動物がもっているオオカミ型の遺伝子がその行動に大きな影響を及ぼしていることもまた、疑いようがない。

このような交雑種は別にして、「危険な犬」を定めた法律の多くに確実な遺伝的根拠がないとすれば、犬にとっては不当なものだ。さらに、法律制度のゆっくりした進行を考えれば、そのような法律の実施は、咬んだために「逮捕」された犬の苦境をさらに苦しいものにする。そのような犬の大半は犬舎に何か月も、ときには何年も閉じ込められて、裁判所によって運命が決められるのを待つことになり、訓練のやりなおしも社会復帰もなおさら難しく、不可能にさえなってしまうだろう。

攻撃的な犬は明らかに重要な公共の問題だが、皮肉にも、それは選択的繁殖によってもたらされる、犬の健康への最大の脅威ではないようだ。特殊な行動を強調する選択が行なわれるたびに、ほとんどわからないほどおぼろげにではあっても、犬が苦しめられる危険がある。動物がある状況に対するふたつの反応のどちらかを選択しなければならないとき、感情に動かされることが多いからだ。自然選択では、こうしたつながりは正しく機能する。異常なほど不安、恐怖、怒りを感じるオオカミ、またはこどものころ母親との結びつきが強すぎたオオカミは、ほかのオオカミとの関係を築く際に不利で、群れで繁殖できる地位につけないことが多い。特定の行動を強調した犬を繁殖させるという行為は、野生の祖先から受け継いできたそうしたチェックとバランスをゆがめる可能性をもっている。コリーは何かを追いかけられないとき、どう感じるのだろうか？　オオカミなら悩まない。オオカミは腹がすいたときだけ、追いかける必要性を強く感じるからだ。けれどもコリーの場合には、追跡、狩猟、空腹のあいだのつながりが壊れているにちがいない。そうでなければ安心してヒツジといっしょに仕事をさせられない。ではこのつながりが壊れているからと言って、コリーはいつも何かを追いかけたい思いにかられていないと断言できるだろうか？　コリーは働けないとすぐイライラし、それは型通りの反復行動になって現れるところを見ると、その可能性は高い。同じように、仕事に対する感受性を高めるよう繁殖され、訓練された護衛犬（プロテクションドッグ）は、表面には出さないにしても、常に不安や怒りを感じているかもしれない。犬の自然なチェックとバランスにそうしたゆがみが広がっているとしたら、そして犬種に特有のさまざまな問題行動がそれを暗に示しているならば、ショーラインのブリーダーだけでなくすべてのブリーダーが、自分たちのしていることをもう一度考えなおしてみる必要がある。

これからも犬がペットとして人気を保てるようにするには、飼い主の相棒として暮らす、家庭犬にふさわしい性格の選択に最も大きな力を注がなければならない。見かけを一番、もともとの働く役割を反映した行動の特徴を二番にして、この点を三番目にしておける状況ではない。そうした性格の選択は複雑かもしれないが、現在もうこの役割を心地よく果たしている犬がたくさんいるのだから（たぶん計画的ではなく、偶然によるものだと思うが）、できることは確かだ。

新しく犬を飼う人は、性格より見た目で犬を選ぶことが多い。犬の姿がこれほど変化に富んでいなければ、「外見」にこれほど多くの選択肢がなければ、「中身」をもっと重視するのかもしれない。犬種ごとに必要な運動量が異なることも多いので、それによって飼い主のライフスタイルに合うかどうかが決まることもある。しかし、それぞれの犬の性格と、飼い主と長いあいだ強いきずなを結べる見込みは、遺伝より環境によって大きく影響を受ける。これから犬を飼おうとするなら、ペットとしての暮らしに最高のスタートを切れるような環境で育った犬かどうかに、何より注目するようにしよう。

第11章　犬とその未来

犬は何千年も前から今までずっと、人間の最良の友だ。「いるのがあたり前」の存在になっているのは、そのせいだろう。そのあいだ犬はこの上ない多才ぶりを発揮し、いっしょにいると楽しい相棒の役割だけでなく、さまざまに異なる仕事をこなしてきた。ところが、現代の人間の社会は、これまでにない速さで変化している。犬もそれに合わせて変わり続けていく力をもっているのだろうか？　大丈夫だ。ただし、それには間違いなく助けが必要になる——そして犬の科学はすでに、助け船を出せる準備を整えている。犬と人間はこれまで、互いをすっかり理解しないまま、とてもうまくやってきた。でもこれからは、未来に向けてこの関係をきちんと続けていけるよう、長年の仲間である人間が第一の責任を負っていかなければならないとぼくは思う。犬たちが人間のすぐそばでいつまでも平和に暮らせるように、最新の科学の知識を利用しながら、人間と犬とのあいだの理解を深める努力が必要だ。

犬は人類に数多くの恩恵をもたらしている。古くからの伝統的な方法で働き続けているだけでなく、今もまだ新たな役割を与えられ、いろいろな仕事で発揮するその敏捷性、知性、周囲と交流する能力は、人間をしのぐものばかりだ。犬はまた人間の相棒として精神的な効果も発揮し、人間どうしのつき合いを補う関係を築いている。おまけに、もし人間が犬をよく理解するなら、魅力的な別世界を垣間見ることもできる。物理的には同じでも、異なる感覚を通して感知する世界だ。

犬の科学の発達によって、犬のユニークな特徴を数々の新しい視点から見ることができるようになってきた。一〇〇年くらい前まで、人が犬について知っていることは通俗心理学（いわゆる常識）の一端にすぎず、数千年の試行錯誤で積み重ねられてきた言い伝えだけだった。一九世紀も終わりに近づくと、科学がふたつの場所で犬と関わりはじめる。まずソーンダイクやパブロフなど、初期の比較心理学者の一部が、便利な実験動物として犬を利用した。一方で、ヴィクトリア朝時代の博物学者や動物園の飼育係が、犬とオオカミを比較しはじめた。二〇世紀なかばにはその勢いが一気に増し、オオカミを研究する生物学者、犬に注目した遺伝学者、最初の獣医師たちが意見を交換して、その行動への関心を高めていった。それによってはじめて、社会化の過程を系統立てて理解できるようになったが、同時にオオカミの行動に対する誤解も生まれ、その誤解は今もまだ犬の生物学についてまわっている。

二一世紀に入って、オオカミと犬の行動についての概念、近代的な動物愛護を考える科学、学習と認知についての新しい知識を、ひとつにまとめる新しいチャンスが生まれている。その結果、犬について、犬は人間にどんなふうに気遣ってほしいのかについて、最新の知識が手に入るようになった。ただし科学の常で、この知識は、新しい情報に照らしていつも見なおしていく必要がある。それでも、相棒である犬をどう扱えばいいかという知識は、一〇〇年前とはくらべものにならないほど豊かになった。第一に、犬はイヌ科の動物ではあっても、それほどオオカミに似た行動はしない。最終的には完全に飼いならされた動物である犬を、表面的にどんな野生動物と比較してみても、ほとんど役に立たない。第二に、犬は人間ときずなを結べるたぐいまれな能力をもち、おそらく第一の忠誠を誓っている相手は人間だ。ただし、生まれつきもっているのはその能力だけで、主に生後三か月から四か月までのあいだに育んでやらなければ、人間とのきずなを結ぶことはできなくなる。第三に、犬の嗅覚は人間よりはるかに敏感だから、ただ利用するだけでなく、きちんと配慮する必要がある。

これらの考え方はごく簡単で、犬好きなら誰でも、それを生みだした科学を尊重する気持ちさえあれば、素直に受け入れられるものだ。科学研究の成果は、研究者や主要メディアを通して人々のあいだに広く浸透するにつれ、犬を飼うことについての通俗心理学に少しずつ組み込まれていくだろう。

新しい犬の科学が強い抵抗を受けてきた分野のひとつに、「しつけ」がある。一部のドッグトレーナーや自称「問題行動専門家」は、科学に基づいた信頼できる情報を伝えようとする人々を、経験や実績がないとあからさまに中傷することさえあった。ほとんどの犬は家族の支配権を虎視眈々とねらっているという古い考えが、今も根強く残り、なかなか消えない。体罰も同じだ。アメリカではどこでも手に入るショックカラー（電気ショックを与える首輪）が、イギリスでも場所によって流行しつつある。

ただし、支配を許さないための罰と愛着を深めるための褒美のどちらがいいかなどという、単純な問題ではすまない。一部のドッグトレーナーは、どんな体罰もいっさい使うべきではないと主張する。最後の手段としてならやむを得ないというトレーナーもいる。さらに、トレーナーにとって不可欠な、毎日繰りだす武器だと考えている者もいる。しつけの方法に関するこうした意見の相違が、ときには個人攻撃にまで発展することがある。体罰を非難する人たちは、それが不必要に残酷な行為だとし、そんなテクニックを使う人たちの心根が卑しいのであって、残酷なことをするのが目的だろうと責める場面まで見られる。(1) それに対して一部のトレーナーは、犬の問題行動を積極的に助長している者がいると訴える。(2)

こうした両極端な非難の繰り返しでは、思いやりのあるしつけ方がいくつかあるという事実が見えてこない。ただそれらの方法の相対的効果については、これから見極めが必要だ。犬のしつけ方の種類は、おそらくトレーナーの数だけあるのだろうが、ドッグトレーナーと問題行動専門家が最も激しく対立しているのは、次の四点のように思える。

一つ目は、犬を「群れる動物」とみなすかどうかだ。「群れる」という考えの支持派は、自分の犬を擬人化しすぎて小さい人間として扱っている飼い主への、「警鐘」として利用することが多いように見受ける。犬が小さい人間でないことは事実で、そんなふうに扱われれば犬自身が苦労する可能性があるから、体罰を正当化するのではなく適度に利用すれば、そうした警鐘は有益だろう。

二つ目は、幸福と健康に関係する倫理的、哲学的側面になる。一部のトレーナーは、体罰が苦痛を伴うかどうかという問題を重視していない。オオカミとほとんど変わりのない犬は、しつけの一環として体罰を受けるのが当然だと思っているはずだという理由づけだ。その対極にあるのが、あらゆる体罰を忌み嫌うトレーナーで、それが本質的に苦痛を伴うことを根拠としている。そのあいだにはもっとゆるやかな考えがあり、ある程度の苦痛があっても、それによって行動を正すことができれば、長い目で見て犬が手にする恩恵のほうが大きいとみなしている。その場合は体罰を最後の手段とし、それを用いなければ犬の長い年月の幸福が損なわれると考えられるときに限って使うと主張する。[3] たとえば、家畜を追うクセを罰するにはショックカラーを使ってもいいと考える人たちがいる。もしその犬が同じ行動を続ければ、農場の持ち主に銃で撃ち殺されるか、安楽死させられるかの危険があるという根拠からだ（どんなしつけの方法を選んでも、犬に悲しい思いをまったくさせないのは事実上不可能であることを、忘れてはいけない。飼い主の注意をひこうとして、やってはいけない行動をしている犬をただ無視するだけでも、犬は不安になるだろう）。こうした考えのトレーナーのあいだでは、現在の苦痛と将来手にできる恩恵のあいだで、どのようにバランスをとるかという点で意見の食い違いがある。

三つ目は、犬がどれだけ認識力をもっているとみなすか、トレーナーによって大きな差があることだ。逆説的になるが、犬が支配権をねらっていると考えるトレーナーは、犬は策略にたけた高い知性の持ち主だと仮定する必要がある。飼い主をだまして家族の「支配的」地位を手に入れるほど、頭が切れるとみなさなければならない。それに対し、褒美を基本にペットをしつけるドッグトレーナーは、とても単純な連想的学習を利用する。効果があるし、飼い主にとって覚えやすいからだ。その方法は、犬の脳の最も原始的な部分を刺激するもので、どれだけ賢いか賢くないかの問題はひとまず棚上げにして、何百万年も前に進化した学習方法を利用する。念を押しておくが、褒美を基本にするトレーナーは、犬が頭の悪い動物だと思っているわけではない。ただ複雑な方法より単純なしつけ方のほうが、飼い主に教えやすいと思っているだけだ。たとえば盲導犬の訓練では、褒美を基本とはしているが、犬の認識力を最大限に利用する。(4) それでも理想を言うなら、すべてのしつけ方が、犬の能力を最大限に活かすものでなければならない。犬がもつ社会的学習能力もそのひとつで、これはまだ犬の科学による研究の途上にある。それでも科学的根拠がない考えに固執するより、こうした可能性を探るほうが、長いあいだには得るものが大きいにちがいない。

四つ目は、特に猟犬、牧羊犬、番犬を訓練する一部のトレーナーが、犬を第一に道具とみなす伝統を引き継いでいることだ。そうしたトレーナーが推奨する方法のひとつは、犬を犬舎から出さずに飼うもので、人間から過度の影響を受けるとみなす場所から遠ざけてしまう。それでもそのほかのトレーナーは、犬の本来の居場所を人間社会と切り離すことはできないと考え、犬がなんらかの仕事に従事するにしても、訓練は何より人間社会との結びつきを強めるものでなければならないと主張している。たとえばイギリスの情報局保安部は、捜査犬を勤務時間外にはハンドラーの家庭で暮らさせるのか、犬舎に閉じ込めておかなければならないかで、意見が分かれている。捜査犬は勤務中、人間としっかり気持ちをひとつにしなければならないのだから、長いあいだ孤立させることによって、そうした能力が洗練されるとは思えない。そのうえ、犬舎だけで暮らす犬が実際に効率的な仕事をするという証拠は、まだ何も見つかっていない。

　このようにさまざまなしつけ方を主張する派閥のあいだの相違は、単に体罰が残酷かどうか、トレーナーが犬をオオカミとみなしているかどうかというより、はるかに複雑な問題だ。それぞれが根拠とする哲学的、倫理的立場も異なっているので、互いを誤解したり、事実を曲げて説明したりすることが多いのも、当然といえば当然だろう。犬は飼い主のコントロールのもとに置くのが当然だと、これまでになく社会が強く期待している現在、このような対立は無益だ。

　罰という意味の規律ではなく、コントロールという意味での規律が必要とされている。犬は、ただ愛されているだけでは行動の仕方を学ぼうとしないのは明らかだ。ただし多くの飼い主は、かわいがることで学んでほしいと思い、実際に学ぶかもしれないと考えているのではないだろうか。今年はじめての晴天となったきょう、ぼくは近くの公園でジョギングをしながら、リードをつけずに飼い主と散歩している犬に九匹出会った。飼い主が呼び戻そうとしたとき、すぐに反応したのは、九匹のうち一匹だけだ。ほかの八匹は、子どもに飛びついたり、自転車を追いかけたり、歩いている人の行く手をふさいだり、お弁当を食べている人に食べものをねだろうとしたりして、飼い主はきまりが悪そうだった。きちんと選んだサンプルではないが、もしこれが実態だと仮定すれば、こうした行動は犬の評判を落とすことにつながるはずだ。

それらの飼い主が、命令したら戻るしつけにどんな方法を用いたのかは知る由もないが、ぼくはその多くが命令を聞かないと怒ってきたのだと思う。事実何人かは、言うことを聞かない犬をなんとかつかまえると、叱りつけていた。これは犬が迷惑をかけた人にとっては納得のいくことかもしれないが、犬自身にとってはそうではない。飼い主のところに戻るのは楽しいことだという気持ちを、強く植えつけたようにはとうてい思えない。飼い主のところに戻らないと怒られるからではなく、戻りたいから戻るようにしつけるほうが、理屈に合っているし単純だ。犬を飼うことの理想と現実のあいだには、まだ大きな開きがある。

しつけのテクニックを正しく理解して自分の犬をきちんとしつけることは、社会的に重要なだけでなく、犬と飼い主のあいだの関係もよくする。さらに、もう二〇年ほど前から知られていることだが、しつけ教室に参加すると、犬と飼い主との関係はより充実したものになる。[5] ほとんどの犬とその飼い主が、すでに知っているかどうかにかかわらず、もっとすぐれた犬のしつけ基準に今より簡単に接することができる状況がどうしても必要だ。だがさしあたって、さまざまなトレーナーの派閥が異なる主張や反論を繰り広げ、飼い主は戸惑うばかりになっている。

あいにく、広く認められたドッグトレーナーの基準というようなものはない。[6] 犬のしつけに関わる世界じゅうのさまざまな陣営のあいだには、もともと深い溝があったが、インターネットの台頭でそれがひとつにまとまるどころか、「登録簿」、「協会」、「組合」、「研究所」などが林立する結果を招いた。そしてそのそれぞれが、しつけと問題行動の治療にとって最高の組織だとうたっている。途方に暮れるほどたくさんの組織名を前にし、その略称がもっとまぎらわしいとなれば、はじめて犬を飼った人はいったいどうやって、自分の求めるしつけと道徳観念にぴったりのトレーナーを選べるというのだろうか？ その混乱を少しでもわかりやすくしようと試みているのが、イギリスでは「動物の行動および訓練評議会」、アメリカでは少なくとも三種類の犬の訓練ガイドラインだ。ペットドッグトレーナーズ協会（ＡＰＤＴ）の綱領に書かれたもの、デルタソサエティー発行のもの、そして米国動物愛護協会が配布しているものがある。ただ、州と全米の両レベルにありあまるほどの組織があるために、全体に共通した基準を作れないでいる。二一世紀の犬（と飼い主）の暮らしを向上させたければ、ドッグトレーナー業界での効果的な自主規制が不可欠になる。

正しいしつけのテクニックは何かという問題と同じく、にぎやかに論じられているのが、次世代の犬の姿はどうあるべきか、それをどう生みだすかという問題だ。西欧諸国の犬の大半は純血種で、多かれ少なかれドッグショーとスタンダードにつながりをもつブリーダーの手を借りて生まれている。今ではそうした偏りが遺伝子に影響を及ぼしていて、犬の利益が最優先されていないことが明確になってきた。

その一方、犬の保護施設に収容された犬でも問題が起きている。保護施設にやってくる犬の多くは、少くともイギリスでは、その時点ですでに精神的痛手を受けている。そのために、いつまでとも知れぬ犬舎暮らしが続いて、運がよければ里親にひきとられていくという、「保護」の状況そのものに適応することができない。慣れない環境と新しい毎日でさらにストレスを感じてしまう。保護は必要なことではあるが、傷つきやすい性格をさらに不安定にしてしまうことのないよう、細心の管理のもとで行なわなければならない。なかには飼い主が状況の変化で飼えなくなり、やむなく手放す例もあるが、多くは問題行動のせいで捨てられる。二〇〇五年に、イギリスのドッグトラストの里親探し慈善事業にひきとられた犬のうち、三四パーセントは問題行動が原因で、二八パーセントは「四六時中誰かがそばにいる必要があって手に負えなくなった」ために捨てられた(7)――分離障害をもつ多くの犬がここに入りそうなカテゴリーだ。

問題行動に対処する方法、むしろ問題行動を起こさせない方法をもっとよく理解することによって、ひいては犬の「保護」を根本的に変えることができる。今のところ、最善の策は予防で、はじめから犬が保護施設にひきとられるような状況を減らしていくことにある。毎年、数百万匹もの犬が地元当局や慈善事業の運営する犬舎に連れてこられるが、大半は飼い主が、おおかたは無知によって、犬の行動をきちんと管理できなかったためだ。適切な訓練を受け、どちらかと言うと単純な問題行動を見極めて対応する方法を身につけた人の数が十分に増えれば、慈善事業は今のようにただ犬を保護施設の犬舎にひきとるというやり方を変えられるかもしれない。訓練を受けた人が飼い主の家庭に出向き、飼い主とともに問題行動をなおす方向に重点を移せば、犬舎に収容してストレスをつのらせる必要がなくなる（犬舎に入れられてほとんどストレスを感じない犬は、たいていは常連だ——このことからも、新しい方法が強く望まれる）。

もちろん西欧諸国でも、毎年生まれている犬の数は飼い主の数より多く、捨てられた犬にはなかなか里親が見つからない。アメリカだけでも、安楽死させられる捨て犬は一年で一〇〇万匹以上にのぼっている。その四分の一は、慢性的な病気や極端な老齢のせいで基本的に家庭で飼うのは難しいとしても、不必要に殺されるそのほかの膨大な数は、ペットの犬の需要と供給の深刻なアンバランスを示している。安楽死には動かしがたい倫理上の問題がある——それで納得がいくのかどうか、最終的には、犬ではなく人間社会が判断しなければならないことだ。犬の科学は、どんな答えを用意することもできない。

動物の安楽死に関するモラルと実際問題との兼ね合いは、時代とともに大きく変わり、現在では文化によってかなりの差が生じているのが現状だ。西欧以外のさまざまな国の犬には（減ってはいるが一部の西欧諸国でも）、アメリカと西ヨーロッパとはかけはなれた、大きな動物愛護の問題が起きている。一部の地域社会では、今でもふだんから犬が自由に路上を歩きまわり、犬を飼うという伝統が西欧とは違うらしい。たとえば、法律的に身元のわかるひとりの「飼い主」がいるのではなく、社会全体で犬にエサをやり、面倒を見ている。しかし自由に歩きまわる犬は問題もたくさん起こす。狂犬病などの病気を感染させる可能性があるし、不潔でうるさいから迷惑になり、交通事故を起こしたり、家畜や人間を傷つけたりする。こうした状況では個体数の調整が必要なことが多く、その場合には一匹ずつの犬ではなく、暮らしている犬全体の動物愛護を考えるようにしなければならない。不妊プログラムを実施して、個体数をコントロールするのも効果的だ。

ビレッジドッグはペットより暮らしに自由があり、その意味では「自然」に近いと言えるわけだが、それぞれが幸福に暮らせるかというと、そうではないことが多い。病気やけがをしても獣医師に診てもらえる可能性はほとんどない。腹がすくこともある。罰せられないと知っている人間によって虐待されるかもしれない。現在、世界で暮らしているこのようなビレッジドッグは、生き残りに成功した犬の集まりだということになる。何世代にもわたって、住んでいる環境に合わなかった（地域特有の病気や寄生虫に対する抵抗力が弱かったなどの)数多くの仲間は子孫を残すことなく、ほとんどは病気にかかって、死んでしまっただろう。

それと好対照をなすのが、現代の純血種の犬だ。人間はその一匹ずつの幸福を、生涯にわたって守ろうとしている。人間が作り上げた環境に危険な場所があれば、そこには行かせない。たとえば車が通る道の近くではリードにつないで歩く。理想的な栄養を考えて生物学的にも安全なエサを与える。不快や苦痛を減らそうと、獣医師に診てもらう。このような利点が、ごくあたり前にビレッジドッグにもたらされることはない。

犬をすっかり所有し、自由に繁殖する犬の「権利」を奪っている人間は、それによって一匹ずつをますます幸福にしてやる必要があるだろう。残念なことに、誰もが犬の幸福を考えてきたのに、無条件の成功にまでは至っていない。外の世界と犬どうしの競争によって生じていた幸福の問題は消えたのだが、別の問題、近親交配の容赦ない影響によって生じた問題が、それに取ってかわった。

ペットの犬がビレッジドッグのように自由に繁殖の相手を選べるという、無秩序な自由参加に戻そうという人はいない。コントロールされた繁殖は、犬にとって本質的に悪いものではない。人間がコントロールすることによって、病気にかかりやすい犬の誕生を避けることができるので、犬全体としての幸福のレベルは上がる。ただし、たくさんの善意があっても、人間はまだ成功を手にしていないのだ。どの動物を繁殖させ、どの動物を繁殖させないか、人間が選んできた直接的な結果として数多くの純血種の犬が病気にかかり、その体が少しずつむしばまれている。

犬の繁殖方法は、思い切って変えなければならないところまできている――遺伝子が原因で起こる欠陥をなくすだけでなく、ペットとしてかわいがられる犬の能力を、最大限に発揮できる気質を育てなければならない。今のところ、毎年生まれてくる犬のほとんどは、「ドッグショー」での活躍を念頭に置いたものか、無計画な繁殖の結果のどちらかだ。どちらも積極的にすぐれたペットを作りだそうとする取りくみではない。

これに代わる選択肢として、ドッグショーで求められる人工的な基準から離れ、はっきりペットだけを目指した犬を作出する商業繁殖がある。スタンダードを満たすよう選択された両親をもつ仔犬に、高い代金を支払うつもりがある飼い主なら、わざわざペットとして作りだされた犬だと説明されれば、同じだけの代金を払うのではないだろうか？　これまで、商業的なペットの繁殖は、この可能性を追ってきていない。ただし欧州大陸では「ペットファクトリー」が出現しはじめていて、ペット市場だけを目標に犬の繁殖を行なっている。ゴールデンレトリバーなどのおなじみの犬種の系統をひいているものもあるが、ブーマーと名づけられた、そうでないものもある。これはテレビドラマのスター犬「ブーマー」の人気にあやかった、フワフワした毛をもつ主に白いトイドッグで、純血種ではない、新しい種類の家庭犬と言える。ただしこれまでのところ、ドッグショーを意識した犬種の平均的な犬よりも、すぐれたペットが生まれている様子はほとんどない。

商業的な環境でも遺伝的特徴を正しく利用することは、理屈のうえではできるが、生後八週までのあいだに必要な社会化をすべて終わらせてから仔犬を売りに出すことが、はたして商売として成り立つのかどうかという疑問が残る。完全な商業環境では、仔犬が社会化の期間に必要とするあらゆる経験を準備するには、単純に考えても法外な経費がかかってしまう。仔犬が店先のウィンドウに飾れる年齢に達したときの、輸送の難しさは言うまでもない。そのために商業繁殖では、よほど裕福な場合を除いて、完璧なペットの犬を作りだせそうもない。

犬の健康と幸福を奪うことなく、犬を飼うことが大衆にとっての魅力であり続けるためには、今後も小規模で熱心なブリーダーにペットの犬の大半を供給してもらう必要がある。犬が大好きだからという理由で繁殖にたずさわっている趣味のブリーダーは、仔犬と母犬を孤立した犬小屋や犬舎ではなく自宅に置くことによって、金銭的な負担を気にせず仔犬に適切な社会化の経験をさせることができる。事実、小規模なブリーダーが、適切な犬に対して最新の情報に従った社会化を進めていけば、最高のペットの犬を育てられる可能性を秘めている。

一方で遺伝子工学は、犬を今より幸福にはできそうもない。数え切れないほどの形と大きさをした犬がすでにいるものの、オオカミの発達の軌跡による制約が、いつもついてまわっている。今はオオカミと同じ六〇日から六三日のあいだに定まっている犬の妊娠期間を、仮に大幅に変えられるとすれば、まったく新しい種類の犬を生みだすことができる。イヌ科のほかの動物の遺伝子を組み込めば、キツネによく似た犬や、丸い頭で実にかわいらしいヤブイヌのような犬を作れるかもしれない[8]。それでもこの方法は、間違いなく奇をてらいがちになり、大きな論争も巻き起こすと同時に、犬を救うために必要なものとは言えない。現在の犬にはすでに、ペットとしての暮らしに向いた多彩な動物を生みだせるだけの十分な遺伝子の多様性がある。だからここで必要となるのは、これが犬の一番の役割であることを認め、ドッグショーか働く犬の競技会かに限らず、賞をとるための手段として犬を見ている人たちから主導権を奪い返すことだ。

遺伝子工学のもうひとつの応用であるクローンも、完璧な家庭犬を生みだす解決策にはならない。かつてテキサス州の大富豪ジョン・スパーリングが、ボーダーコリーとハスキーの雑種だった愛犬ミッシーのクローンを作らせ、たしかにそっくりのクローン犬が誕生した。でも、スパーリングが好きだったのはミッシーの見かけだったのだろうか、それとも個性だったのだろうか？　犬の個性は生まれてまもなくの経験によって大半が作られるから、試験管の遺伝学を使って複製することはできない。

では、よりよい家庭犬を作る障害となっているのは、いったいなんだろうか？　犬の性格は別にして、少なくともふたつの障害があるように思える。第一はブリーダー側の問題だ。ブリーダーはどんな犬を繁殖させるかを決めるとき、家族の最高の相棒だと実証されているかどうかを基準にしない。自分たちが作りだしてきた犬たちが、家庭犬としてての役割をどれだけ果たしているかについて、十分な情報をもっていないのだろう。あるいは、ほとんどの飼い主はドッグショーに出そうと思って犬を買うわけではないのだが、ブリーダーはショーで勝てるかどうかに重点を置いているのかもしれない。そのうえ、仔犬の素質の面で、ブリーダーに責任を問うのは難しい。問題があれば経験の浅い買い手の失敗のせいになり、エサが悪い、運動が足りない、運動させすぎだ、などと責められる。

第二の障害は、典型的なジレンマになる。責任感が強い飼い主ほど、犬を去勢する割合が高い。つまり、最も念入りに選ばれて育てられ、家庭犬としての役割を完璧にこなしている犬の多くは、次の世代にほとんど遺伝子を伝えない。その分だけ減った生息数を埋めるのは、無責任な飼い主がだいたいはうっかり産ませてしまった仔犬だ。しかもそういう飼い主に限って、スタッフォードシャーブルテリアやジャーマンシェパードなど、ステータスシンボルとみなされている犬に魅力を感じる（そのため、捨て犬の保護施設に収容され、たいていはそこで一生を終える犬には、これらの犬種と、偶然に生まれてしまったその雑種の数が多い）。すべての飼い主は、犬の供給過剰を減らすためにペットの去勢を勧められる。ところが困ったことに、それは家庭で暮らす相棒として最適な犬の数を増やすという目標には、マイナスに働いてしまう。

もうひとつ困るのは、個性を追求する繁殖は、見かけを追求する繁殖ほど簡単ではないことだ。行動は遺伝子によってコード化されるわけではないのがその一因だろうが、家庭犬という、人間の相棒としての役割が、明確に定義されていないことにも原因がある。すべての飼い主が、そしてこれから犬を飼おうと思っているすべての人々が、心に理想の犬像をもっていて、そうした理想はさまざまに異なっているにちがいない。とはいえ、誰もが望む特徴もある。具体的にはほとんどの人が、人なつこくて、従順で、とにかく健康で、簡単に管理でき、子どもといっしょにいても安心で、家で簡単にしつけられ、飼い主の家族に愛着を見せる犬を、家庭犬として飼いたいと考えている(9)。犬とのスキンシップが大事だと思っている飼い主も多い。犬をなでると、ストレスホルモンの分泌が減るばかりか、「愛情」ホルモンであるオキシトシンの分泌が急増することがわかっているのだから、これは当然の調査結果だろう。

そのほかの性格は、飼い主ごとに評価が異なっている。誰にでも人なつこい犬が好きな人もいれば、特に男性では、家庭を守るのに役立つからと縄張り意識が強い犬を好む人もいる。男性はエネルギッシュで忠実な犬を好む傾向があるのに対して、女性はおとなしくて社交的な性格を重視する傾向がある。

ただしもっと重要なのは、多くの飼い主が犬を選ぶときに、個性を重視しないという点だ。たとえば、よい行動より容姿を重視する人のほうが多く、従順な犬を期待しながら、しつけのしやすさはあまり重要でないとみなしている。しかも、実際にどんな犬がライフスタイルにぴったりかは、飼い主の状況の変化とともに変わってしまう。犬の一生は人間にくらべて短いとはいえ、現代社会のライフスタイルの変化の速さにくらべれば、まだ長い。

とはいっても、ひとつの犬種のなかにも個性の違う犬がどれだけいるかを考えれば、個性を基準にしてペットを選ぶのはもっと難しくなる。これまでにあげた「家庭犬」として望ましい性質の多くには、遺伝子の影響はほとんどない。遺伝が原因で引き起こされる身体的異常や病気にかかりやすい傾向は、正しい知識を駆使した繁殖によってなくしていけるが――なくすべきだが――人なつこさや従順さ、攻撃性のなさや愛情深さなど、望ましい性格の多くは、生後まもなくの環境と学習によって大きく影響を受ける。一方で飼い主が新しい犬や仔犬にそれを教え込む方法をもっとよく理解しなければ、こうした性格を実際にどこまで引きだせるかはわからない。

家庭犬に適した性格を選択するのは難しいかもしれないが、家庭犬では減らしていかなければならない行動特性もある。人間が長い歴史を通して犬に加えてきた遺伝子選択の大半は、牧羊や狩猟、警備など、仕事をするうえで役立つ性格を強めるものだった。ところが今では西欧のほとんどの犬に、もう仕事の必要がなくなっているから、仕事と性格との結びつきを弱める必要がある。そうでなければ犬に欲求不満がつのる。かわいらしい牧羊犬の仔犬がよいペットになるだろうかと、ぼくは数えきれないくらいアドバイスを求められてきた。そのたびに「なりませんよ」と答え、牧羊犬は仕事をするために作られた犬で、町での暮らしには耐えられないでしょうとつけ加えた。ところがそれを聞いた人たちの大半は、とにかく飼ってみると言ってその牧羊犬を手に入れ、大半が後悔している——犬に後悔する感情があるのなら、飼い主より犬のほうがもっと後悔していることは間違いない。そうした犬を家庭犬にふさわしいものにするには、犬種そのものを変えて、そんなふうに感じない犬にする必要がある。

最後に、家庭犬の役割によく合った犬を繁殖するにあたって、人間にできることは限られているが、行きすぎにも注意しなければならない。犬が人間に愛着を抱く気持ちを、犬の負担になるほど大きくしてはならないのだ。すでに家庭犬には分離障害が蔓延している。人間といっしょにいたいという抑えきれないほどの感情を抱く犬は、ひとりになると必要以上に心を痛めてしまう。ほとんどの飼い主は、犬があまりベタベタくっついてくるのを嫌う（あるいは、元気がよすぎるのを望まない。家庭犬は、平均して全体の四分の三は、おとなしくしていることを求められる）。

もうたくさんの犬が、家庭犬の役割をしっかり果たしているのだから、もっと向いている犬が、もっとたくさんいると考えて当然だ。ブリーダーのクラブや協会には今、より幸福で健康な犬を生みだすべきだという大きなプレッシャーがかかっている。できることなら、それが成功するだけでなく、ドッグショーが当初目指していたことを再評価する議論に火がつき、働く犬というおおかた時代遅れの役割より、家庭犬としての役割が重視される方向に進んでほしいと願っている。まして、ただ家庭犬として繁殖すればいいだけでなく、家庭犬として「育てる」必要がある。そしてそのための最も効率的な方法は、寒々とした屋外の犬舎や、殺風景な商業生産向けの施設ではなく、世話をする人がいる家庭内で仔犬が生まれるようにすることだ。多くのブリーダーはまだ仔犬に必要な社会化の経験を過小評価しているうえ、成功事例を広めていくはっきりしたしくみはないから、たくさんの人々が関わっている状況で飼育方法を改善するには、解決しなければならない難問が山積みだ。仔犬に十分な社会化を経験させるためにブリーダーが必要としている情報は、幅広く手に入るようになっている――それが幅広く採用されるようになるのも、時間の問題だと願いたい。

ただ、この情報が広く浸透したとして、無責任な繁殖が姿を消すとは思えない。捨て犬の里親探しの慈善事業は、その結果生まれてくる望まれない犬たちの問題に、先頭に立って取りくんでいかざるを得ないだろう。だがさいわい、そのような犬の社会復帰や、犬の行動の原因を里親に理解してもらうプログラムに、科学的根拠に基づいた方法を取り入れるために必要な情報がどんどん増えている。

未来に向けて、犬は科学者と犬好きの両方からの手助けを必要としていくだろう。犬はもともと小さな村や農村社会で暮らすように飼いならされたのだから、近代的な都会で暮らすようになれば、犬と飼い主のあいだで、また犬を飼っている人と飼っていない人のあいだで、必然的に緊張関係が生まれる。世界じゅうがどんどん都市化されていき、そうした不安は広がっていく。

西欧社会に生きる犬は、もう二〇世紀前半のおおらかな暮らしに戻ることはできない。

そのころ、たいていの犬は日中町を自由に歩きまわり、好きなだけほかの犬に会ったり、いやなら避けたりしながら、夕方には飼い主のもとに戻っていった。今の社会は当時にくらべ、犬に、そして犬の飼い主に、はるかに多くのことを求めるようになった。特に人々の衛生意識は、ここ二〇年で著しく高まっていて、犬の糞を放置してはいけない条例はほとんど世界じゅうで採用されているし、犬にさわったりなめられたりするのをあからさまに嫌う人も増えている。犬のアレルギーをもつ人の数も増える一方だ（皮肉にも、多くの科学者は、子どものころに犬のアレルゲンに触れておくと、アレルギーの発生が抑えられると考えている）。犬はいつもお行儀よくすることを求められ、特に公共の場では厳しく、リードをつけずに犬を運動させられる場所は大幅に減ってしまった。このままの傾向が続くなら、特に都会では、ペットの犬はわずかに関心をもたれるだけの少数派になってしまうかもしれない。

今世紀のはじめ、イギリスとアメリカで飼われている犬の数が減りはじめたように見え、犬の人気も過去のものかと思われた時期があったが、現在ではほぼ横ばいに戻りつつあるとみていいようだ。どちらの国でも、猫が少なくとも犬の数に追いついている。昼は家族全員が仕事で家を空け、犬を運動させる時間も場所も限られている現代のライフスタイルには、猫のほうが向いているからだろう。二一世紀が終わるころ、犬にはどれだけの人気があるだろうか？　これまでの一万年と同じように、これからも犬が人間の暮らしの大切な相棒であり続けるには、見当違いの繁殖と犬の心をよく理解できないという二重のプレッシャーに、なんとしても立ち向かっていかなければならない。その目標に向かって前進するために、この本が少しでも役に立つことを願っている。

謝辞

ぼくはこれまで三〇年にわたって動物の行動を学んできたが、一番充実した時期をまずウォルサム・ペット栄養学センターで、次にサウサンプトン大学で、そして最後にブリストル大学の人間動物関係学研究所ですごした。犬について覚えたことのなかには、主に子どものころ、直接見て知ったものもあるが、ほとんどは実に数多くの同僚や大学院生との協力と議論から得た知識だ。この本で紹介している研究には、それらの同僚や大学院生のおかげで実現したものも多い。ただし、その解釈の仕方にはぼくにすべての責任がある。彼らを大まかな年代順にあげ、ここで感謝の意を表したい——クリストファー・ソーン、デヴィッド・マクドナルド、ステファン・ナティンツク、ベンジャミン・ハート、サラ・ブラウン、イアン・ロビンソン、ヘレン・ノット、スティーヴン・ウィケンズ、アマンダ・リー、サラ・ホワイトヘッド、グウェン・ベイリー、ジェイムズ・サーペル、ローリー・プットマン、アニタ・ナイティンゲール、クレア・ホスキン、ロバート・ハブレヒト、クレア・ゲスト、デボラ・ウェルズ、エリザベス・カーショウ、アン・マクブライド、サラ・ヒース、ジャスティン・マクファーソン、デヴィッド・アップルビー、バーバラ・シェニング、エミリー・ブラックウェル、ジョランダ・プルイジメーカー、テレサ・バーロウ、ヘレン・アルミー、エリー・ハイビー、サラ・ジャクソン、エリザベス・ポール、ニッキー・ロバートソン、クレア・クーク、サマンサ・ゲインズ、アン・プーレン、カッリ・ウェストガース。すべての名をあげるのは難しいが、ほかにもたくさんの方々の力を借りた。なかでもニコラ・ルーニーとレイチェル・ケイシーは特筆すべき存在だ。ニコラはこれまで一〇年以上にわたって犬の行動と幸福に関するワールドクラスの研究を続けてきただけでなく、ぼくの研究グループ全体の潤滑油としての大切な役割を果たしてきた。レイチェルはイギリス屈指の獣医動物行動学者で、証拠に裏づけられた犬のしつけと行動セラピーの、間違いなく第一人者だ。ブリストル大学獣医学部にも、特にクリスティン・ニコル教授、マイク・メンドル教授、デヴィッド・メイン博士には、人間動物関係学研究所とその研究を育てていただいたことに感謝したい。

ぼくたちの研究は、ボランティアとして参加してくれた、文字通り何千もの犬の飼い主とその愛犬の協力のおかげで成り立ってきた。飼い主たちにも愛犬たちにも感謝したい。また研究の多くは、イギリス最大規模の捨て犬の里親探し慈善事業であるドッグトラスト、ブルークロス、ＲＳＰＣＡの施設とその協力なしには、成り立たないものだった。

直接出会う機会はほんのわずかだったが、その論文や著作からとても大きな刺激をもらった研究者や犬の専門家が、ほかにもたくさんいる。その多くは巻末の註で具体的に取り上げている。科学のどの分野でも同じだが、犬の行動の体系的研究にはさまざまなアプローチや意見が含まれ、なかにはとても印象的に表現されるものもある。それでも、犬の科学と犬の民間伝承には、決定的な違いがある——科学者は常に、ほかの人が集めた証拠を評価し、評価の結果、必要とあればいつでも意見を変える準備を整えている点だ。犬の科学者の仕事は、自分の意見が真実であるかのようにふれ歩くことではない。その仕事は、数多くの専門家のあいだの継続的な議論から絶え間なく力を得て発展し続ける、けっして完成することのない知識体系に、貢献することなのだ。そうした科学者のすべてに、たとえ当時の意見が今ではほとんど疑わしく、あるいは時代遅れになっているとしても、感謝したい。科学は、ひとつの仮説を、データとよりよく一致する別の仮説で置きかえることによって発展していく。最初の仮説が、創造的な思考を生む刺激の役割を果たさなければ、二番目の仮説が出てくることはない。

こうした科学の全容を、適度な長さの一冊の本にまとめるのは、簡単な仕事ではなかった。それでも、エージェントのパトリック・ウォルシュと、ベイシックブックスの編集者ララ・ヘイマートが、ぼくがこれまで主に文章を書いてきた舞台である学界よりもずっと幅広い読者に向けた本の書き方について、さまざまなことを教えてくれた。

旧友アラン・ピーターズが描いてくれた数々の絵が、犬やイヌ科の動物たちの説明に生命力を吹き込んでくれたことは驚きであり、喜びでもあった。アランは、すばらしいアーティストとしてだけでなく、腕の立つ猟犬訓練士（そして鷹匠）としても活躍しているので、犬がどのように動いて意思を伝えるかについて、長年の経験を存分に活かしてくれた。

最後に、家族たちに感謝する。妻のニッキーは、ぼくが研究に没頭してきた長い年月を通して、そして特にこの本を書いてきた一年あまりのあいだ、いつも背後をしっかり支えてくれた。妻にはいくら感謝しても、感謝しきれないほどだ。最初にこの本を書くよう勧めてくれた兄のジェレミーにも礼を言いたい。ネッティ、エマ、ピートには、音楽でぼくの脳をリフレッシュしてくれたことに、そしてトムとジェズにも地ビールとリオハ産のワインとクリケットでリフレッシュしてくれたことに、ありがとうの言葉を捧げる。

訳者あとがき

この本は、イギリス人の人間動物関係学者ジョン・ブラッドショーが著した『Dog Sense』を翻訳したもので、一万年以上も時をさかのぼる犬誕生の歴史をたどったあと、現実の犬が何を考え、何を感じているかも含めて、その能力を詳しく見なおしている。さらに今の犬たちが抱えている問題や、未来についても思いをはせる。最新の研究の成果と、工夫されたおもしろい実験がふんだんに紹介されているので、犬を飼っている経験の長い読者のみなさんも、いつかは飼いたいと思っている読者のみなさんも、読後にはまた新たな目で犬と向きあえるにちがいない。

さて、日本ではどれくらいの数の犬が飼われているのだろうか。調べてみると、一一九三万六〇〇〇匹という推定値が見つかった（二〇一一年一二月発表の一般社団法人ペットフード協会による調査結果）。日本の人口は約一億二七〇〇万人（二〇一一年一〇月）だから、一〇七人ごとに犬が一〇匹、おおまかに言えば、日本人は一一人ほどで一匹ずつの犬を飼っている。統計値は探していないが、本書にはイギリスで飼われている犬は約八〇〇万（イギリスの人口は日本のおよそ半分）、ペット大国と呼ばれているアメリカでは約七〇〇〇万（同じく人口は日本のおよそ二・五倍）とある。

これだけ身近な、日本では全国平均で五・六世帯に一世帯（一七・八％）が飼っているという犬たちのことを、私たちはどれくらい理解しているのだろうか。訳者自身について言えば、いちおう長年にわたって犬を飼ってきたから、かなりよくわかっている「つもり」だった。けれどもそれは単なる思い込みだったようだ。この本を訳し終えて、これまでどれだけ既成概念や先入観にしばられていたか、正しい知識がなかったか、また犬も人間と同じように考えたり感じたりしていると決めつけていたかを実感した。

まず、犬は放っておくと支配者の立場につこうとすると聞いていたので、「地位」が下だということをはっきりさせるために、犬の食事は必ず人間が食事を終えたあとにしていた。そうすべきだと、どこかで読んだからだ（これは何十年も前に広まって深く浸透した誤った知識だと、著者が力をこめて指摘している）。社会化やしつけの時期については、獣医さんから一歳までに教えなければ手遅れになると言われたのを記憶していただけで、ごく幼い時期の経験の大切さを軽く見ていた。ふつうより大きい生後三か月を過ぎた年齢でペットショップからやってきたわが家の犬は、異常なほどの「犬嫌い」だ。逆に人間が大好きだが、それが少し行きすぎて「分離不安」を抱え、留守番をするのが大の苦手の弱虫ときている。はじめて留守番をさせたときには、あとを追って玄関から出ようと必死になったらしい形跡に驚かされた。ところがこの本によれば、同じ問題を抱えている犬はなんと全体の二割にものぼるらしい。先にあげた数字から計算すると、膨大な数になる。もっと早くこの本を読んでいればなおしてやれたかもしれないと思うと、残念でならない（分離不安または分離苦悩は、著者が研究に力を入れてきた分野のひとつで、第6章に詳しい。定着する前になおす方法も書かれている）。

このほかにも、思わず「なるほど」とうなずき、「もっと早く知っていれば」と残念に感じることは山積みで、いちいちあげていてはきりがない。大きく分けると、この本では犬を四つの方向から見わたしている。最初の視点は、オオカミがいつどのようにして犬になったのかという進化の歴史だ。最新のＤＮＡ解析結果や化石記録も紹介しながら、ジャッカルなど、ほかのイヌ科の動物の血が混じった可能性についても考える。実はその歴史に、犬特有の「人なつこさ」の原点がある。二番目の視点は「しつけ」だ。まず、これまで犬にも共通しているとみなされてきたオオカミの集団の性質について、大きな誤りを指摘し、それに伴って修正が必要になった適切なしつけの方法を説明する。同時に生まれたたくさんの仔犬を隔離して、一週間ごとに順番に人と交流させたり、チワワの仔犬を猫に育てさせたりして、動物や人に慣れる時期を探る実験もおもしろい。三番目の視点では、犬の考えていることや感じていること、すぐれた嗅覚や人と違う視覚や聴覚など、その知力と知覚、感情をあらゆる側面から検討する。悪いことをしてしまったあとには罪悪感が垣間見えるような気がしていたが、それも思いすごしらしい。

犬は「今」を生きている。犬が「楽観的」か「悲観的」かの実験も、愛犬で試してみたいと思う読者は多いだろう。そして最後の視点として、純血種の繁殖によって起こった遺伝子の多様性の激減をとりあげ、犬の未来について考える。紹介されているドキュメンタリー番組は、イギリスではＢＢＣが二〇〇八年に放送し、日本ではＮＨＫがＢＳ世界のドキュメンタリー「イギリス　犬たちの悲鳴～ブリーディングが引き起こす遺伝病～」として二〇〇九年に放送したもので、キャバリアキングチャールズスパニエルの病気を中心にして、近親交配の危険性を指摘している。捨て犬の問題も含め、犬の未来を決めるのは人間だと思うと、責任を感じずにはいられない。

著者、ジョン・ブラッドショーは、現在はイギリスのブリストル大学獣医学部の客員研究員で、冒頭で紹介したように人間動物関係学（anthrozoology）を専門としている。人間動物関係学という言葉にはあまりなじみがないが、著者も設立に加わったブリストル大学人間動物関係学研究所のウェブサイトには、次の説明がある。「人間動物関係学は人間と動物とのあいだの交流を研究する学問で、北アメリカで登場して、その後ヨーロッパ、オーストラリア、日本へと広がり、ここ二五年間で専門分野として確立された。基本的には学際的な分野と言え、生物学、心理学、社会学、医学、獣医学の専門家が研究に加わっている。……一九九一年に国際人間動物関係学会が設立された」。生物学や獣医学のように動物だけを研究対象とするのではなく、人間と動物との関係に目を向け、共存について考える分野だ。対象とする動物はペットから家畜、野生動物まで幅広いが、著者は特に人間に飼われている犬と猫を研究し、人間と犬や猫との関係に注目している。この本は著者の犬に関するこれまでの研究成果の集大成と呼べるだろう。姉妹編となる猫の本も準備中のようだ〔『猫的感覚――動物行動学が教えるネコの心理』羽田詩津子訳、早川書房、二〇一四年〕。

最後に、翻訳にあたって使用した言葉について、ひとつだけつけ加えておきたいことがある。「飼いならす」または「飼いならし」という表現で、domesticate–domesticationをこう訳した。この語は「家畜化」を意味している。野生からとらえて飼いならしただけの動物は、家畜とは呼べない。人間に役立つよう長年にわたって品種改良した結果、繁殖も含めた暮らしのすべてが人間の手に委ねられる段階まで変化した種を家畜と呼ぶ。その意味では犬は家畜で、オオカミから犬になった長い歴史は、家畜化の歴史と呼ぶのが本当だろう。けれども、ふだん接している犬と家畜という言葉のイメージが一致せず、読者のみなさんも同じだろうと思えたので、この本に数多く登場するこの語を「家畜化」とするには違和感があった。一万数千年前にオオカミの「飼いならし」をはじめた人間が、それを徐々に「家畜化」して今の犬を作り上げた、という表現が正確だとは思うが、ここではその過程全体を「飼いならし」と訳している。飼いならしという言葉を広い意味でとらえたことを、ご理解いただきたいと思う。

このように、訳語で迷うことも表現に苦労することもあったが、この本の翻訳は実に楽しいものだった。犬の新しい面がわかると思うと、どんどん先に進むことができた。疲れても、行き詰まっても、そばで寝ている犬を見るとまた元気がわいた——犬というのは不思議な存在で、見ているだけで癒される。読者のみなさんにも同じようにどんどん先を読みたいと思っていただけるなら、そしてこの本が犬とのきずなを深める一助となるなら、こんなにうれしいことはない。この楽しい本を翻訳する機会を、そしていくつもの貴重なアドバイスをくださった河出書房新社の九法崇さんに、この場をお借りして心からお礼を申し上げたい。九法さんは無類の動物好きとお聞きしているので、犬を大好きな気持ちに背中を押されながら、この本の出版を実現させたにちがいない。すべての犬がもつパワーに、感謝したい。

二〇一二年四月

西田美緒子

文庫版追記

二〇一二年六月に単行本として出版された本書がこのたび文庫化の運びとなり、さらに多くの方々に気軽にお読みいただけるようになったことを大変嬉しく思っている。

訳者あとがきに日本で飼われている犬の数について書いたが、二〇一一年の統計だったので、ここでその最新データ（一般社団法人ペットフード協会推計）をご紹介しておきたい。二〇一五年の飼育数は九九一万七〇〇〇匹、飼育世帯率は一四・四二％で、二〇一二年以降はいずれも減少傾向にあるという（猫の数は横ばいが続いている）。犬の飼育環境は年々厳しくなっているかもしれないが、人類がはじめて飼いならした動物として気の遠くなるほど長い歴史をもち、人間を大好きで、人間と家族のきずなを結ぶことができるこのよき友には、これからも人間社会に心地よい居場所を確保し続けてほしい。この本がほんの少しでもその力になれることを、心から願っている。

二〇一六年三月

西田美緒子

様に、イギリスのコンパニオンアニマル福祉協議会は最近、次のように結論を下した。「トレーニングまたは問題行動矯正の資格とスキルに、全国的に受け入れられた標準というものがない……最小限の基準もないなら、品質の保証もできない」。*The Regulation of Companion Animal Services in Relation to Training and Behaviour Modification of Dogs* (Cambridge, UK: Companion Animal Welfare Council, July 2008), p. 5 を参照；オンラインで入手可能：http://www.cawc.org.uk/080603.pdf。

7. Gillian Diesel, David Brodbelt, and Dirk Pfeiffer, "Characteristics of relinquished dogs and their owners at 14 rehoming centers in the United Kingdom," *Journal of Applied Animal Welfare Science* 13 (2010): 15-30.

8. ヤブイヌは、南アメリカで発見された珍しい社会性に富んだイヌ科の動物だ。太くて短い尾、丸い頭、毛で覆われた足は、適切な性格の相手を掛け合わせたなら、魅力的だろう。

9. この望ましい特徴のリストは、オーストラリアの Paul McGreevy と Pauleen Bennett による研究から引用した。"Challenges and paradoxes in the companion-animal niche" in *Animal Welfare* 19 (S) (2010): 11-16 を参照。Bennett と、オーストラリアのモナッシュ大学の同僚たちは、2010年7月にウィーンで開催された第2回犬の科学フォーラムで、このリストの背景にある考えをさらに細部までまとめて発表した。

からだ……犬をしつける唯一の方法は愛情深くやさしく接することだなどという道徳的な態度は、まったくバカげている。そんな方法は役に立たないから、1年かけたってしつけられない犬がいる」。

3．アメリカの獣医師で問題行動専門家のSophia Yin博士は、罰に対する考えを次のようにまとめている。「罰がいつも悪いわけではない。ただ、極端に使いすぎている――そしてほとんどの場合、使い方が間違っている……私の目標はどんなものでもいいから、ペットに悪い影響を与える可能性が一番小さくて、一番効果のあるテクニックを使うことだ。もしその最高のテクニックに体罰が伴っても、たとえば……首輪を一瞬ギュッと引くのでも、叱るのでも、ブービートラップのようなものでも、エレクトリックカラーでも、使う。でもめったにそうはならない。その結果、私が罰を使う回数は従来のトレーナーの100分の1か1000分の1だし、褒美をやる回数は1000倍にもなる」。http://drsophiayin.com/philosophy/dominance/（2010年9月20日にアクセス）を参照。

4．たとえば、Bruce Johnston, *Harnessing Thought*（Harpenden, UK: Lennard Publishing, 1995）を参照。

5．たとえば、Pauleen Bennett and Vanessa Rohlf, "Owner-companion dog interactions: Relationships between demographic variables, potentially problematic behaviours, training engagement and shared activities," *Applied Animal Behaviour Science* 102（2007）: 65-84を参照。

6．サンフランシスコSPCAドッグトレーナーアカデミー理事Jean Donaldsonは、次のように述べている。「ドッグトレーニングは分断された職業だ。私たちの仕事は、配管工や歯科矯正士、シロアリ駆除業者のような仕事ではない。もしそういう人をこの部屋に6人集めれば、自分たちの仕事をどうやるかについて、とてもよく意見が一致するだろう。ドッグトレーニングの仕事は、共和党と民主党のようなもので、みんなその仕事が必要なことには同意するが、どうやってするかになると意見が大きく異なる。ドッグトレーニングは今、規制のない職業だ。その営業を管轄する法律がない……トレーニングと称して、正式な教育も証明書もない人たちが、飼い主の犬を抑圧し、文字通り死に至らしめることがあっても、無罪放免だ」。http://www.urbandawgs.com/divided_profession.html（2010年9月24日にアクセス）を参照。同アのうち3匹、さらに16匹のバセンジーのうち2匹までもが、これと似た性格だった。

15. 攻撃した犬の犬種は、目撃者の話に基づいて、病院のスタッフか警察官によって記録されることが多い。報告書に犬を識別できる専門家が関わることはまれだ。
16. 表の出典：Stephen Collier の論文 “Breed-specific legislation and the pit bull terrier: Are the laws justified?” *Journal of Veterinary Behavior* 1 (2006): 17-22.

第11章

1. イギリスの応用ペット動物行動センターが発表している声明に、次の一節がある。「そのような人々が犬を虐待し、飼い主を搾取している問題を、はっきりさせるべきときがきている。トレーナー／問題犬訓練士／問題行動専門家、そのほか誰でも、なぜ体罰を使いたがるのだろうか。そもそも、犬と飼い主に協力しているはずで、しかもそれは犬と飼い主を好きだからではないのか。そのような人たちはおそらく犬と犬の感情を、ほかの人たちと同じようには見ていないのだろう。あるいは、訓練に体罰を使えば成果が上がると思い込んでいるから、まわりを見たくないのだろう。まわりではみんながずっと前から、もっと優しくて効果的な方法を使うように変わっているというのに。あるいは悲しいことに、ただ無視して現代的なトレーニングに移行するのを面倒がっているだけでなく、そんな方法を使い続けるのには何かもっと陰湿な理由があるのではないか。はっきり言って、このような方法を使う人たちは、犬がどのように学習するかを本当に理解していないか、犬がどう感じるかをまったく気にしていない。これほどたくさんのメディアで豊富な情報が手に入る時代なのだから、無視は言い訳にはならない。そういう人たちは、ただ『残酷にしたいから残酷にしている』のだ」。http://www.capbt.org/index.html（2010年9月21日にアクセス）を参照。
2. たとえばイギリスのトレーナーCharlie Clarricoatesの次のような言葉が、*Your Dog*誌（December 2009, pp. 44-46）に引用されている。「甘やかされてボロボロになり、まったくしつけられていない犬がいる。その一番の原因は、飼い主が誤った、非現実的な情報に振りまわされている

greedogs)、All-Party Parliamentary Group for Animal Welfare (http://www.apgaw.org/)、イギリスのケネルクラブおよび捨て犬の里親探し慈善団体ドッグトラストの共同プロジェクト (http://dogbreedinginquiry.com/)。

5. RSPCAでは次のように報告されている。「脊髄空洞症。脊髄の神経組織に空洞が形成される病気。犬は、いつもではないが、ほとんどの場合、『関連』痛（空洞のある場所に隣接した、またはある程度離れたところで感知される痛み）または苛立ちに悩まされる。犬は明らかに不快症状を見せ、肩や顔またはその近くを爪でひっかこうとする。犬はその位置から痛みが生じていると感じているからだ」。

6. 遺伝子プールは各種のガイドドッグ協会により、ラブラドールとゴールデンレトリバーの交雑種を通して、適正に開かれるようになってきた。

7. "Paedomorphosis affects agonistic visual signals of domestic dogs," *Animal Behaviour* 53 (1997): 297-304.

8. Steven Leaver and Tom Reimchen（ブリティッシュコロンビアのヴィクトリア大学), "Behavioural responses of *Canis familiaris* to different tail lengths of a remotely-controlled life-size dog replica," *Behaviour* 145 (2008): 377-390.

9. Raymond と Lorna Coppinger がこの理論を、その著書で説明している；*Dogs: A New Understanding of Canine Origin, Behavior, and Evolution* (Chicago: University of Chicago Press, 2002)。

10. http://www.the-kennel-club.org.uk/services/public/breed/Default.aspx（2010年12月6日にアクセス）を参照。

11. 同上。

12. 同上。

13. この研究は書籍として出版された；John Paul Scott and John L. Fuller, *Genetics and the Social Behavior of the Dog* (Chicago: University of Chicago Press, 1965）を参照。

14. バセンジー（ほかの4つの犬種より、はるかに反応が活発で、詮索好きだった）を除き、ほかの犬種の性格はすべて、とても重なり合っていた。たとえば、この研究にも「いかにもコッカースパニエル」という性格の犬が1匹いたが（「人なつこく甘えん坊で、どちらかと言うとおとなしく、知性は全体的に低い」)、17匹の純血種のシェットランドシープドッグのうち9匹、25匹のビーグルのうち10匹、16匹のテリ

11. Sunil Kumar Pal, "Urine marking by free-ranging dogs (*Canis familiaris*) in relation to sex, season, place and posture," *Applied Animal Behaviour Science* 80 (2003): 45-59.
12. Ádám Miklósi and Krisztina Soproni, "A comparative analysis of animals' understanding of the human pointing gesture," *Animal Cognition* 9 (2006): 81-93.
13. イギリスの慈善団体メディカルディテクションドッグズ（http://hypoalertdogs.co.uk）は最近、アーフェンピンシャーを訓練し、飼い主に低血糖の症状がはじまると警告するよう教えた。アーフェンピンシャーは顔の平たいトイドッグで、そのような役割には向かないと思うかもしれないが、正しい訓練によって、この犬種の嗅覚はまったく衰えていないことを証明できた。

第10章

1. Federico Calboli, Jeff Sampson, Neale Fretwell, and David Balding, "Population structure and inbreeding from pedigree analysis of purebred dogs," *Genetics* 179 (2008): 593-601.
2. Danika Bannasch（カリフォルニア大学デーヴィス校獣医学部の獣医遺伝学者）with Michael Bannasch, Jeanne Ryun, Thomas Famula, and Niels Pedersen, "Y chromosome haplotype analysis in purebred dogs," *Mammalian Genome* 16 (2005): 273-280.
3. 1989年、全英規模のドッグショーであるクラフト展が開催されていた週に、Celia Haddon は次のコメントを *Daily Telegraph* 紙に寄せた：「実験室であれこれいじくりまわしている科学者たちが、ふつうのウシ、ヒツジ、ブタを使って何ができるかという問題は、いつも報道されている。しかし遺伝子工学の1つのかたちはすでにこうして続いていて、イギリスで最も人気のある動物、犬の顔を、何十年にもわたって変えてきた。」獣医師 Koharik Arman の論文 "A new direction for kennel club regulations and breed standards," *Canadian Veterinary Journal* 48 (2007): 953-965も参照。
4. 要約は、いくつかの機関の委託で発表された専門家の報告書で読むことができる：英国王立動物虐待防止協会（http://www.rspca.org.uk/pedi-

では80から100キロヘルツになる。犬の場合、感度が最も高いのは0.5キロヘルツから16キロヘルツのあいだになる。

3. もちろん犬も味を感じていて、塩には鈍感で、血液の成分であるヌクレオチドにはより敏感（捕食者だった先祖の名残）なのを除けば、人間とだいたい同じと考えていい。食べものの味を、人間と同様、においと味の組み合わせを使って区別している。
4. Peter Hepper (The Queen's University, Belfast), "The discrimination of human odour by the dog," *Perception* 17 (1988): 549-554.
5. 夕立のあとに車を運転しながら、車のボンネットについた水滴を見ていると、境界層がどれだけ安定しているかがわかる。水の層が風で乱れるのは、かなりのスピードになってからだ。
6. Deborah Wells（クイーンズ大学の動物行動学の専門家）and Peter Hepper, "Directional tracking in the domestic dog, *Canis familiaris*," *Applied Animal Behaviour Science* 84 (2003): 297-305.
7. 人間の鋤鼻器はもう消えてしてしまったが、その受容体（V1R）はいくつか残っている——ただしその場所は、通常の嗅上皮の上だ。それらが何に使用されているかは、はっきりわかっていないが、一部の科学者はそれらが人間の「フェロモン」の認知に関係し、生殖行動に影響を与えているかもしれないと考えている。
8. Deborah Wells and Peter Hepper, "Prenatal olfactory learning in the domestic dog," *Animal Behaviour* 72 (2006): 681-686.
9. この研究は私が指導していた学生 Amanda Lea が行なった。公園のベンチに何十時間もすわって犬と犬との出会いを観察することができたが、そのあいだ、犬をスケッチするふりを装っていた（来る日も来る日も同じ場所にすわって、いったい何をしているのかと不思議に思われないためだ）。その論文 "Dyadic interactions between domestic dogs during exercise," *Anthrozoös* 5 (1993): 245-253 を参照。
10. 私は当時オックスフォード大学の学生だった Stephan Natynczuk といっしょに、ビーグルから肛門嚢の中身のサンプルを採取しては質量分析器にかけて、わずかな変化を科学的に実証しようと長いこと楽しい時間をすごした。ときどき採取容器を正しい場所につけるのに失敗すると、実験用の白衣が臭くなり、よく鼻が曲がるのではないかと思ったものだ。

3．同上、pp. 13-16。
4．*The Emotional Lives of Animals*（Novato, CA: New World Library, 2007）の著者 Marc Bekoff、およびニュージーランドのオークランド大学の哲学者で次の著書がある Jeffrey Masson など：*Dogs Never Lie About Love*（New York: Three Rivers Press, 1998）.（『犬の愛に嘘はない——犬たちの豊かな感情世界』ジェフリー・M・マッソン著、古草秀子訳、河出文庫、2009年）
5．ニューヨークにあるバーナード大学の認知心理学者 Alexandra Horowitz による研究；その論文 "Disambiguating the 'guilty look': Salient prompts to a familiar dog behaviour," *Behavioural Processes* 81（2009）: 447-452 を参照。
6．Michael Mendl, Julie Brooks, Christine Basse, Oliver Burman, Elizabeth Paul, Emily Blackwell, and Rachel Casey, "Dogs showing separation-related behaviour exhibit a 'pessimistic' cognitive bias," in *Current Biology* 20（October 2010: R839-R840）を参照。
7．都市神話が伝えるように、100以上もあるわけではない。それでも中央アラスカのユピック語には、数え方によって12から24までのそのような単語があったと、言語学者は考えている。

第９章

1．２匹のイタリアングレイハウンド（フリップとジプシー）と、１匹のトイプードル（レティナ——網膜という意味の名前を犬につけるのは、視覚専門の科学者だけだろう）を観察した。これらの犬を３つの窓の前に連れて行く。そのうち２つには同じ色の照明がついていて、残りの１つは色が異なっている。そして色の違う窓を足で押すと、おいしいエサをもらえる。色の１つの明るさを変えることで、実験者は犬が本当に色で判断しているかどうかを確かめることができる。もし犬が白黒の世界を見ているなら、色が違っても同じ明るさの窓は同じ明るさの灰色に見えているはずだ。犬たちは、緑がかった青と灰色、オレンジと赤を、いつも区別できたわけではなかったが、赤と青は必ず区別できた。Jay Neitz, Timothy Geist, and Gerald Jacobs, "Color vision in the dog," *Visual Neuroscience* 3（1989）: 119-125 を参照。
2．可聴域の最高値は、人間では23キロヘルツ、犬では45キロヘルツ、猫

of Comparative Psychology 117 (2003): 257-263.

16. Juliane Bräuer, Josep Call, and Michael Tomasello, "Visual perspective taking in dogs (*Canis familiaris*) in the presence of barriers," *Applied Animal Behaviour Science* 88 (2004): 299-317 を参照。
17. Mark Petter, Evanya Musolino, William Roberts, and Mark Cole, "Can dogs (*Canis familiaris*) detect human deception?" *Behavioural Processes* 82 (2009): 109-118.
18. Nicola Rooney, John Bradshaw, and Ian Robinson, "A comparison of dog-dog and dog-human play behaviour," *Applied Animal Behaviour Science* 66 (2000): 235-248; Nicola Rooney and John Bradshaw, "An experimental study of the effects of play upon the dog-human relationship," *Applied Animal Behaviour Science* 75 (2002): 161-176.
19. Alexandra Horowitz, "Attention to attention in domestic dog (*Canis familiaris*) dyadic play," *Animal Cognition* 12 (2009): 107-118.
20. この研究の結果は、2010年７月にウィーンで開催された第２回犬の科学フォーラムで、Sarah Marshall とその同僚たちによって報告された。
21. Nicola Rooney and John Bradshaw, "Social cognition in the domestic dog: Behaviour of spectators towards participants in interspecific games," *Animal Behaviour* 72 (2006): 343-352.

第８章

1. このアプローチの詳細については、著名な動物心理学者で神経科学者 Jaak Panksepp による、独創的な論文を参照。"Affective consciousness: Core emotional feelings in animals and humans," *Consciousness and Cognition* 14 (2005): 30-80.
2. イギリスのポーツマス大学の心理学者 Paul Morris、Christine Doe、Emma Godsell が実施し、*Cognition* & *Emotion* 22 (2008): 3-20 で発表された。平均６年以上の犬の飼育経験がある337人の飼い主に、16種類の異なる感情のそれぞれを、自分の犬が経験しているとどれだけ自信をもって言えるかを尋ねたものだ（実際には17種類あったが、「嫌悪」は２つの異なる意味に使われているため、解釈が難しかった）。そのうち40人の飼い主は、嫉妬の合図の追跡調査に参加した。

しいとしたが（リコのデータは、単純な慣れと、においではじめてのものを識別する能力の組み合わせによっても、説明できる）、この犬の記憶力はすばらしいものだった。

8. Britta Osthaus, Stephen Lea, and Alan Slater, "Dogs (*Canis lupus familiaris*) fail to show understanding of means-end connections in a string-pulling task," *Animal Cognition* 8 (2005): 37-47.

9. Rebecca West and Robert Young, "Do domestic dogs show any evidence of being able to count?" *Animal Cognition* 5 (2002): 183-186.

10. Claudio Tennie and Josep Call et al.（ライプツィヒのマックス・プランク進化人類学研究所）, "Dogs, *Canis familiaris*, fail to copy intransitive actions in third-party contextual imitation tasks," *Animal Behaviour* 77 (2009): 1491-1499.

11. Friederike Range, Zsófia Viranyi, and Ludwig Huber, "Selective imitation in domestic dogs," *Current Biology* 17 (2007): 868-872.

12. 生後14か月の人間の子どもに、両手のふさがった（毛布を体に巻いた）大人がおでこを使って電気のスイッチを押すところを見せると、子どもはその動作を真似ずに、手を使って電気をつけた。ところが大人がなんの理由があるようにも見えないのに（両手があいているのに）同じことをしたら、子どもはおでこを使って電気のスイッチを押す動作を真似た。György Gergely, Harold Bekkering, and Ildikó Király, "Rational imitation in preverbal infants," *Nature* 415 (February 14, 2002): 755 を参照。

13. József Topál, György Gergely, Ágnes Erdöhegyi, Gergely Csibra, and Ádám Miklósi, "Differential sensitivity to human communication in dogs, wolves, and human infants," *Science* 325 (September 4, 2009): 1269-1272.

14. これらは両方とも、パリの自然史博物館で働いている認知行動学者 Florence Gaunet 博士によるもの。"How do guide dogs of blind owners and pet dogs of sighted owners (*Canis familiaris*) ask their owners for food?" *Animal Cognition* 11 (2008): 475-483 および "How do guide dogs and pet dogs (*Canis familiaris*) ask their owners for their toy and for playing?" *Animal Cognition* 13 (2010): 311-323 を参照。

15. Josep Call, Juliane Bräuer, Juliane Kaminski, and Michael Tomasello, "Domestic dogs (*Canis familiaris*) are sensitive to the attentional state of humans," *Journal

意見もある。

第7章

1．人間は何世紀にもわたって試行錯誤で、すでにこれらの能力を活用してきた——しかし必ずしも、それが何か、そもそもなぜ進化したのかということには、気づいていたと限らない。

2．たとえば盲導犬の利用者と訓練士 Bruce Johnston による本、*Harnessing Thought: Guide Dog – A Thinking Animal with a Skilful Mind*（Harpenden, UK: Lennard Publishing, 1995）を参照。

3．特に、ライプツィヒにあるマックス・プランク進化人類学研究所の Brian Hare 博士。Michael Tomasello と共著の論文 “Human-like social skills in dogs?” – in *Trends in Cognitive Sciences* 9（2005）: 439-444 を参照。

4．Sylvain Fiset, Claude Beaulieu, and France Landry, “Duration of dogs’（*Canis familiaris*）working memory in search for disappearing objects,” *Animal Cognition* 6（2003）: 1-10.

5．Nicole Chapuis and Christian Varlet, “Short cuts by dogs in natural surroundings,” *Quarterly Journal of Experimental Psychology*（*Section B*）39（1987）: 49-64.

6．このテクニックは、ブリストル大学で以前に私の同僚だった Elly Hiby 博士が犬に適用した。ここで説明した実験は、Hiby の博士論文 “The Welfare of Kennelled Domestic Dogs”（2005）からの引用。別の実験で私たちは、短期間のストレスは実際に犬の学習意欲を高めることを示した。周囲の世界を認知する力が鋭くなるためと思われるが、同時にリラックスしている犬より間違いが多い。たとえば、Emily-Jayne Blackwell, Alina Bodnariu, Jane Tyson, John Bradshaw, and Rachel Casey, “Rapid shaping of behaviour associated with high urinary cortisol in domestic dogs,” *Applied Animal Behaviour Science* 124（2010）: 113-120 を参照。

7．具体的には、リコはそれぞれのものを表す言葉を知っていて、新しいものについては単に新しいという理由で見分け、それを表す言葉も覚えられると主張していた。Juliane Kaminski, Josep Call, and Julia Fischer, “Word learning in a domestic dog: Evidence for ‘Fast Mapping,’” *Science* 304（June 11, 2004）: 1682-1683 を参照。その後の研究は、この主張が疑わ

10. 人間と動物の関係についての研究において草分け的存在である故Johannes Odendaal教授が、南アフリカのプレトリア獣医学校でRoy Meintjes教授と共同で行なった研究："Neurophysiological correlates of affiliative behaviour between humans and dogs" published in *The Veterinary Journal* 165 (2003): 296-301.
11. この研究は、私の同僚のEmily Blackwell、Justine McPherson、Rachel Caseyの努力に負うところが大きい。
12. 論文John Bradshaw, Justine McPherson, Rachel Casey, and Isabella Larter, "Aetiology of separation-related behaviour in domestic dogs," *The Veterinary Record* 151 (2002): 43-46を参照。
13. ブリストル大学のEmily Blackwellと共同で2004年に実施したこの未発表の研究は、ブルークロス里親探し慈善事業に委託されたものだ。研究に参加した20人の飼い主全員が、最初は自分の犬に分離に関係する問題行動はないと話していたが、人間が誰もいないところで30分間すごさせて様子を撮影すると、3匹がなんらかの分離に関係する問題行動を見せた。3匹のうち2匹は軽度の不安で（軽度は、問題行動の総時間から見て判断）、残る1匹はもっと深刻な不安の徴候を示した。
14. 論文John Bradshaw, Emily-Jayne Blackwell, Nicola Rooney, and Rachel Casey, "Prevalence of separation-related behaviour in dogs in southern England"を参照。これはJoel DehasseとE. Biosca Marceの編集で、2002年にスペインのグラナダで開催された獣医行動医学第8回ESVCE会議の議事録に掲載された。
15. あとの数字は、2001年にニューヨーク州北部で私の学生が実施した、限られた数の同様の面接調査に基づいている。
16. ただし、逆説的ではあるが、飼い主が家にいるときこのように行動する犬のなかには、留守番をしているあいだに悲しまないものもいるようだ。
17. Andrew Luescher and Ilana Reisner, "Canine aggression toward familiar people: A new look at an old problem," *The Veterinary Clinics of North America: Small Animal Practice* 38 (2008): 1115-1116.
18. 一部の獣医行動学者は、生物学者が「常同行動」と呼ぶ反復行動を、人間の行動にたとえて「強迫的行動」と呼んでいる。ただし、そうした症状には配慮が必要だから、用語を犬に用いるべきではないという

大学「社会と動物の関係研究センター」所長 James Serpell は、次のように書いている。「擬人化は、これらの［ペットと飼い主の］関係を揺るぎないものにする最大の力になっている」。*Thinking with Animals: New Perspectives on Anthropomorphism*, ed. Lorraine Daston and Gregg Mitman（New York: Columbia University Press, 2005）, p. 131 の James Serpell の章 "People in Disguise: Anthropomorphism and the Human-Pet Relationship" からの抜粋。

5. Zana Bahlig-Pieren and Dennis Turner, "Anthropomorphic interpretations and ethological descriptions of dog and cat behavior by lay people," *Anthrozoös* 12（1999）: 205-210. 飼い主が犬のボディーランゲージを理解する能力に関する、数少ない研究の１つで、犬の感情に対応するためにはこの力がどれだけ重要かがわかり、驚かされる。
6. このモデルを人間について提唱したひとり Ross Buck は、コネチカット大学コミュニケーション科学部教授で、古典的テキスト *Human* Motivation *and Emotion*（New York: Wiley, 1976）（『感情の社会生理心理学』ロス・バック著、畑山俊輝監訳、金子書房、2002年）の著者。
7. 飼っている猫を知り尽くしている飼い主は、おそらくその猫のボディーランゲージから不安を読みとることができるが、喜びは読みとりにくい。たとえば、ゴロゴロとのどを鳴らすのは、喜んでいるとされることが多いが、そうではない。猫はひどい苦痛を感じたときものどを鳴らす。気遣いと慰めを求める多目的の合図で、「隣に丸まって寝ていてもいいですか？」から「助けてください、苦痛を感じています」まで、あらゆる意味を含んでいる。
8. Patricia McConnell はそのすばらしい著書 *For the Love of a Dog: Understanding Emotion in You and Your Best Friend*（New York: Ballantine Books, 2007）, pp. 115-116 で、飼っていたグレートピレニーズの雌、チューリップが見せた反応を、生き生きと書き綴っている。
9. 一方、コヨーテに嘔吐剤（塩化リチウム）を混ぜたヒツジの死骸を見つけさせ、食べさせたところ、たしかにヒツジの肉は食べなくなったが、ヒツジを襲って殺すのはやめなかった（事実、多くの肉食動物で、狩りと食べることの動機は別だ）。そのためヒツジの死亡率は変化せず、コヨーテが放し飼いの家畜を襲わないようにするには、別の手立てを考える必要があった。

位の心的能力の作用の結果として解釈してはならない」(「下位にある」という言葉は、今では「単純な」に置き換えられることが多い)。しかしモーガンは、これが不必要に限定的であることに気づき、1903年には次のように述べた。「ただしこれには追加が必要で……観察している動物にすでに上位の作用が起こっているという独立した証拠があるならば、特定の動作を上位の作用の結果として解釈することを除外するものではない」。つまり、犬が特定の感情を経験していることを示すことができるならば、その感情は任意の犬の行動の潜在的な説明として考えることができる。

2. 動物にも感情があることを熱心に支持しているアメリカの動物行動学者 Marc Bekoff は、著書 *The Emotional Lives of Animals: A Leading Scientist Explores Animal Joy, Sorrow, and Empathy – and Why They Matter* (Novato, CA: New World Library, 2007) で、Bill という名前で表した同僚の自己矛盾したような行動に困惑した経験を書いている。Mark が動物の認知についての講義をする直前にふたりは会ったらしく、そのとき Bill は愛犬レノのことを話しはじめると、レノがどれだけ遊び好きか、主人の Bill がいないとどれだけ寂しがって不安になるか、Bill が娘と話をするとレノがどれだけ嫉妬するかなど、楽しそうなおしゃべりが5分間とまらなかった。ところが講義のあとの討論会になると、Bill は Mark を、動物の行動を擬人化して説明しすぎていると非難したと言う。そこで Mark は、1時間ほど前のレノをめぐる会話を思いだすよう、Bill に言ってみた。Bill はちょっと恥ずかしそうにしながらも、自分はレノの行動を感情の面から話したけれど、実際にレノが何を感じているかはまったくわからず、犬の感情を説明するのに使った言葉は、そのとき犬の頭のなかで実際に起こっていたことを正確に描いていたとは思えないと反論した。

3. レディング大学の考古学教授 Stephen Mithen は、擬人化の起源は10万年前までさかのぼることができると論じている。そのころ人間の脳では、社会的行動に使われる部分と動物を識別して分類するのに使われる部分が結合し、人間に「動物と同じように考える」能力をもたらしたとする。著書 *The Prehistory of the Mind* (New York: Thames & Hudson, 1996) を参照。

4. 人間と動物の関わりに関する世界的な専門家である、ペンシルバニア母猫に、自分の子と同じようにチワワの仔犬を育てさせることができた。多くの母猫は、自分の子より小さい仔猫も受け入れる——一部の動物保護団体はこの現象を利用して、親のいない動物を育てている。

9. David Appleby, John Bradshaw, and Rachel Casey, "Relationship between aggressive and avoidance behaviour by dogs and their experience in the first six months of life," *Veterinary Record* 150 (2002): 434-438.

10. この結果は最初、ラットの面倒を見ている人がただ触ったことによる影響だと報告された。しかしのちに、こどもが戻り、人間のにおいがすると、刺激された母親がより手厚く子を世話することがわかった。ただ扱うだけではない、この手厚い世話によって、発達が補正された。

11. Susan Jarvis et al., "Programming the offspring of the pig by prenatal social stress: Neuroendocrine activity and behaviour," *Hormones and Behavior* 49 (2006): 68-80 を参照。

12. Davis Tuber, Michael Hennessy, Suzanne Sanders, and Julia Miller, "Behavioral and glucocorticoid responses of adult domestic dogs (*Canis familiaris*) to companionship and social separation," *Journal of Comparative Psychology* 110 (1996): 103-108.

13. その後の研究で、犬のストレスホルモンのレベルは飼い主や世話をする人の性別によってだけでなく（女性のほうが低い）、性格によっても（飼い主が社交的なほうが低い）異なることがわかっている。

14. Sharon L. Smith, "Interactions between pet dog and family members: An ethological study," in *New Perspectives on our Lives with Companion Animals*, ed. Aaron Katcher and Alan Beck (Philadelphia: University of Pennsylvania Press, 1983), pp. 29-36.（『コンパニオン・アニマル——人と動物のきずなを求めて』A・H・キャッチャー／A・M・ベック編、コンパニオン・アニマル研究会訳、誠信書房、1994年）。

第6章

1. この伝統は通常、比較（動物）心理学の創始者のひとり、C・ロイド・モーガンのものとされる。1894年にモーガンは、モーガンの公準として知られるようになった次の提案をしている：「心理的尺度において、下位にある心的能力の作用の結果として解釈しうる動作は、上

第5章

1. Daniel G. Freedman, John A. King, and Orville Elliot, "Critical period in the social development of dogs," *Science* 133 (1961): 1016-1017. 著者らは、犬について数多くの画期的な発見をしているバーハーバー（メイン州）のジャクソン研究所に所属していた。
2. のちに、この考え方はイギリスの生物学者ダグラス・スポルディングによって、およそ1世紀も前に最初に提唱されていたことが明らかになった。ただし、ローレンツがこれを知っていた形跡はなく、刷り込みと言えば、忠実なハイイロガンの子を従えて湖を泳ぐローレンツのイメージがいつも頭に浮かぶ。同じように記憶に残っているのは、映画 *Fly Away Home*（『グース』キャロル・バラード監督）で、超軽量飛行機に刷り込まれた親のいないカナダガンの姿だ。
3. Peter Hepper, "Long-term retention of kinship recognition established during infancy in the domestic dog," *Behavioural Processes* 33 (1994): 3-14.
4. 私の知る限り、そのような学習が起こることを証明する研究はオオカミでは行なわれていないが、親子を入れかえて育てさせる実験を通して、ほかの哺乳動物の血縁識別のメカニズムを説明している科学文献は数多い。同様のことが人間でも起こる――子ども時代に同じ家庭で育った血縁関係のない相手に性的魅力を感じなくなるという、ウェスターマーク効果がある。
5. 犬は嗅覚に頼って生きているのだから、犬が人間の概念を抱くときに果たすにおいの役割を誰も考慮に入れてこなかったのは、驚くばかりだ。どちらかと言うと鈍い鼻をもつ人間には知る由もないが、「人間」を決定的に意味するにおいが、1つか2つはあるだろう。
6. たとえば、John L. Fuller, "Experiential deprivation and later behavior," *Science* 158 (December 29, 1967): 1645-1652 を参照。
7. Michael W. Fox, "Behavioral effects of rearing dogs with cats during the 'critical period of socialization,'" *Behaviour* 35 (1969): 273-280.
8. 母猫は、「仔猫の大きさで、いつも仔猫がいる場所にいるのだから、これは私の子にちがいない」という単純な経験則に頼って、自分の子を識別しているようだ。だから Michael W. Fox は、仔猫を育てている飼い主は、犬が何かほかのことをしたときに褒美をやることができる。ただし、ほとんどの犬はこのような騒音にすぐ慣れてしまうので、実際の効用は限られている。音に慣れない犬の場合、この慣れないという事実こそ「ディストラクター」が実際に罰になっている証拠で、それらの犬には恐怖心を抱かせている。

22. これに関連して、http://www.apbc.org.uk/blog/positive_reinforcement（2010年８月16日にアクセス）にあるイギリスのペット行動カウンセラー協会（APBC）会長 David Ryan が書いたブログを参照。

23. ペンシルヴァニア大学ライアン病院の Meghan Herron、Frances Shofer、Ilana Reisner が発表した論文 "Survey of the use and outcome of confrontational and non-confrontational training methods in client-owned dogs showing undesired behaviours," *Applied Animal Behaviour Science* 117（2009）: 47-54。

24. ペット行動カウンセラー協会（APBC）会長 David Ryan の言葉：「１対１になって犬を支配するのは、おもしろいテレビ番組になる。残念ながらテレビは実際の生活とは違って、犬が無理やり服従させられる短いやりとりを見せることが多い。『器用な』飼い主なら犬に繰り返し服従を強制することもできるが、これらの不愉快で不要な方法は、ほとんどのペットの飼い主が犬との暮らしに取り入れたいものではないだろう。嘆かわしいことに、これらの番組の人気は高いので、画面の『家庭では真似しないでください』の警告も無視されることが多い」。http://www.apbc.org.uk/sites/default/files/Why_Wont_Dominance_Die.pdf（2010年４月９日にアクセス）を参照。

25. オオカミ生物学者 David Mech が *International Wolf* に掲載された最近の論文で指摘しているように、新しい科学の考え方が完全に受け入れられるまでには、20年かかることがある。そして次のように続けている。「できれば20年もかからないうちに、メディアや一般の人々が新しい用語を採用し、オオカミの群れがいつも主導権をめぐって競い合っている攻撃的な集団だという時代遅れな見方を、きっぱり捨ててほしい」。"Whatever happened to the term 'alpha wolf?" *International Wolf*, Autumn 2008, pp. 4-8；オンラインで入手可能；http://www.wolf.org/wolves/news/pdf/winter2008.pdf を参照。

26. http://www.youtube.com/watch?v=5z6XR3qJ_qY（2010年11月17日にアクセス）を参照。

だ。ウマには前歯と奥歯のあいだに隙間があり、歯の生えていない敏感な隙間にくつわ（ハミ）がちょうどはまるよう、くわえさせることができる。

13. 私が以前指導した大学院生 Sarah Hall によれば、猫がすぐおもちゃに飽きてしまう理由は、これで最もよく説明できる。だから犬にも同じ原則をあてはめるのは理にかなっている。
14. 「パピーパーティー」は、幼い時期に仔犬の社会化を促す計画的な集まり。
15. Karen Pryor はこのテーマで、たくさんの本を書いた。*Don't Shoot the Dog! The New Art of Teaching and Training*（改訂版）、（アメリカでは1999年に Bantam から出版、イギリスでは2002年に Ringpress Books から出版）はその１つ。
16. この研究は、ベルファストにあるクイーンズ大学の Deborah Wells 博士によって行なわれた。"The effectiveness of a citronella spray collar in reducing certain forms of barking in dogs," *Applied Animal Behaviour Science* 73（2001）: 299-309 を参照。
17. Matthijs Schilder and Joanne van der Borg, "Training dogs with help of the shock collar: Short and long term behavioural effects," *Applied Animal Behaviour Science* 85（2004）: 319-334.
18. Richard Polsky, "Can aggression in dogs be elicited through the use of electronic pet containment systems?" *Journal of Applied Animal Welfare Science* 3（2000）: 345-357.
19. Elly Hiby, Nicola Rooney, and John Bradshaw, "Dog training methods: Their use, effectiveness and interaction with behaviour and welfare," *Animal Welfare* 13（2004）: 63-69.
20. Christine Arhant, Hermann Bubna-Littitz, Angela Bartels, Andreas Futschik, and Josef Troxler, "Behaviour of smaller and larger dogs: Effects of training methods, inconsistency of owner behaviour and level of engagement in activities with the dog," *Applied Animal Behaviour Science* 123（2010）: 131-142.
21. トレーニングディスクを、「ディストラクター」と混同しないように。一部のドッグトレーナーが推奨しているディストラクターは、ブリキ缶に小石を詰めたもので、犬の目の前の地面に投げて使う。この手法は、犬が望ましくないことをしているのをやめさせる方法の１つだ。

形成する方法も奨励しており、犬に自分で決断させることの利点も論じた。たしかに盲導犬訓練士の先駆者になった。しかしその最大にして最も残念な遺産は、犬と人間の関係についての彼の哲学だろう。

5. The Monks of New Skete, *How to Be Your Dog's Best Friend: A Training Manual for Dog Owners* (Boston: Little, Brown & Co, 1978), p. 13.（『犬が教えてくれる新しい気づき――人が犬の最良の友になる方法』モンクス・オブ・ニュースキート著、伊東隆／伊東いのり訳、ペットライフ社、1998年）。
6. 同上、pp. 11-12。
7. 同上、pp. 46-47。
8. The Monks of New Skete, *The Art of Raising a Puppy* (Boston: Little, Brown & Co, 1991), pp. 202-203.
9. 獣医師で問題行動専門家のSophia Yinが、自身のウェブサイトで詳しく説明している；http://drsophiayin.com/philosophy/dominance（2009年12月16日にアクセス）を参照。
10. イギリスのペット行動カウンセラー協会（APBC）の創設者のひとり、David Applebyが、APBCのウェブサイトに次のように書いている。「支配の問題をなおすために用いられているプログラムでは、犬が落ち込んで、内向的な行動に向かうことは、ほぼ間違いない」。http://www.apbc.org.uk/articles/caninedominance（2010年3月18日にアクセス）を参照。
11. イギリスのペットドッグトレーナーズ協会の創設者のひとり、Fran Griffinが、次のように書いている。「もう何年にもわたって、トレーナーや問題行動専門家のアドバイスで『支配性緩和プログラム』に従った飼い主たちから、非常に残念な結果に終わった話を数多く聞いてきた。犬がこのやり方に反応していないとわかると、飼い主はどんどん態度を硬化させ、自分は『アルファの地位を犬に主張している』と思い込んで乱暴になっていった。最後には、犬は飼い主を『理由もなく』咬んでしまった。その結果、多くの犬は殺され、そのほかの犬は地元の捨て犬保護施設に追いやられた」。http://www.acorndogtraining.co.uk/dominance.htm（2010年3月18日にアクセス）を参照。
12. この状況でウマが訓練しやすいもう1つの理由は、歯の構造にある。犬には数多くの歯があって、ものを運ぶときには歯ではさむのが好き

Dawson, and John Bradshaw, "Dog behaviour on walks and the effect of use of the leash," *Applied Animal Behaviour Science* 125 (2010): 38-46 に示されているデータのさらなる分析によって裏づけられた。

7. 具体的には、Ádám Miklósi, *Dog Behaviour, Evolution, and Cognition* (New York: Oxford University Press, 2009)。
8. このアプローチの例と、専門家の獣医師さえ最初はどのような方法で採用したかについては、Amy と Laura Marder の論文 "Human-companion animal relationships and animal behavior problems" (*Veterinary Clinics of North America – Small Animal Practice* 15 (1985): 411-421 に掲載) を参照。
9. http://www.bbc.co.uk/dna/h2g2/A4889712 (2010年8月20日にアクセス) にあるBBCのオンラインエンサイクロペディア h2g2 の、"Understanding Your Dog" の見出しの項目を要約。
10. http://www.acorndogtraining.co.uk/dominance.htm (2010年3月18日にアクセス) から引用。このサイトの作成者 Fran Griffin 自身は、「10か条」を支持しているわけではない。
11. これらの研究はどちらも、私の同僚のブリストル大学 Nicola Rooney 博士によるものだ。

第4章

1. Cesar Millan with Melissa Jo Peltier, *Be the Pack Leader* (London: Hodder & Stoughton, 2007), p. 11.
2. Colin Tennant, *Breaking Bad Habits in Dogs* (Dorking, UK: Interpet Publishing, 2002), p. 18 (『ドッグトレーニングブック――問題行動解決マニュアル』コリン・テナント著、金子真弓監訳、インターズー、2004年)。"Expert Dog Trainer and Canine Behaviourist" (ドッグトレーナーのエキスパートで犬の問題行動専門家) の肩書は、この本 (原書) の表紙に掲載されている。
3. *San Francisco Chronicle*, October 15, 2006 に掲載の Louise Rafkin による論文 "The Anti-Cesar Millan: Ian Dunbar's been succeeding for 25 years with lure-reward dog training; how come he's been usurped by the flashy, aggressive TV host?" から引用。
4. 実際には、コンラッド・モストは褒美を使って犬の「本能的」行動を

とする。ただし、二足歩行していた人間がオオカミのライフスタイルを「採用」したとは考えにくい。人間がまばたきするあいだに、オオカミは走り去っていただろう。オオカミが獲物をしとめたあとでようやく人間が追いついたとき、オオカミが獲物を人間に分け与える道理があるだろうか？　そのころの人間がもっていた原始的な槍やナイフでは、腹をすかせたオオカミの群れを追い払うのも難しかっただろう。そのうえ、人間が犬といっしょに狩りをしている絵は、5000年から6000年前まで洞窟画に現れていない。考古学的記録から見た犬の飼いならしの歴史の、およそ半分がすぎている。現代の狩猟採集社会のシンボリズムでは、オオカミが大切にされているのは明らかだが、神話にその起源は見つかっていない。事実、オオカミは手に負えないことを説明する枠組みになっているだけだ。

第3章

1. ここでは、西ベンガルで10年にわたって都市の野犬を研究してきた、生物学者 Sunil Kumar Pal 博士とその同僚の研究成果を引用した。
2. この施設は、捨て犬の里親探しの慈善団体であるドッグトラストが運営している。調査を快く許可してくれたドッグトラストには、非常に感謝している。
3. http://www.inch.com/~dogs/taming.html（2010年９月28日にアクセス）を参照。
4. http://drsophiayin.com/philosophy/dominance（2009年12月16日にアクセス）を参照。
5. これらの RHP に関連した考え方を最初に提唱したのは、同僚の Stephen Wickens 博士だ。James Serpell の *The Domestic Dog: Its Evolution, Behaviour and Interactions with People*（Cambridge: Cambridge University Press, 1995）（『犬――その進化・行動・人との関係』ジェームス・サーペル編、森裕司監修、武部正美訳、チクサン出版社、1999年）の、私の章を参照。
6. たとえば、John Bradshaw and Amanda Lea, "Dyadic interactions between domestic dogs," *Anthrozoös* 5（1992）: 245-253 を参照。この研究の結果は、Carri Westgarth, Robert Christley, Gina Pinchbeck, Rosalind Gaskell, Susan

ームのメンバーは、成果を *Science* 276（June 13, 1997, pp. 1687-1689）に発表した。

2．エジプト人だけは有名な例外で、多数の猫をはじめとしたさまざまな動物をミイラにした。

3．実際、そのような長距離の移動は、ヨーロッパの犬が植民地化に伴って導入された比較的最近まで、まれだった。ただしほとんどの地域で、逃げだしたペットの犬、およびペットと地元の犬の交雑種は、繁栄しない傾向があることがわかっている。明らかにそれらは、地元の野良犬ほど効果的に地元の条件を利用することができない。こうして、各地の動物の DNA はだいたいもとのままで残されている。

4．Peter Savolainen, Ya-ping Zhang, Jing Luo, Joakim Lundeberg, and Thomas Leitner, "Genetic evidence for an East Asian origin of domestic dogs," *Science* 298（November 22, 2002）: 1610-1613；および Adam Boyko et al., "Complex population structure in African village dogs and its implications for inferring dog domestication history," *Proceedings of the National Academy of Sciences*（August 19, 2009）: 13903-13908 を参照。

5．たとえば、Nicholas Wade, "New Finding Puts Origins of Dogs in Middle East," *New York Times*, March 17, 2010 を参照。

6．もっと恐ろしいのはゾロアスターの習慣で、神聖な動物とみなした犬に、人間の死体の処理をさせた。

7．このシナリオでは便利なことに、犬とオオカミのミトコンドリア DNA の配列があり得ないほど早い時期に枝分かれしたように見えることも説明できる。この枝分かれは、「通常の」オオカミと「社会化できる」オオカミを分ける遺伝子の変化より前に起こっているはずだ。現在、犬に変化しているものを除いて、後者の生き残りはいないからだ。「社会化できる」雌と「通常の」雄との交尾は、枝分かれからあとも数千年にわたって続いただろうが、現代の犬の（母系の）ミトコンドリア DNA では検出できない。

8．Lyudmilla Trut, "Early canid domestication: The farm-fox experiment," *American Scientist* 87（1999）: 160-169.

9．何人かの人類学者が人間とオオカミの共進化という、どちらかと言うと空想的な考え方を提唱して楽しんでおり、オオカミが人間に集団で狩りをする方法を、さらに、複雑な社会を作り上げる方法まで教えた

25日にアクセス）にある、オオカミの生物学の新しい概念に関する David Mech 博士の論文を参照。

7．現在、北アメリカに野生のオオカミが何種類いるかについては異論があるが、社会的行動を研究できるほど十分な広さに分布しているのは、タイリクオオカミだけだ。アメリカ大陸に生息するタイリクオオカミの種類の数は、常に再評価されている。おそらく5種類（ノースウェスタン、プレーンズ、イースタン、メキシカン、ホッキョク）と思われるが、ここでは最初の2つを遺伝的に「シンリン」オオカミとした。6番目のアカオオカミは、異なる種とみなされることが多い。「テキサス」アカオオカミと呼ばれることもあるが、20世紀のはじめごろには、その生息地の中心はノースカロライナ州だった。一部の人々がこれを、固有の絶滅危惧動物とみなし、捕獲して繁殖・保護する大きな努力を続けてきた。ただし、アカオオカミはタイリクオオカミとコヨーテの交雑種かもしれないと見られており、その DNA はこれが交雑種であるという考えを裏づけている点を忘れてはならない。オオカミとコヨーテは交尾して子を産めることが動物園では確認されており、野生でも可能だと思われる。オンタリオ州とケベック州に生息するイースタンまたはアルゴンキンオオカミは、オオカミの第3の種だと推定されているが、そうした交雑種かもしれない。さらに複雑なことに、アカオオカミの DNA は、それが19世紀にコヨーテと2度目の交雑をしたかもしれないことを示している。そのころアメリカの南東部では、農場と牧場の形態が変化して、オオカミよりコヨーテに有利になりはじめた。また、純血種に見える多くのコヨーテも（犬とともに）オオカミの DNA を含んでいて、オオカミとコヨーテの交雑は何千年にもわたって続いたようだ──そのために、コヨーテ、イースタンオオカミ、レッドウルフを同じように冗談で "*Canis soupus*" と呼ぶこともある。

8．イエネコの場合も似ている。これに関する私の研究グループの研究要約については、*Science* 296 (April 5, 2002): 15を参照。

第2章

1．カリフォルニア大学ロサンゼルス校の Carles Vilà が率いたこの国際チ

原註

はじめに

1．ぼく自身もそうだったと白状しておく。1990年にウォルサム・シンポジウム用に書いた論文では、この考え方に従っている。当時はまだ、これを否定する研究はなかった。現在では状況が大きく変わっている。

第1章

1．Carles Vilà, Peter Savolainen, Jesús Maldonado, Isabel Amorim, John Rice, Rodney Honeycutt, Keith Crandall, Joakim Lundeberg, and Robert Wayne, "Multiple and ancient origins of the domestic dog," *Science* 276 (June 13, 1997): 1687-1689.

2．生物学者は動物のグループ全体を、そのなかで最もよく知られた動物の名前で呼ぶことが多い。そのため、犬のラテン語である canis が、犬の親戚も含めた名称として使われている。*Canis* は最も近い親戚のイヌ属、canid はもっと広い親戚のイヌ科を表す。これによって混乱が生じることがあるのは確かだ。

3．1960年代の犬の行動学の草分け的存在 Michael W. Fox は、種によって群れの大きさと複雑さに異なる限界があると考え、オオカミはその頂点にあるとした。犬に関する本には、今もその理論が登場することがあるが、Fox がこの考えをまとめたあと、これらの種の多くの行動についてはさらにさまざまなことが発見されている。

4．この言葉の出典：ハンガリーの専門家 Ádám Miklósi 博士の *Dog Behaviour, Evolution, and Cognition* (New York: Oxford University Press, 2009)。

5．Randall Lockwood, "Dominance in wolves: Useful construct or bad habit?" in *Behaviour and Ecology of Wolves*, ed. Erich Klinghammer (New York: Garland STPM Press, 1979), pp. 225-243.

6．http://www.npwrc.usgs.gov/resource/mammals/alstat/alpst.htm (2010年8月

コミュニケーションを、詳細にわたって説明している。

Genetics and the Social Behavior of the Dog, John Paul Scott and John L. Fuller 著（Chicago: University of Chicago Press, 1998）．犬種ごとの行動の違いを説明した草分け的な本。

The Behavioural Biology of Dogs, Per Jensen 著（Wallingford, UK: CAB International, 2007）．この本は多数の著者が参加している教科書。Kenth Swartberg が書いた個性に関する章で、最新の情報を知ることができる。

York: The Experiment, 2010)．犬の飼い主にとって不可欠なアドバイスが満載の本。

Design for a Life: How Behaviour Develops, Patrick Bateson and Paul Martin 著（New York: Vintage, 2001)．幼い時期の出来事が人間と動物に与える影響について、詳しく知りたい読者にお勧めの１冊。

Before and After Getting Your Puppy: The Positive Approach to Raising a Happy, Healthy, and Well-Behaved Dog, Ian Dunbar 著（Novato, CA: New World Library, 2004）（『ダンバー博士の子イヌを飼うまえに』『ダンバー博士の子イヌを飼ったあとに』イアン・ダンバー著、柿沼美紀／橋根理恵訳、レッドハート、2004年）または *The Perfect Puppy: How to Raise a Well-Behaved Dog,* Gwen Bailey 著（New York: Readers Digest, 2009）は、仔犬を選んで育てるにあたっての実践的なアドバイスを求めている読者にお勧めだ。

For the Love of a Dog: Understanding Emotion in You and Your Best Friend, Patricia McConnell 著（New York: Ballantine Books, 2007)．犬の感情についてこれまでにわかっていることを、わかりやすく説明している。

Inside of a Dog: What Dogs See, Smell, and Know, Alexandra Horowitz 著（New York: Simon & Schuster, 2009）（『犬から見た世界』アレクサンドラ・ホロウィッツ著、竹内和世訳、白揚社、2012年)。犬の感覚と認識力に関する最近の研究が、とてもよくまとめられている。

Tail Talk: Understanding the Secret Language of Dogs, Sophie Collins 著（San Francisco: Chronicle Books, 2007)．犬のボディーランゲージを、写真入りで解説している。

Guilty Robots, Happy Dogs, David McFarland 著（New York: Oxford University Press, 2008)．犬よりもロボットについての記載のほうが多いが、自己認識と意識について、非常に複雑な哲学に関する議論がある。

動物の感覚世界は、どちらかと言うと無視されている分野だが、次の２冊を紹介しておく。

Animal Behaviour: Mechanism, Development, Function and Evolution, Chris Barnard 著（Upper Saddle River, NJ: Prentice Hall, 2003)．故 Chris Barnard 教授が、動物の感覚世界がその行動にどのように影響を与えるかを総合的に紹介した、すぐれた教科書。

Pheromones and Animal Behaviour: Communication by Smell and Taste, Tristram Wyatt 著（Cambridge: Cambridge University Press, 2003)．動物界全体の嗅覚

参考文献

この本の原資料のほとんどは学術誌に発表された論文で、大学に関連のない人は簡単には読めないものが多い（しかも高い！）。そのうち最も重要なものの参照情報は註に記載したが、以下に挙げる本もお勧めしたい。ほとんどが博識な研究者の著書で、一般向けに書かれたものだ。

Wolves: Behavior, Ecology and Conservation, L. David Mech and Luigi Boitani 編（Chicago: University of Chicago Press, 2003）. 多数の専門家が、オオカミの生物学に関する最新情報を、詳細にわたって伝えている。これより古い資料には、オオカミの群れの形成について誤解があるので、あまり役に立たない。

Dog Behaviour, Evolution, and Cognition, Ádám Miklósi 著（New York: Oxford University Press, 2009）. 現在の、犬の行動に関する標準的教科書。飼いならし、犬の認識力、犬が人間を理解する方法について、詳細な情報が豊富に含まれている。ただし著者の結論は、ぼくのものと同じではない。

Dogs: A New Understanding of Canine Origin, Behavior, and Evolution, Raymond and Lorna Coppinger 著（Chicago: University of Chicago Press, 2002）. 最新の科学を利用して、犬の社会的行動について説明している。これ以外に、同様の内容で簡単に読める本はほとんどない。

Carrots and Sticks: Principles of Animal Training, Paul McGreevy and Robert Boakes 著（Cambridge: Cambridge University Press, 2008）. 著者はオーストラリアのシドニー大学教授。2つの部分から成るすばらしい本で、前半では身近な言語の学習理論を説明し、後半では50にのぼる動物の事例史を取り上げている。映画撮影から爆弾検知まで、特定の目的のために訓練された動物たちの事例（うち12例が犬）を示す後半には、訓練の様子を撮影したカラー写真も掲載されている。

Karen Pryor, Gwen Bailey, Pamela Reid は、犬のしつけの専門家として数々の本を発表しており、それらは一読の価値がある。

A Modern Dog's Life: How to Do the Best for Your Dog, Paul McGreevy 著（New

本書は二〇一二年、小社より単行本として刊行された。

犬《いぬ》はあなたをこう見《み》ている
最新《さいしん》の動物行動学《どうぶつこうどうがく》でわかる犬《いぬ》の心理《しんり》

二〇一六年 五 月二〇日 初版発行
二〇二三年 四 月三〇日 3刷発行

著 者 J・ブラッドショー
訳 者 西田《にしだ》美緒子《みおこ》
発行者 小野寺優
発行所 株式会社河出書房新社
〒一五一-〇〇五一
東京都渋谷区千駄ヶ谷二-三二-二
電話〇三-三四〇四-八六一一（編集）
〇三-三四〇四-一二〇一（営業）
https://www.kawade.co.jp/

ロゴ・表紙デザイン 粟津潔
本文フォーマット 佐々木暁
本文組版 有限会社中央制作社
印刷・製本 中央精版印刷株式会社

Printed in Japan ISBN978-4-309-46426-8

生物学個人授業

岡田節人／南伸坊　41308-2

「体細胞と生殖細胞の違いは？」「DNAって？」「プラナリアの寿命は千年？」……生物学の大家・岡田先生と生徒のシンボーさんが、奔放かつ自由に謎に迫る。なにかと話題の生物学は、やっぱりスリリング！

解剖学個人授業

養老孟司／南伸坊　41314-3

「目玉にも筋肉がある？」「大腸と小腸、実は同じ!!」「脳にとって冗談とは？」「人はなぜ解剖するの？」……人体の不思議に始まり解剖学の基礎、最先端までをオモシロわかりやすく学べる名・講義録！

人間はどこまで耐えられるのか

フランセス・アッシュクロフト　矢羽野薫〔訳〕　46303-2

死ぬか生きるかの極限状況を科学する！　どのくらい高く登れるか、どのくらい深く潜れるか、暑さと寒さ、速さなど、肉体的な「人間の限界」を著者自身も体を張って果敢に調べ抜いた驚異の生理学。

FBI捜査官が教える「しぐさ」の心理学

ジョー・ナヴァロ／マーヴィン・カーリンズ　西田美緒子〔訳〕　46380-3

体の中で一番正直なのは、顔ではなく脚と足だった！　「人間ウソ発見器」の異名をとる元敏腕FBI捜査官が、人々が見落としている感情や考えを表すしぐさの意味とそのメカニズムを徹底的に解き明かす。

「困った人たち」とのつきあい方

ロバート・ブラムソン　鈴木重吉／峠敏之〔訳〕　46208-0

あなたの身近に必ずいる「とんでもない人、信じられない人」——彼らに敢然と対処する方法を教えます。「困った人」ブームの元祖本、二十万部の大ベストセラーが、さらに読みやすく文庫になりました。

犬の愛に嘘はない　犬たちの豊かな感情世界

ジェフリー・M・マッソン　古草秀子〔訳〕　46319-3

犬は人間の想像以上に高度な感情——喜びや悲しみ、思いやりなどを持っている。それまでの常識を覆し、多くの実話や文献をもとに、犬にも感情があることを解明し、その心の謎に迫った全米大ベストセラー。